GIS SHEBEI DAIDIAN JIANCE JISHU
YU DIANXING ANLI FENXI

GIS设备带电检测技术
与典型案例分析

国家电网有限公司设备管理部　编

中国电力出版社
CHINA ELECTRIC POWER PRESS

内 容 提 要

为指导 GIS 设备带电检测工作开展，提升带电检测人员技能水平，国家电网有限公司设备管理部组织编写了《GIS 设备带电检测技术与典型案例分析》一书。

本书共 6 章，主要介绍了特高频局部放电检测技术、超声波局部放电检测技术、红外成像检测技术、SF_6 气体检测技术和 X 射线检测技术，收录了近年来带电检测工作中的典型案例，并进行了详细的阐述和分析。

本书可供 GIS 设备制造、安装、运维、检修和试验等专业的技术人员和管理人员学习使用，也可供其他相关人员阅读参考。

图书在版编目（CIP）数据

GIS 设备带电检测技术与典型案例分析 / 国家电网有限公司设备管理部编 . —北京：中国电力出版社，2023.12

ISBN 978-7-5198-6397-5

Ⅰ .① G… Ⅱ . ①国… Ⅲ . ①特高频－局部放电－带电测量 Ⅳ . ① TM8

中国版本图书馆 CIP 数据核字（2022）第 002024 号

出版发行：中国电力出版社
地　　址：北京市东城区北京站西街 19 号（邮政编码 100005）
网　　址：http://www.cepp.sgcc.com.cn
责任编辑：肖　敏
责任校对：黄　蓓　李　楠
装帧设计：郝晓燕
责任印制：石　雷

印　　刷：三河市万龙印装有限公司
版　　次：2023 年 12 月第一版
印　　次：2023 年 12 月第一次印刷
开　　本：710 毫米 ×1000 毫米　16 开本
印　　张：17.5
字　　数：337 千字
印　　数：0001—3000 册
定　　价：118.00 元

前　言

　　气体绝缘金属封闭开关设备（GIS）具有小型化、可靠性高、安全性好、维护方便、检修周期长等优点，在超/特高压电网中的应用日益广泛。但由于 GIS 设备是全封闭式结构，一旦发生故障，修复过程较为复杂，检修和恢复供电时间也要比常规设备长很多。因此，通过带电检测发现设备存在的缺陷或异常并及时进行消缺处理，对于提高 GIS 设备运行可靠性具有重要意义。

　　GIS 设备存在放电、异常发热、零部件松动或脱落等缺陷时，通常伴有"热、声、光、电、水、气"等多种异常特征信息，针对这些不同的故障信息，状态检测技术发展出红外热像检测、特高频局部放电检测、超声波局部放电检测、SF$_6$气体组分分析、X 射线检测等多种带电检测技术。目前，这些检测技术发展较为成熟，应用广泛，发现和消除了一大批设备缺陷和隐患，有效减少了设备发生事故的几率，成为了电力设备安全、电网稳定运行的重要保障。

　　本书总结了 GIS 设备常用的带电检测技术，收集整理了近年来通过带电检测发现的 GIS 设备典型缺陷或故障，并进行了分析。全书共 6 章，第 1 章介绍了 GIS 设备带电检测的必要性、技术分类、辅助技术及应用；第 2～6 章分别介绍了特高频局部放电检测技术、超声波局部放电检测技术、红外成像检测技术、SF$_6$气体检测技术及 X 射线检测技术，并对近年来搜集整理的带电检测典型案例进行了总结分析。本书可供 GIS 设备制造、安装、运维、检修和试验等专业的技术人员和管理人员学习使用，也可供其他相关人员阅读参考。

　　由于 GIS 设备带电检测技术处于探索和发展阶段，加之编者时间仓促和能力有限，难免存在疏漏之处，恳请各位专家和读者提出宝贵意见。

编　者

2023 年 12 月

目　录

前言

1　概述 ······· 1

　　1.1　GIS设备带电检测的必要性 ······· 1

　　1.2　GIS设备带电检测技术的分类 ······· 2

　　1.3　GIS设备带电检测辅助技术 ······· 6

2　特高频局部放电检测技术及典型案例分析 ······· 9

　　2.1　特高频局部放电检测技术概述 ······· 9

　　2.2　特高频局部放电检测全屏蔽技术 ······· 14

　　2.3　特高频局部放电检测及诊断方法 ······· 16

　　2.4　典型案例分析 ······· 26

3　超声波局部放电检测技术及典型案例分析 ······· 91

　　3.1　超声波局部放电检测技术概述 ······· 91

　　3.2　超声波局部放电检测及诊断方法 ······· 98

　　3.3　典型案例分析 ······· 111

4　红外成像检测技术及典型案例分析 ······· 147

　　4.1　红外成像检测技术概述 ······· 147

　　4.2　红外热成像缺陷分析方法 ······· 152

　　4.3　现场检测 ······· 157

　　4.4　典型案例分析 ······· 159

5　SF_6气体检测技术及典型案例分析 ······· 172

　　5.1　SF_6气体状态检测技术概述 ······· 172

　　5.2　SF_6气体湿度检测技术 ······· 185

5.3　SF$_6$气体纯度检测技术 ……………………………………… 191

5.4　SF$_6$气体分解产物检测技术 ………………………………… 196

5.5　典型案例分析 ……………………………………………… 214

6　X射线检测技术及典型案例分析 ……………………………… 235

6.1　X射线检测技术概述 ……………………………………… 235

6.2　X射线机 …………………………………………………… 239

6.3　CR检测技术 ……………………………………………… 244

6.4　DR检测技术 ……………………………………………… 248

6.5　X射线检测工艺 …………………………………………… 252

6.6　图像处理系统 ……………………………………………… 254

6.7　典型案例分析 ……………………………………………… 260

参考文献 ……………………………………………………… 270

1 概　述

1.1　GIS设备带电检测的必要性

GIS（gas-insulated metal-enclosed switchgear，气体绝缘金属封闭开关，即组合电器）是由断路器、隔离开关、接地开关、电流互感器、电压互感器、避雷器、母线、套管或电缆终端等电气元件组合而成的成套开关设备和控制设备，除外部连接之外，它们封闭在具有完整并接地的以 SF_6 气体或其他气体作为绝缘介质的金属外壳内。与常规空气绝缘开关设备相比，GIS具有占地面积小、环境适应性强、布置灵活、配置多样、易于安装和调试、运行维护工作量小等优点，在超/特高压电网的应用日益广泛。特别是近年来，随着变电站站址选择难度不断加大、站址环境日益复杂、征地费用明显上升等外部建设环境的变化，以及GIS国产化水平、制造质量、运行可靠性不断提高和采购价格相对下降等，各省电力公司在110kV及以上变电站中积极推广应用GIS，以节约土地资源，提高供电可靠性。

尽管GIS具有很高的运行可靠性，但由于制造材料的选择、装配工艺、运输以及安装等方面易出现问题，使内部不可避免地存在各种缺陷，如自由金属颗粒、针状突出物、绝缘气隙、内装松动等。随着运行年限的增加，缺陷会逐渐发展严重，在过电压、设备操作等外界诱因下，会引发内部故障。近年来，110kV及以上电压等级GIS由于内部缺陷而引发的故障在GIS投运前（交接）、启动调试以及运行过程中时有发生。GIS一旦发生故障，大多会引起所辖局部地区乃至全部地区停电，对电网运行产生很大影响；并且GIS是封闭式结构，停电检修时需投入大量的人力物力以及较长的维修时间，这必将给国民经济造成重大的损失。

由于GIS是全封闭结构，设备内部的缺陷或故障通常无法通过巡视发现。近年来，针对GIS内部状态诊断的带电检测技术在现场得到了广泛应用并发现了一些典型缺陷，为设备状态检修提供了依据，保障了设备安全可靠运行。

GIS状态检测是开展状态检修工作的基础，只有通过持续、规范的设备跟踪管理，对设备检测数据进行综合分析，才能准确掌握设备实际运行状态，为进一步开展状态检修工作提供依据。因此，积极开展 GIS 状态检测新技术、新方法和新手段的研究和应用，在超前防范设备隐患、降低事故损失、提高工作效率、降低供电风险等方面都具有重要意义。

1.2 GIS 设备带电检测技术的分类

电气设备在故障发生前或发生时，通常伴有热、声、光、电、水、气等多种故障特征信息，针对这些不同的故障信息，状态检测技术衍生出红外热像检测、油中溶解气体分析、SF_6 气体组分分析、特高频局部放电检测、高频局部放电检测、超声波局部放电检测、相对介质损耗因数和电容量比值测量、开关柜暂态地电压局放电检测、泄漏电流检测技术以及接地电流检测技术等多种带电检测技术。这些检测技术目前发展较为成熟，得到了广泛应用，发现和消除了一大批设备缺陷和隐患，有效避免了设备损毁事故，成为电力设备安全、电网稳定运行的重要保障。

根据带电检测技术的原理及设备缺陷类型，GIS 带电检测技术分为局部放电检测、温度检测（红外成像检测）、SF_6 气体检测和 X 射线检测。

1.2.1 特高频局部放电检测

电力设备内发生局部放电时的电流脉冲（上升沿为 ns 级）能在内部激励频率高达数 GHz 的电磁波，特高频局部放电检测技术就是通过检测这种电磁波信号实现局部放电检测的目的。特高频法检测频段高（通常为 300～3000MHz），具有抗干扰能力强、检测灵敏度高等优点，可用于电力设备局部放电类缺陷的检测、定位和类型识别，特高频局部放电检测如图 1-1 所示。特高频传感器分为安装在设备内部的内

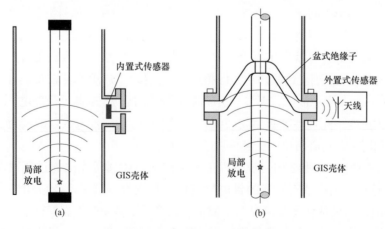

图 1-1 特高频局部放电检测示意图

（a）内置式传感器检测；（b）外置式传感器检测

置式传感器和安装在设备外部的外置式传感器两种（见图1-2和图1-3）。

图1-2　内置式特高频传感器　　　　图1-3　外置式特高频传感器

特高频检测的电磁波频段较高，且由于现场的电晕干扰主要集中在300MHz以下频段，能有效避开外部空间中的电晕干扰，具有较高的灵敏度和抗干扰能力，可实现局部放电缺陷类型识别和缺陷定位等。

1.2.2　超声波局部放电检测

超声波是指振动频率大于20kHz的声波。因其频率超出了人耳听觉的一般上限，人们将这种听不见的声波称为超声波。超声波与声波一样，是物体机械振动状态的传播形式。按声源在介质中振动的方向与波在介质中传播的方向之间的关系，可以将超声波分为纵波和横波两种形式。纵波又称疏密波，其质点运动方向与波的传播方向一致，能存在于固体、液体和气体介质中；横波又称剪切波，其质点运动方向与波的传播方向垂直，仅能存在于固体介质中。

电力设备内部产生局部放电信号的时候，会产生冲击的振动及声音。超声波法又称声发射法，通过在设备腔体外壁上安装超声波传感器来测量局部放电信号。该方法的特点是传感器与电力设备的电气回路无任何联系，不受电气方面的干扰，但在现场使用时易受周围环境噪声或设备机械振动的影响。由于超声信号在电力设备常用绝缘材料中的衰减较大，超声波检测法的灵敏度和范围有限，但具有定位准确度高的优点。超声波局部放电检测如图1-4所示。

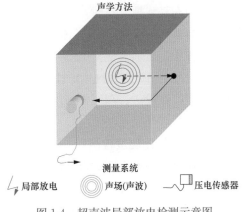

图1-4　超声波局部放电检测示意图

3

1.2.3　红外成像检测

对于高压电气设备的发热缺陷，从红外检测与诊断的角度大体可分为两类，即外部缺陷和内部缺陷。

外部缺陷是指裸露在设备外部各部位发生的缺陷，如长期暴露在大气环境中工作的裸露电气接头缺陷、设备表面污秽以及金属封装的设备箱体涡流过热等。从设备的热像图中可直观地判断是否存在热缺陷，根据温度分布可准确地确定缺陷的部位及缺陷严重程度。

内部缺陷则是指封闭在固体绝缘、油绝缘及设备壳体内部的各种缺陷。由于这类缺陷部位受到绝缘介质或设备壳体的阻挡，所以通常难以像外部缺陷那样从设备外部直接获得缺陷信息。但是，根据电气设备的内部结构和运行工况，依据传热学理论，分析传导、对流和辐射三种热交换形式沿不同传热途径的传热规律（对于电气设备而言，多数情况下只考虑金属导电回路、绝缘油和气体介质等引起的传导和对流），并结合模拟试验、大量现场检测实例的统计分析和解体验证，也能够获得电气设备内部缺陷在设备外部显现的温度分布规律或热（像）特征，从而对设备内部缺陷的性质、部位及严重程度作出判断。

1.2.4　SF_6气体检测

SF_6气体作为 GIS 的绝缘和灭弧介质，其纯度和含水量都是影响电气性能的重要参数。SF_6在电弧放电、局部放电和设备异常发热时会产生分解产物，通过检测SF_6气体分解产物组分可以对设备异常状态进行诊断分析，为设备状态检修提供依据。SF_6气体检测包括纯度检测、湿度检测和分解产物检测。

1.2.4.1　SF_6气体纯度检测

设备在充气和抽真空时可能混入空气，其他气体也可能从设备的内部表面或从绝缘材料释放到SF_6气体，气体处理设备（真空泵和压缩机）中的油也可能进入到SF_6气体中，从而影响运行设备的SF_6气体纯度；因此，需定期开展SF_6气体纯度带电检测。SF_6气体纯度的主要检测方法有传感器检测法、气相色谱法、红外光谱法、声速测量法、高压击穿法和电子捕捉法等，应用较多的有传感器检测法、气相色谱法和红外光谱法。

1.2.4.2　SF_6气体湿度检测

设备在充气和抽真空时可能混入水蒸气，水分也可能从设备的内部表面或绝缘材料释放到SF_6气体中，从而影响运行设备的SF_6气体湿度；因此，需定期开展SF_6气体湿度带电检测。SF_6气体湿度的常用检测方法有电解法、冷凝露点法和阻容法。

1.2.4.3 SF₆ 气体分解产物检测

SF₆ 电气设备发生缺陷或故障时，因故障区域的放电能量及高温产生 SF₆ 气体分解产物，放电下的 SF₆ 气体分解与还原过程如图 1-5 所示。可见，SF₆ 气体分解产物及含量的检测，对预防可能发生的 SF₆ 电气设备故障及快速判断设备故障部位具有重要意义。

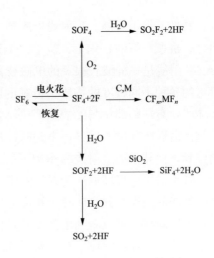

图 1-5 放电下的 SF₆ 气体分解与还原过程示意图

1.2.5 X 射线检测

X 射线数字成像系统的检测原理是，当 X 射线发射器发射的射线透照后，在成像板记录图像信号，成像板含有光敏的存储用荧光粉，用来保存隐藏的图像。当成像板在数字转换器中被激光束扫描时，隐藏影像信息以可见光的方式被释放出来，释放出来的可见光被捕获并被转换成数字信号流，经计算即可获得数字图像。通过 CR（computed radiography，计算机化射线照相）或 DR（digital radiography，数字化射线照相）读出器使用激光束扫描感光屏，激光的能量可释放被俘获的电子，从而导致可见光辐射，释放出来的可见光被捕获并被转换成数字比特流，进而编码成数字图像。X 射线数字成像系统原理如图 1-6 所示。

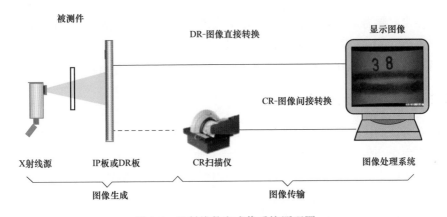

图 1-6 X 射线数字成像系统原理图

X 射线检测技术是一种重要的无损检测技术。它的依据是被检工件成分、密度、厚度的不同，对射线产生不同的吸收和散射特性，从而对被检工件的质量、尺寸、特性等做出判断。X射线检测是众多射线检测中比较常见的一种，广泛应用于冶金、机械、石油、化工、航空、航天、医疗等各个领域。

X射线是一种波长很短的电磁波，具有很强的穿透力，能穿透一般可见光不能穿透的各种不同密度的物质。传统的底片式X射线检测原理是：当射线透过被检物体时，有缺陷部位与无缺陷部位对射线吸收能力不同，因而可以通过检测透过被检物体后射线强度的差异，来判断被检测材料内部是否存在缺陷。将底片放在适当的位置，使其在透过射线的作用下感光，经过暗室处理后就得到X射线底片。底片上各点的黑色程度取决于射线强度和照射时间的乘积，由于缺陷部位和完好部位透过射线的强度不同，底片上相应部位就会出现黑度差异。把底片放在观片灯上，透过光线观察，可以看到由黑度差异构成的不同形状的影像，据此判断缺陷情况并做出评价，这样就完成了对被检对象的无损检测。

随着科技水平和检测技术的进步，带电检测技术应用范围不断扩大和检测精度不断提升，新的检测技术也不断得以应用和推广，如紫外成像检测技术、超声波材料检测技术、光谱分析技术、振动声学检测技术、振荡波检测技术等，能够从新的角度发现电力设备潜伏性隐患，进一步提升电网设备状态检修技术水平。同时，在某一带电检测技术单独分析的基础上，将各相关带电检测项目进行联合检测和关联分析，能更全面地反映电网设备状况，实现对设备更加准确的评价与诊断。将来，联合带电检测将成为带电检测发展方向，成为状态检修中不可或缺的重要部分。

1.3 GIS设备带电检测辅助技术

近年来，随着数字化和智能化技术的发展，GIS巡检和带电检测中引入了机器人自动巡检、增强现实（augmented reality，AR）等辅助技术，有助于实现GIS设备带电检测的智能化，提高工作效率。

1.3.1 巡检机器人技术

随着科技的快速发展，机器人产业也获得了前所未有的进步，越来越多的机器人应用于生产和生活当中。1959年，首台工业机器人诞生；1975年左右，我国开始了机器人的研究。随着机器人产业越来越快速的发展，机器人逐步深入到生产和生活的各个领域，正在改变着人类生产和生活的方方面面。

巡检机器人作为特种机器人的一种，具有更加智能化和自动化的巡检系统，被应用于各种需要巡检的领域当中，高铁线路、电力系统、安防、隧道、化工厂等领域都可以见到巡检机器人的身影。伴随着机器人技术的不断进步，将会有更加智能化的机器人为人类的生产和生活保驾护航。

巡检机器人作为补充运维的角色加入变电站的繁、难、险、重的作业当中，具有自主巡检、自动充电、危险报警等核心功能，能够适应强风、雨水以及低温和高温等天气状况。巡检机器人与配套的集控系统结合使用，能够更直观地看到巡检数据，这样的巡检方式不但节省了巡检成本，而且提升了巡检效能，给电力巡检领域带来了质的飞跃。图 1-7 所示为已经投入电力系统的巡检机器人。

(a) (b)

图 1-7 电力系统巡检机器人

（a）示例 1；（b）示例 2

1.3.2 AR 技术

AR 技术是一种将虚拟信息与真实世界融合的技术，广泛运用多媒体、实时跟踪及注册、智能交互、传感等多种技术手段，将计算机生成的文字、图像、音频、视频等虚拟信息模拟仿真后，应用到真实世界中，两种信息互为补充，从而实现对真实世界的"增强"。

一个完整的 AR 系统是由一组紧密联结、实时工作的硬件部件与相关软件系统协同实现的。应用 AR 技术进行现场作业和应急处置，有利于解放运维人员双手，提高工作的安全性。同时，头戴式计算机具有很好的拓展性，未来可升级综合多传感器及检测仪器的数据采集进行边缘计算，实时辅助问题分析。AR 技术在电力行业的应用场景包括以下几个方面。

1.3.2.1 智能巡检

现场作业人员领取 AR 设备后，通过员工卡进行身份识别并下载任务，系统根据巡视任务进行路线导航，同时推送变电站基础信息。在巡视任务开始时，系统自启动视频录制、巡视轨迹定位和路线指引功能。巡视作业中如果有异常告警，则置顶信息。告警信息包含设备名称、告警内容、告警级别状态、确认时间、告警确认人等内容。

告警信息支持根据位置选择路线导航切换。具体对某个设备进行巡视时，智能识别设备，推送基本台账及历史缺陷信息。如果发现缺陷，则通过登记功能进行缺陷拍照上传。设备识别后，默认按照作业流程及标准作业指导实现部件级缺陷识别和提示，帮助作业人员快速准确地进行巡视作业。

1.3.2.2 远程指导

当现场作业人员发现设备出现故障，遇到技术性问题后无法准确判断故障，需要专家来指导操作，可通过头戴式智能 AR 控制终端发起远程协助，在后方的技术专家通过计算机实时接收的视频画面观察到佩戴智能 AR 控制终端的人员的现场情况，并通过语音的形式来指导现场作业人员排查故障，降低沟通时间、提高工作效率，远程、高效地协助现场处理复杂、紧急故障。

1.3.2.3 实时监督

管理人员可以随时随地观察作业人员的工作状态，如其工作轨迹，或者远程查看以巡检人员第一视角的工作状况；支持与现场视频监控数据交互，可为管理者同时展示第一视角和第三视角作业视频，便于全面、全过程、无死角掌控现场作业。

1.3.2.4 数字孪生

将 AR 技术引入产品的设计过程和生产过程，在实际场景的基础上融合一个全三维的浸入式虚拟场景平台，通过虚拟外设（外部设备），开发人员、生产人员在虚拟场景中所看到的和所感知到的均与实体的物质世界完全同步，由此可以通过操作虚拟模型来影响物质世界，实现产品的设计、产品工艺流程的制订、产品生产过程的控制等操作。AR 技术与产品数字孪生体的融合将是数字化设计与制造技术、建模与仿真技术、虚拟现实技术未来发展的重要方向之一，是更高层次的虚实融合。

2 特高频局部放电检测技术及典型案例分析

2.1 特高频局部放电检测技术概述

2.1.1 特高频局部放电电磁波信号基本知识

GIS 中的局部放电电流脉冲具有极陡的上升沿，其上升时间为 ns 级，激发起高达数 GHz 的电磁波，在 GIS 腔体构成的同轴结构中传播。由于 GIS 的同轴结构，使得电磁波不仅以横向电磁波（TEM）传播，而且会建立高次模波，即横向电波（TE）和横向磁波（TM）。TEM 波为非色散波，它可以任何频率在 GIS 中传播，但当频率 $f>100\mathrm{MHz}$ 时，沿传播方向衰减很快；TE 和 TM 波则不同，它们具有各自的截止频率 f_c。f_c 与 GIS 的尺寸有关，GIS 截面积越大，f_c 越低。若信号频率 $f<f_c$ 时，信号迅速衰减，不能传输；当 $f>f_c$ 时，信号则基本上可无损耗地传输。同时，GIS 母线连接腔在特高频（UHF）波段可视为同轴谐振腔，电磁波的谐振持续时间一般在数十 μs 级，最长可在 10ms 以上。GIS 内部有高压导体、接头、屏蔽、盆式绝缘子等部件，其结构有直筒、L 形分支、T 形分支（T 型接头），再加上局部放电发生的位置各不相同，因此，GIS 中电磁波的传播与谐振模式非常复杂。

2.1.2 GIS 内部电磁波的传播特性

特高频法检测的对象是局部放电产生的电磁波信号。但由于受 GIS 结构的影响，局部放电激励的电磁波信号在 GIS 中传播到特高频传感器时信号的波形与幅值等参数发生变化，从而增加了运用检测到的信号对局部放电源信号进行评估的复杂性。因此，研究局部放电电磁波信号在 GIS 中的传播特性对特高频法具有非常重要的意义。GIS 是同轴传输线，信号传输特性取决于频率，对工频可用电气集中参数来等值；瞬态信号时，应视为分布参数的传输线；而对微波，则应看作同轴波导。根据分析，局部放电信号在 GIS 同轴结构中不仅以横向电磁波方式传播，而且会建立高次模波即横向电波和横向磁波。另外，由于 GIS 中存在支撑绝缘子，造成其特性阻抗及波阻抗不连续，使高频波在其中多次折反射，每节 GIS 及每个连接腔可视为微波同轴谐振腔，使局部放电波形十分复杂。

当 GIS 内部存在局部放电现象时，所产生的特高频电磁波能够沿着 GIS 的管体向远处传播。由于 GIS 的管体结构类似于波导，特高频电磁波在传播时的衰减比较小，因此能够传播到较远的距离。通过在 GIS 体外的盆式绝缘子处安放天线，则可以检测到 GIS 设备内部的特高频局部放电信号。但是 GIS 筒体为非理想导体，电磁波在 GIS 内部传播过程中会有功率损耗，因此，电磁波的振幅将沿传播方向逐渐衰减，并且 GIS 中的 SF_6 气体将会引起波导体积中的介质损耗，也会造成波的衰减，这种衰减比信号在绝缘子处由于反射造成的能量损耗低得多，一般在进行测量时可不考虑这种衰减。

GIS 有许多法兰连接的盆式绝缘子、拐弯结构和 T 形接头、隔离开关及断路器等不连续点，特高频信号在 GIS 内传播过程中经过这些结构时，必然造成衰减。研究表明，绝缘子和接头处的反射是造成信号能量损失的主要原因，绝缘子处衰减 $2\sim3dB$，T 形分支处衰减约为 $8\sim10dB$。具体衰减情况如下：

（1）电磁波在同轴波导中传播时，TEM 波分量衰减很小，波形基本不变，传播速度为 0.3m/ns。而高次模波的色散效应使得局部放电电磁波信号幅值降低较大且波形发生变化，但对能量的传播影响很小。

（2）电磁波信号经过单个绝缘子时，绝缘子对信号衰减较大，信号中 700MHz 以下的分量衰减较小，700MHz 以上其衰减有随频率升高而增大的趋势。而通过绝缘子的电磁波信号衰减更为严重，特别是 1.1GHz 以下的分量严重衰减，相当于高通滤波器的作用。

（3）电磁波信号经过 GIS 各不连续部件时衰减特性的仿真分析结果见表 2-1。

表 2-1 　　　　　　　　电磁波信号经过 GIS 中各部件后的衰减特性 　　　　　　　　（dB）

参数	电磁波经过多个绝缘子的衰减			电磁波经过 L 形分支后的衰减	电磁波经过 T 形分支后的衰减	
	第一个绝缘子	第二个绝缘子	第三个绝缘子		直线部分	垂直部分
信号幅值	7.1	3.2	2.6	8.0	6.9	10.5
400MHz 低通滤波信号幅值	1.5	1.4	1.6	0.9	3.9	4.9
信号能量	16.9	6.6	8.5	25.1	14.9	19.1

（4）多个绝缘子：由于色散效应、反射及泄漏等影响，局部放电激励的电磁波

信号经过第一个绝缘子时衰减较大，达 7.9dB，而后电磁波信号经过后面的绝缘子时衰减变得较小。经过 6 个绝缘子后的信号与发生局部放电的气室中的信号相比只有其 10％，即衰减达 20dB。

2.1.3 特高频局部放电检测技术基本原理

局部放电检测特高频法的基本原理是通过特高频传感器对电力设备中局部放电时产生的特高频电磁波信号进行检测，从而获得局部放电的相关信息，实现局部放电检测。特高频法正是基于电磁波在 GIS 中的传播特点而发展起来的，它的最大优点是可有效地抑制背景噪声，如空气电晕等产生的电磁干扰频率一般均较低，可用宽频法特高频对其进行有效抑制；而对特高频通信、广播电视信号，由于其有固定的中心频率，因而可用窄频法特高频将其与局部放电信号加以区别。另外，如果GIS 中的传感器分布合理，那么还可通过不同位置测到的局部放电信号的时延差来对局部放电源进行定位。

GIS 中局部放电产生持续时间仅为 ns 级的脉冲电流。例如当高压导体上有针状突出物时，因 SF_6 气体中负离子释放电子而不需要依靠场致发射电子，通常会发生脉冲放电，典型波形——SF_6 正极性放电脉冲电流波形如图 2-1 所示，其等值频率可大于 1GHz，属于特高频微波波段。根据现场设备情况的不同，可以采用内置式特高频传感器和外置式特高频传感器，特高频检测法基本原理如图 2-2 所示。当电力设备内部绝缘缺陷发

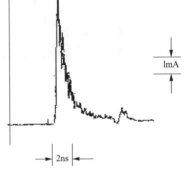

图 2-1　SF_6 正极性放电脉冲电流波形

生局部放电时，激发出的电磁波会透过环氧材料等非金属部件传播出来，便可通过外置式特高频传感器进行检测。同理，若采用内置式特高频传感器则可直接从设备内部检测局部放电激发出来的电磁波信号。

2.1.4 特高频局部放电检测装置组成及原理

特高频局部放电检测装置一般由特高频传感器、信号放大器、检测仪主机及分析诊断单元组成，其组成框图如图 2-3 所示。特高频传感器负责接收电磁波信号，并将其转变为电压信号，再经过信号调理与放大，由检测仪主机完成信号的 A/D 转换、采集及数据处理工作；然后将预处理过的数据经过网线或 USB 数据线传送至分析诊断单元，一般为笔记本计算机。计算机上的分析诊断软件将数据进行脉冲序列相位分布图谱（phase resolved pulse sequence，PRPS）、局部放电相位分布图谱（phase resolved partial discharge，PRPD）的图谱实时显示，并可根据设定

条件进行存储，同时可利用图谱库对存储的数字信号进行分析诊断，给出局部放电缺陷类型诊断结果。另外，应用高速示波器法还可以实现局部放电源定位的功能。

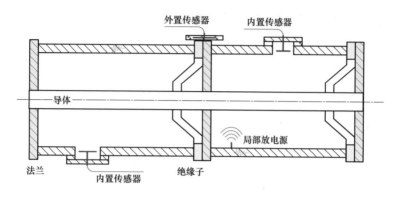

图 2-2　特高频检测法基本原理图

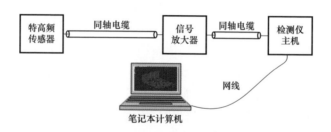

图 2-3　特高频局部放电检测仪组成框图

根据检测频带的不同，特高频检测系统可分为窄带和宽带检测方式。特高频宽带检测系统利用前置的高通滤波器测取 300～3000MHz 频率范围内的信号；特高频窄带检测系统则利用频谱分析仪对特定频段信号进行检测，通过选择合适的中心频率，能够有效提高系统抗干扰能力。

特高频局部放电检测装置一般由下列几部分组成。

（1）特高频传感器：也称为耦合器，用于传感 300～3000MHz 的特高频无线电信号，其主要由天线、高通滤波器、放大器、耦合器和屏蔽外壳组成。天线所在面为环氧树脂，用于接收放电信号，其他部分采用金属材料屏蔽，以防止外部信号干扰。特高频传感器的检测灵敏度常用等效高度 H 来表征，单位为 mm，其计算方法为 $H=U/E$（式中，U 为传感器输出电压，单位为 V；E 为被测电场，单位为 V/mm）。

（2）信号放大器（可选）：一般为宽带带通放大器，用于传感器输出电压信号的处理和放大。通常信号放大器的性能用幅频特性曲线表征，一般情况下在其通带范围内放大倍数为 17dB 以上。

（3）检测仪器主机：接收、处理耦合器采集到的特高频局部放电信号。对于电压同步信号的获取，通常采用主机电源同步、外电源同步以及仪器内部自同步三种方式，获得与被测设备所施电压同步的正弦电压信号，用于特征图谱的显示与诊断使用。

（4）分析主机（笔记本计算机）：安装专门的局部放电数据处理及分析诊断软件，对采集的数据进行处理，识别放电类型，判断放电强度。

（5）数据处理方式。由于放电类型分析通常是由局部放电信号的峰值和时域工频相位所决定的，为了获得特高频信号峰值，采集装置需要很高的采样率，并且需要记录大量的数据；但是巨大的信息量难以实时处理，而利用检波器可以很好地解决这个问题。检波器从高频载波信号中取出低频调制信号，将特高频成分滤除，而仅保留信号的幅值和相位信息，这就大大减少了数据量，实现了放电类型分析。但是检波后的波形发生了变化，无法根据检波的信号利用时差法进行定位；因此，检波器通常都装在特高频局部放电检测仪主机内部，而不装在传感器内部。有的放大器具备两路信号输出功能，即未经检波器处理的原始信号以及检波器输出信号。

（6）特征图谱表征方式。特高频信号显示除基本的时域波形信号分析外，常用的有 PRPS 和 PRPD 两种分析图谱。

1）PRPS 图谱是一种实时三维图，一般情况下 x 轴表示相位，y 轴表示信号周期数量，z 轴表示信号强度或幅值。PRPS 图谱是特高频法局部放电类型识别最主要的分析图谱，如图 2-4 所示。

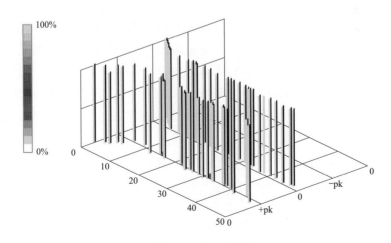

图 2-4　PRPS 图谱

13

2）PRPD 图谱是一种平面点分布图，点的横坐标为相位，纵坐标为幅值，点的累积颜色深度表示此处放电脉冲的密度，根据点的分布情况可判断信号主要集中的相位、幅值及放电次数情况，并根据点的分布特征来对放电类型进行判断。PRPD 图谱也是特高频法局部放电类型识别常用的分析图谱，如图 2-5 所示。

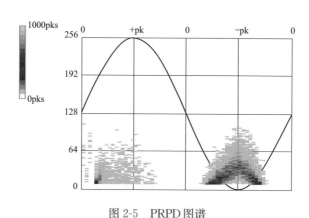

图 2-5　PRPD 图谱

2.2　特高频局部放电检测全屏蔽技术

目前，特高频局部放电带电/在线检测技术已广泛应用于 GIS 局部放电检测。由于 GIS 局部放电信号特征与电磁干扰信号特征相似甚至一致，加之变电站电磁环境复杂，常规滤波、自适应以及放电指纹分析等抗干扰技术应用效果有限，导致 GIS 局部放电检测的有效性大大降低甚至检测无效。

国家电网有限公司通过"特（超）高压 GIS 特高频局部放电测试抗电磁干扰技术研究"科研项目，开展了检测用抗电磁辐射干扰织物的性能研究及现场应用，研制的电磁屏蔽装置屏蔽效能达到 80dB 以上，有效解决了现场带电/在线检测电磁辐射干扰问题，提高了工作效率，降低了检测误判率。实践表明，采用抗电磁辐射干扰织物可以有效解决现场检测电磁辐射干扰问题，对 GIS 特高频局部放电带电检测的有效性具有重要作用。

"屏蔽"就是对两个空间区域之间进行的隔离，以控制电场、磁场和电磁波由一个区域对另一个区域的感应和辐射；即用屏蔽体将干扰源包围起来，防止干扰电磁场向外扩散，或用屏蔽体将接收设备或系统包围起来，防止它们受到外界电磁信号的影响。

屏蔽技术采用屏蔽体包裹特高频传感器，避免外界电磁波信号对特高频传感器的影响。在充分包裹传感器的情况下，屏蔽效果（信号衰减）可达 99.9％以上，彻底屏蔽了外界电磁信号对测量的影响。屏蔽材料特性为：频率范围为 10M～

10GHz，屏蔽效能不小于 80dB，信号衰减不小于 99.9%。

使用时，应保证屏蔽材料绝对严密包裹特高频传感器。在包裹一层后若仍测量到信号，应增加一层屏蔽材料并观察信号是否有减弱：若出现明显减弱，应继续增加一层屏蔽直至无任何信号；若信号未明显减弱，应视其为疑似局部放电信号。大多数情况下，包裹一层屏蔽材料后干扰信号即完全被屏蔽。图 2-6 所示为传感器被包裹前测量装置捕获的信号；图 2-7 所示为传感器被包裹后信号显示情况。

(a)

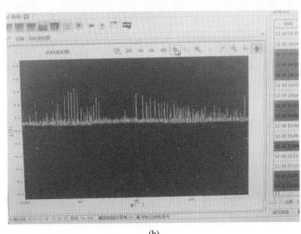
(b)

图 2-6 设备被包裹前测量装置捕获的信号

（a）检测现场；（b）信号显示

(a)

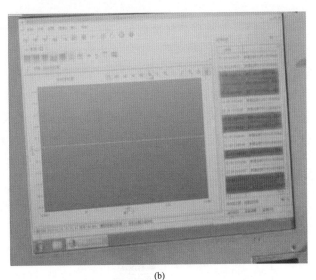
(b)

图 2-7 设备被包裹后信号显示情况

（a）检测现场；（b）信号显示

2.3 特高频局部放电检测及诊断方法

2.3.1 检测方法

2.3.1.1 操作流程

1. 准备工作

开始局部放电特高频检测前，应准备好下列仪器和工具。

（1）分析主机：用于局部放电信号的采集、分析处理、诊断与显示。

（2）特高频传感器：用于耦合特高频局部放电信号。

（3）信号放大器：当测得的信号较微弱时，为便于观察和判断，需接入信号放大器。

（4）特高频信号线：连接传感器和信号放大器或检测主机。

（5）工作电源：220V工作电源，为检测仪器主机、信号放大器和笔记本计算机供电。

（6）接地线：用于仪器外壳的接地，保护检测人员及设备的安全。

（7）绑带：需要长时间监测时，用于将传感器固定在待测设备外部。

（8）网线：用于检测仪器主机和笔记本计算机通信。

（9）记录纸、笔：用于记录检测数据。

2. 检测接线

在采用特高频法检测局部放电的过程中，应按照所使用的特高频局部放电检测仪操作说明，连接好传感器、信号放大器、检测仪器主机等各部件，通过绑带（或人工）将传感器固定在盆式绝缘子上；必要的情况下，可以接入信号放大器。特高频局部放电检测仪的连接如图2-8所示。

GIS内部局部放电产生的特高频信号在GIS腔体内以横向电磁波方式传播，只有在GIS外壳的金属非连续部位才能泄漏出来。在GIS上，只有无金属屏蔽的绝缘子、金属屏蔽上的浇注口、GIS的观察窗、接地开关的外露绝缘件、内置式电流互感器（TA）或电压互感器（TV）二次接线盒等部位才能测量到信号，特高频传感器需安置在这些部位。检测过程中，应注意传感器应与盆式绝缘子紧密接触，且应放置于两根紧固盆式绝缘子的螺栓中间，以减少螺栓对内

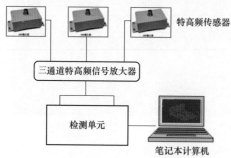

图2-8 特高频局部放电检测仪连接示意图

部电磁波的屏蔽以及传感器与螺栓产生的外部静电干扰；在测量时，应尽可能保证传感器与盆式绝缘子的接触，以免因为传感器移动引起的信号干扰正确判断。

3. 具体操作流程

在采用特高频法检测局部放电时，典型的操作流程如下。

（1）设备连接：按照设备接线图连接检测仪各部件，将传感器固定在盆式绝缘子上，将检测仪主机及传感器正确接地，计算机、检测仪主机连接电源，开机。

（2）工况检查：开机后，运行检测软件，检查主机与计算机通信状况、同步状态、相位偏移等参数；进行系统自检，确认各检测通道工作正常。

（3）设置检测参数：设置变电站名称、检测位置并做好标注。根据现场噪声水平设定各通道信号检测阈值。

（4）信号检测：打开连接传感器的检测通道，观察检测到的信号。如果发现信号无异常，保存少量数据，退出并改变检测位置，继续下一点检测；如果发现信号异常，则延长检测时间并记录多组数据，进入异常诊断流程。必要的情况下，可以接入信号放大器。现场信号检测流程如图 2-9 所示。

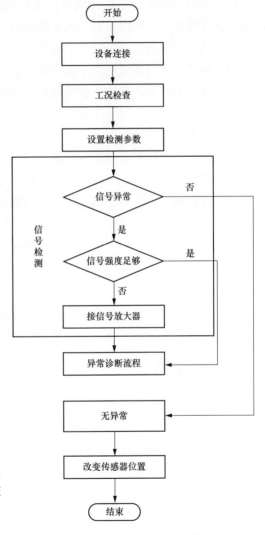

图 2-9　现场信号检测流程图

2.3.1.2　注意事项

1. 安全注意事项

为确保安全生产，特别是确保人身安全，除严格执行电力相关安全标准和安全规定之外，还应注意以下几点：

（1）检测时应勿碰勿动其他带电设备。

（2）防止传感器坠落到 GIS 管道上，避免发生事故。

（3）保证待测设备绝缘良好，以防止低压触电。

（4）在狭小空间中使用传感器时，应尽量避免身体触碰 GIS 管道。

（5）行走中注意脚下，避免踩踏设备管道。

（6）在进行检测时，要防止误碰误动 GIS 其他部件。

（7）在使用传感器进行检测时，应戴绝缘手套，避免手部直接接触传感器金属部件。

2. 测试注意事项

（1）特高频局部放电检测仪适用于检测盆式绝缘子为非屏蔽状态的 GIS；若 GIS 的盆式绝缘子为屏蔽状态，则无法检测。

（2）检测中应将同轴电缆完全展开，避免同轴电缆外皮受到剐蹭损伤。

（3）传感器应与盆式绝缘子紧密接触，且应放置于两根紧锢盆式绝缘子的螺栓中间，以减少螺栓对内部电磁波的屏蔽及传感器与螺栓产生的外部静电干扰。

（4）在测量时，应尽可能保证传感器与盆式绝缘子的接触，以免因为传感器移动引起的信号干扰正确判断。

（5）在检测时应最大限度保持测试周围信号的干净，尽量减少人为制造出的干扰信号，例如手机信号、照相机闪光灯信号、照明灯信号等。

（6）在检测过程中，必须保证外接电源的频率与待测设备一致。

（7）对每个 GIS 间隔进行检测时，在无异常局部放电信号的情况下只需存储断路器仓盆式绝缘子的三维信号，其他盆式绝缘子必须检测但可不用存储数据。在检测到异常信号时，必须对该间隔每个盆式绝缘子进行检测并存储相应的数据。

（8）在开始检测时，不需要加装放大器进行测量。若发现有微弱的异常信号时，可接入放大器将信号放大以方便判断。

2.3.2 诊断方法

2.3.2.1 诊断流程

（1）排除干扰：测试中的干扰可能来自各个方位，干扰源可能存在于电气设备内部或外部空间。在开始测试前，尽可能排除干扰源的存在，比如关闭荧光灯和关闭手机。尽管如此，现场环境中还是有部分干扰信号存在。

（2）记录数据并给出初步结论：采取降噪措施后，如果异常信号仍然存在，需要记录当前测点的数据，给出一个初步结论，然后检测相邻的位置。

（3）尝试定位：假如邻近位置没有发现该异常信号，就可以确定该信号来自 GIS 内部，可以直接对该信号进行判定；假如附近都能发现该信号，需要对该信号尽可能地定位。放电定位是重要的抗干扰环节，可以通过强度定位法或者借助其他仪器，大概定出信号的来源。如果在 GIS 外部，可以确定是来自其他电气部分的干扰，如果是在 GIS 内部，就可以做出异常诊断。

（4）对比图谱给出判定：一般的特高频局部放电检测仪都包含专家分析系统，可以对采集到的信号自动给出判定结果。测试人员可以参考系统的自动判定结果，同时把所测图谱与典型放电图谱进行比较，确定其局部放电的类型。

（5）保存数据：局部放电类型识别的准确程度取决于经验和数据的不断积累，检测结果和检修结果确定以后，应保留波形和图谱数据，作为今后局部放电类型识别的依据。

2.3.2.2 现场常见干扰及排除方法

1. 现场常见干扰

特高频法虽然抗干扰能力较强，但在现场特别是户外变电站，仍有较多干扰。在开始测试前，应尽可能排除干扰源的存在，检查周围有无悬浮电位放电的金属部件。常见的干扰信号主要由雷达噪声、手机噪声、荧光噪声和电动机噪声组成。表 2-2 列举了上述几种干扰信号的典型图谱，包括各类信号的 PRPS 图谱、PRPD 图谱和峰值检测图谱。

除根据图谱特征来识别干扰外，还可依据信号位置来判断干扰。一般情况下，在设备盆式绝缘子上发现信号后，将传感器拿开朝向外侧，如果信号变强，很可能是外部的干扰。可以使用平面分法来定位外部信号。

平面分法定位原理如图 2-10 所示。首先将两个传感器按照相同朝向放置，移动两个传感器的位置，使示波器两个通道信号重叠，这时，信号源位于两个传感器中间的一个平面上。以同样的方式在相对的方向上以及上下的方向上各确定一个平面，最终可查找的信号源的位置。

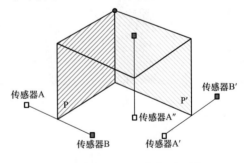

图 2-10 平面分法定位原理图

2. 干扰信号的主要排除手段

（1）屏蔽带法。这是最常用最基本的一种抗干扰方法，主要用在不带金属屏蔽的盆式绝缘子上检测时消除外部干扰。检测时，如果发现有异常信号，采用由金属丝制成的屏蔽带将除传感器放置位置外的盆式绝缘子其他外露部位全部包扎起来，使得外部干扰信号无法直接进入传感器，从而实现抗干扰的效果。这种方式简单，对检测灵敏度无影响，但是干扰较强时，信号仍可通过套管或其他盆式绝缘子处进入，抗干扰效果有限。

（2）背景干扰测量屏蔽法。其原理是在被检测盆式绝缘子附近放置一背景噪声传感器，同时检测周围环境中的电磁波信号。软件自动分析来自盆式绝缘子上的信号与来自噪声传感器的信号，并将与背景噪声传感器相同的信号滤掉，从而达到抗

表 2-2　　**干扰信号典型图谱分析与诊断**

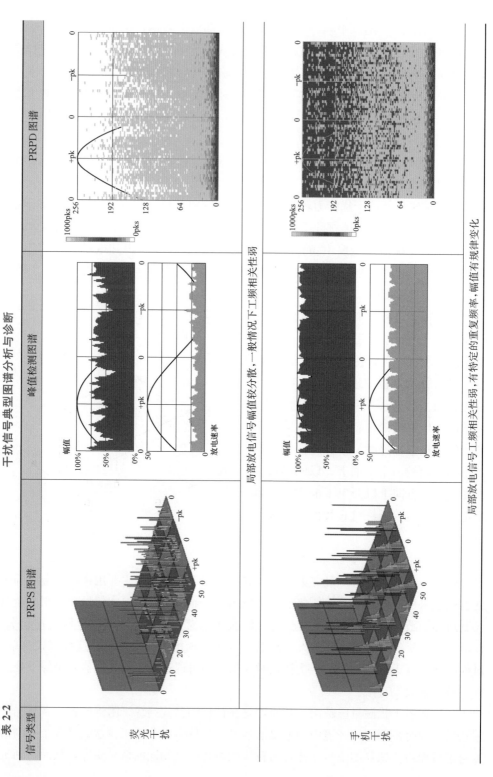

信号类型	PRPS 图谱	峰值检测图谱	PRPD 图谱
荧光干扰		局部放电信号幅值较分散，一般情况下工频相关性弱	
手机干扰		局部放电信号与工频相关性弱，有特定的重复频率，幅值有规律变化	

续表

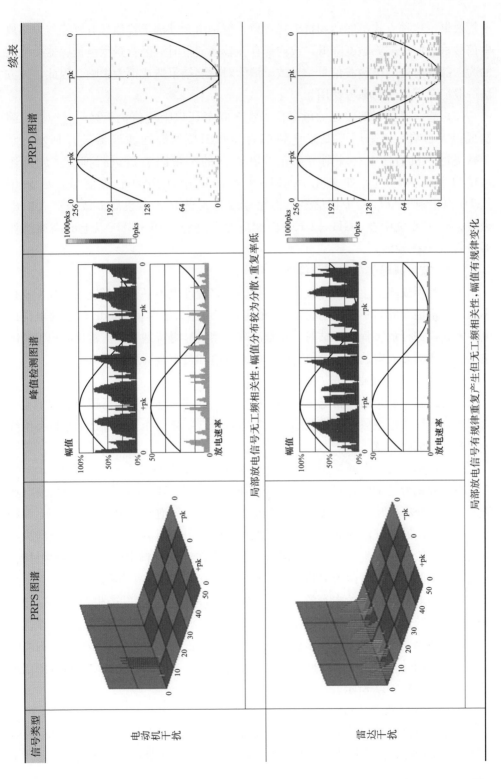

信号类型	PRPS 图谱	峰值检测图谱	PRPD 图谱

电动机干扰

局部放电信号无工频相关性，幅值分布较为分散，重复率低

雷达干扰

局部放电信号有规律重复产生但无工频相关性，幅值有规律变化

干扰效果。这种方式虽能达到抗干扰效果，但是由于外部干扰信号有可能与内部放电信号重叠使检测灵敏度降低，或内部存在较强放电时，因背景噪声传感器检测到的为内部辐射处的电磁波信号，导致误消除对检测结果造成很大影响。因此，该方法一般情况下仅作为参考使用。

（3）滤波器法。如较强的电晕信号在300MHz以上幅值仍很高，对现场检测造成很大影响，可采用下限截止频率为500MHz的高通滤波器进行抑制；对于常见的手机通信干扰，则可采用900MHz的窄带阻波器进行抑制；此外还可使用窄带法检测，如采用300M～600MHz避开高频干扰信号，或采用1GHz以上避开低频的干扰信号。但是需要注意的是，多数局部放电产生的电磁波信号主要集中在1GHz以下，因此应尽量避免使用1GHz以上的高通滤波器进行抗干扰检测。

2.3.2.3 放电缺陷类型识别与诊断

不同类型缺陷产生的信号幅值不一样，危害程度也不一样，对应的特征图谱也不同；如幅值50dB的绝缘内部放电，危害程度可能大于幅值100dB的悬浮电位放电。因此，进行危害程度评估时，识别缺陷类型就显得特别重要。常见的典型缺陷包括空穴或沿面放电、悬浮电位放电、电晕放电和自由金属颗粒放电。

1. 空穴或沿面放电缺陷

该类缺陷主要是由设备绝缘内部存在空穴、裂纹、绝缘表面污秽等引起的设备内部非贯穿性放电现象，该类缺陷与工频电场具有明显的相关性，是引起设备绝缘击穿的主要威胁。

绝缘内部空穴放电通常用电容模型来表示，空穴自身视为一个电容C1，与空穴串联部分视为一个电容C2，其他正常部位视为电容C3，从而形成了局部放电典型的三电容分析模型。空穴放电是在电压上升沿时，气泡两端积累电荷，当电荷积累到一定程度时，气泡两端电压超过气泡击穿电压，从而引起放电，因此绝缘内部空穴放电一般都是发生在一、三象限。由于气泡在绝缘材料中两端均为绝缘材料，因此，气泡两端积累电荷为束缚电荷，不能自由移动。当某个部位发生放电后，只会将放电通道附近较少的电荷释放掉，放电量通常较小，放电产生信号高频含量少；放电后其他部分电荷仍然存在，在一个电源半波内仍会在气泡其他部位多次放电，放电间隔变化大；当气泡形状较规则时，电源正负半波放电波形对称，而当气泡形状不规则时，则正负半波放电波形不对称。空穴或沿面放电典型PRPS图谱和PRPD图谱如图2-11所示。

2. 悬浮电位放电缺陷

悬浮电位放电是指设备内部某一金属部件与导体（或接地体）失去电位连接，存在一较小间隙，从而产生的接触不良放电。通常在产生悬浮电位放电时，悬浮部件往往伴随着振动，因此悬浮电位放电也可分为可变间隙的悬浮电位放电和固定间隙的悬浮电位放电。

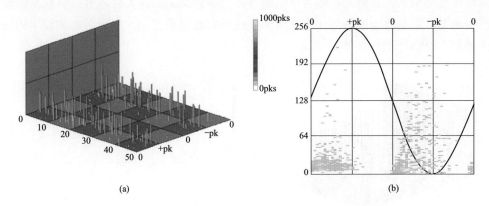

图 2-11　空穴或沿面放电典型 PRPS 图谱和 PRPD 图谱

（a）PRPS 图谱；（b）PRPD 图谱

　　固定间隙的悬浮电极可视为在电场中一个间隙很小的电容，悬浮部件和导体（接地体）分别为电容的两个极板。与绝缘内部气泡放电相同，悬浮电位放电过程也是当电压处于上升沿时，悬浮极板积累电荷，当电荷积累一定程度，间隙两端电压超过间隙击穿电压时，产生局部放电。因此，悬浮电位放电也发生在电源的第一、三象限。但是与绝缘内部空穴放电不同的是，悬浮部件为金属，其上面所带电荷为自由电荷。当间隙击穿时，悬浮极板上所带电荷会全部释放掉，因此放电量通常较大，高频含量很多；由于小间隙击穿电压接近恒定，因此在每次击穿前极板所带电荷基本一致，导致每次放电的放电量一致，即放电产生的脉冲幅值稳定；间隙击穿后，间隙绝缘逐渐恢复，然后重新积累电荷，其脉冲间隔较稳定，放电次数少。另外，当悬浮部件与导体（接地体）之间电场较为均匀时，一、三象限放电波形基本对称；当间隙电场为不均匀电场时，一、三象限放电波形不对称，均具有放电信号幅值较大的特征。悬浮电位放电典型 PRPS 图谱和 PRPD 图谱如图 2-12 所示。

　　对于存在振动的可变间隙，由于振动时，振幅非常有限，对间隙影响不大，因此很短时间内的振动导致间隙改变的距离很小，其放电量仍可视为稳定。

　　3. 电晕放电缺陷

　　该类缺陷主要由设备内部导体毛刺、外壳毛刺等引起，是气体中极不均匀电场所特有的一种放电现象。该类缺陷较小时，往往会逐渐烧蚀掉，对设备的危害较小，但在过电压作用下仍旧会存在设备击穿隐患，应根据信号幅值大小予以关注。

　　电晕放电往往只在尖刺呈负极性的半波产生，因此高压导体上的尖刺放电发生在电源的负半波峰值处，接地体（如 GIS 罐体）上的尖刺放电发生在电源的正半波峰值处。该类缺陷通常放电脉冲幅值不高，高频成分少，放电脉冲多，且随电压升高，放电量增大。但是，随着电压的升高，或者说尖刺较大时，另一个半波也会产生放电，但是放电波形与先出现的半波波形有着显著区别。电晕放电典型 PRPS 图谱和 PRPD 图谱如图 2-13 所示。

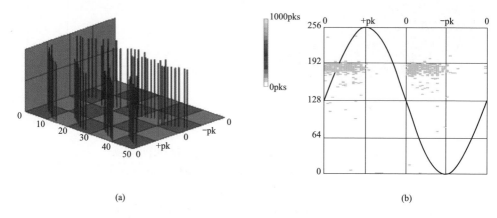

(a)   (b)

图 2-12　悬浮电位放电典型 PRPS 图谱和 PRPD 图谱

（a）PRPS 图谱；（b）PRPD 图谱

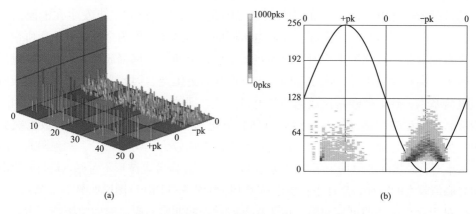

(a)   (b)

图 2-13　电晕放电典型 PRPS 图谱和 PRPD 图谱

（a）PRPS 图谱；（b）PRPD 图谱

4. 自由金属颗粒放电缺陷

该类缺陷主要由设备安装过程或开关动作过程产生的金属碎屑而引起。随着设备内部电场的周期性变化，该类金属颗粒表现为随机性移动或跳动现象，当颗粒在高压导体和低压外壳之间跳动幅度加大时，则存在设备击穿危险，应予以重视。

当金属颗粒在电场力作用下跳动时，在跳起后，颗粒会在电场作用下积累电荷，但是由于颗粒往往较小，所带电荷非常有限，在落下接触罐体或碰撞其他颗粒前不会引起放电。当颗粒落下后，在接触罐体的一瞬间，会将自身所带电荷释放掉，形成一次较微弱的放电，放电量与放电瞬间电压相位有关。通常当放电瞬间电源处于峰值时，放电量最大。颗粒放电时间间隔与电源周期、电源相位无关，因此，放电信号往往较杂乱。PRPD 图谱中，点呈现较均匀分布的两个峰的形状。自由金属颗粒放电典型 PRPS 图谱和 PRPD 图谱如图 2-14 所示。

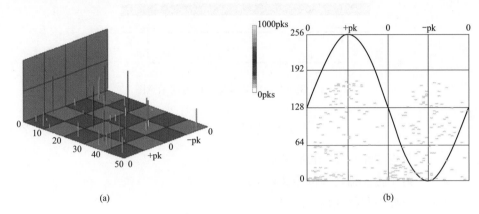

（a）　　　　　　　　　　　　　（b）

图 2-14　自由金属颗粒放电典型 PRPS 图谱和 PRPD 图谱

（a）PRPS 图谱；（b）PRPD 图谱

2.3.2.4　放电源定位

放电源的准确定位能够极大地方便缺陷元件的查找及放电类型的诊断，提高检修工作效率。放电源的定位往往和干扰信号的排除结合进行。特高频法的主要定位方法有幅值比较定位法、时差定位法、定相法、三维空间定位法等。下方主要介绍幅值比较定位法和时差定位法。

1. 幅值比较定位法

幅值比较定位法的基本思路是距离放电源最近的传感器检测到的信号最强。当在多个点同时检测到放电信号时，信号强度最大的测点可判断为最接近放电源的位置。

幅值比较定位法的准确性往往受到现场检测条件的限制。当放电信号很强时，在较小的距离范围内难以观察到明显的信号强度变化，使精确定位面临困难。当设备外部存在干扰放电源时，也会在不同位置产生强度类似的信号，难以有效定位，同时也难以区分设备内部或外部的放电。

2. 时差定位法

时差定位法的基本思路是距离放电源最近的传感器检测到的时域信号最超前，

该方法适用于采用高速数字示波器的带电检测装置。GIS中局部放电源定位方法如图 2-15 所示，将传感器分别放置在 GIS 上两个相邻的测点位置，根据放电检测信号的时差，利用式（2-1）即可计算得到局部放电源的具体位置。

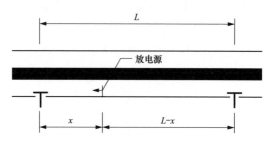

图 2-15　GIS 中局部放电源定位方法示意图

$$x = \frac{1}{2}(L - c\Delta t) \qquad (2\text{-}1)$$

式中　x——放电源距离左侧传感器的距离，m；

　　　L——两个传感器之间的距离，m；

　　　c——电磁波传播速度，$c = 3 \times 10^8\,\text{m/s}$；

　　　Δt——两个传感器检测到的时域信号波头之间的时差，s。

2.3.2.5　局部放电严重程度判定

基于脉冲电流检测法的视在局部放电量（单位为 pC）是判断缺陷严重程度的基本参数，并被广泛认可，但特高频法尚没有成熟的定量表征方法。特高频法测得的局部放电信号的幅值和局部放电的真实放电量、局部放电类型以及放电信号的传播路径有关。由于局部放电类型和局部放电信号传播路径的复杂变化，以及缺乏检测仪器的量值标准规范，目前还难以仅根据信号幅值判断局部放电量或绝缘缺陷严重程度。

然而，在实际应用当中，电力设备局部放电缺陷的严重程度可根据放电信号幅值、放电源的位置、放电类型、检测特征量的发展趋势等因素进行综合判断，进而确定检修处理策略。

2.4　典型案例分析

2.4.1　500kV GIS 盆式绝缘子内部气隙缺陷

2.4.1.1　案例经过

2016 年 12 月 22 日，检测人员在对某 500kV 变电站进行全站带电检测时，发现 500kV GIS 5051 断路器 A 相存在特高频局部放电信号，放电信号连续，图谱呈绝缘放电特征，综合局部放电图谱、时差定位的结果及 GIS 内部结构，判断该局部放电源位于 5051 断路器 A 相与 50512 电流互感器 A 相之间的盆式绝缘子附近区域，缺陷类型为绝缘缺陷。经过解体验证，发现该盆式绝缘子内部存在 8 个气泡，验证了检测准确性。

2.4.1.2　检测分析方法

1. 初步诊断

在 5051 间隔 A 相共取检测点（简称测点）1～4 以及背景传感器，具体位置如图 2-16 所示，其中测点 2 为内置传感器，从图 2-17 的特高频检测图谱可以看出，各测点检测到异常特高频信号，而背景传感器未出现过相关信号，可排除信号来自空间干扰的可能。比较断路器两侧电流互感器盆式绝缘子处的测点 1 和测点 3 的信号幅值，发现测点 1 处的放电信号幅值明显大于测点 3，说明放电源偏向于 50512 电流互感器侧。根据图谱判断，放电类型为绝缘放电。超声波检测无异常。

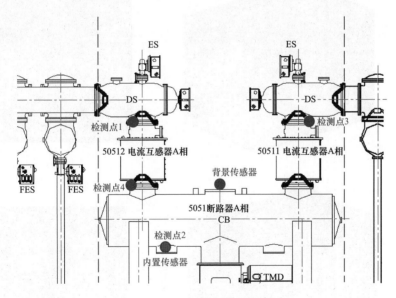

图 2-16　传感器放置具体位置示意图

2. 定位分析

利用高速示波器进行定位，定位图谱如图 2-18 所示。从图 2-18 中可看出：测点 4 的信号超前测点 1 和测点 2，说明放电源在测点 1 和测点 2 之间；测点 4 的信号超前测点 2 约 4ns，根据时差定位计算显示放电源位于测点 4 下方约 0.15m；测点 4 的信号超前测点 1 约 4.5ns，正好符合两点之间的距离 1.3m；测点 2 的信号超前测点 1 约 0.5ns，根据时差定位计算显示放电源位于测点 4 下方约 0.18m，即缺陷位置大概在测点 4（5051 断路器 A 相与 50512 电流互感器 A 相间的盆式绝缘子）或者盆式绝缘子下方区域。

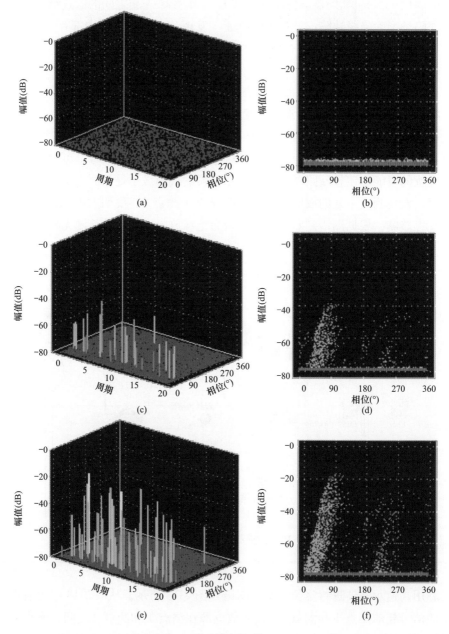

图 2-17　特高频检测图谱（一）

（a）空间背景信号 PRPS 图谱；（b）空间背景信号 PRPD 图谱；（c）测点 1 PRPS 图谱；

（d）测点 1 PRPD 图谱；（e）测点 2 PRPS 图谱；（f）测点 2 PRPD 图谱

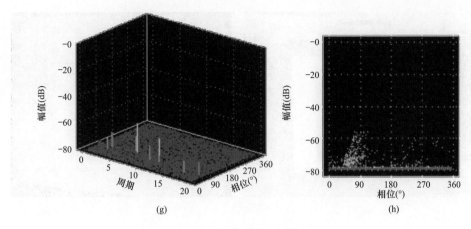

图 2-17　特高频检测图谱（二）

（g）测点 3 PRPS 图谱；（h）测点 3 PRPD 图谱

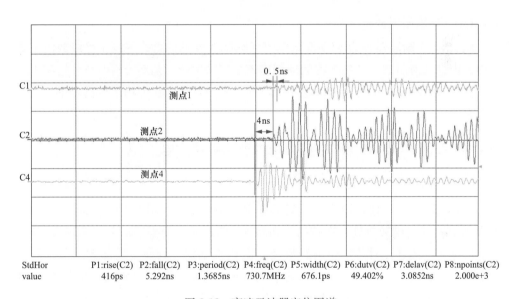

StdHor	P1:rise(C2)	P2:fall(C2)	P3:period(C2)	P4:freq(C2)	P5:width(C2)	P6:duty(C2)	P7:delay(C2)	P8:npoints(C2)
value	416ps	5.292ns	1.3685ns	730.7MHz	676.1ps	49.402%	3.0852ns	2.000e+3

图 2-18　高速示波器定位图谱

3. 解体验证

对 5051 断路器 A 相与 50512 电流互感器 A 相间的盆式绝缘子进行厂内解体分析工作，包括资料检查、外观检查、表面清洗打磨、局部放电耐压和 X 射线探伤，发现局部放电量最大为 36pC，局部放电量超标；同时 X 射线发现环氧树脂件内部存在明显气泡，气泡个数 8 个，呈线状分布，解体结果验证了检测的准确性。局部放电试验和 X 射线探伤如图 2-19 所示。

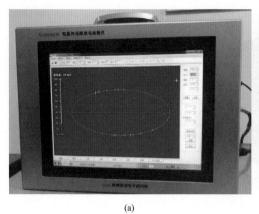 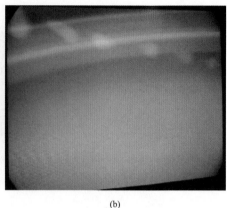

(a)   (b)

图 2-19   局部放电试验和 X 射线探伤

（a）局部放电试验；（b）X 射线探伤

2.4.1.3   缺陷原因分析

此次 5051 断路器 A 相与 50512 电流互感器 A 相间的盆式绝缘子绝缘放电主要是由于内部气泡引起，产生气泡的原因应该是厂家生产工艺不合格，浇注过程中形成气泡，并且在出厂进行局部放电耐压试验时未被发现，在现场运行过程中，产生局部放电信号。

2.4.2   220kV GIS 电缆终端应力锥内表面裂纹放电

2.4.2.1   案例经过

2016 年 12 月 6 日，检测人员对某变电站 GIS 2202 间隔进行局部放电检测。发现 A 相电缆终端环氧处存在特高频和高频异常信号，根据图谱分析为绝缘放电。综合局部放电图谱、时差定位的结果及 GIS 内部结构，判断该局部放电源位置位于电缆仓底部法兰上方 0.3～0.7m 之间的区域，即应力锥所处位置。2017 年 1 月 4 日，停电解体发现应力锥内表面存在 7cm 长的裂纹，且主绝缘对应位置存在放电痕迹，验证了检测的准确性。

2.4.2.2   检测分析方法

1. 初步诊断

在 2202 间隔电缆终端环氧处检测到特高频异常信号，由于该型号 GIS 盆式绝缘子的浇注孔盖板不允许打开，经厂家配合，利用 GIS 电缆仓内预埋的带电显示器耦合电容感应到特高频信号（现场传感器放置位置见图 2-20）。通过加装厂家特制的转接头为特高频局部放电仪提供了信号接口，从而增加了一个特高频局部放电的检测位置，特高频检测图谱如图 2-21 所示。

图 2-20 现场传感器放置位置

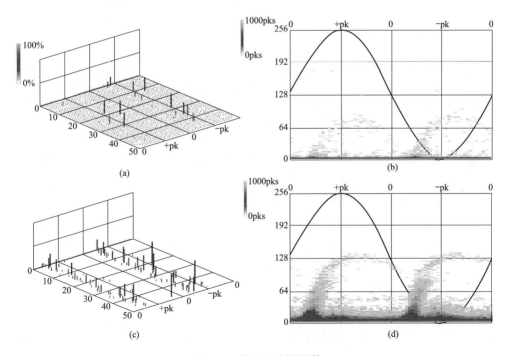

图 2-21 特高频检测图谱

（a）A相电缆终端环氧树脂附近 PRPS 图谱；（b）A相电缆终端环氧树脂附近 PRPD 图谱；
（c）A相电缆仓带电显示转接头处 PRPS 图谱；（d）A相电缆仓带电显示转接头处 PRPD 图谱

2. 定位分析

将蓝色的特高频局部放电传感器布置在带电显示器处，绿色的放在电缆终端环氧树脂处，黄色的放在空气中检测背景值（见图 2-20）。为了减小测量误差，进行多次时延定位，特高频定位图谱如图 2-22 所示，绿色传感器波形始终超前于蓝色传感器波形，两者时差为 640ps～1.56ns，通过计算得出放电源位于 2202 间隔 A 相电缆仓底部法兰上方 0.3～0.7m 之间的区域。

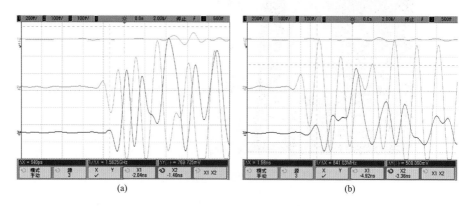

图 2-22　特高频定位图谱

（a）第一次定位；（b）第二次定位

结合电缆终端厂家提供的电缆终端结构图（见图 2-23），推测放电源位于结构图中方框区域，包含了电场分布梯度大的电缆应力锥、浇注时易发生空穴气隙缺陷的环氧套、易由杂质放电导致变质的绝缘油等。

3. 解体验证

2017 年 1 月 4 日，2202 间隔停电解体，将 A 相电缆终端从电缆仓下端抽出，仔细检查应力锥、环氧套管的外表面未发现明显放电痕迹，电缆终端解体如图 2-24 所示，图中方框内为根据定位结果推荐的重点检查区域。

将应力锥纵向剖开，经检查发现应力锥内表面存在一条 7cm 长的裂纹（距离应力锥上端 6～13cm）和一条 1cm 长的裂纹，且主绝缘对应位置存在放电痕迹，与第三方检测机构检测结果吻合。应力锥内表面裂纹如图 2-25 所示。

2.4.2.3　缺陷原因分析

此次电缆终端局部放电是由应力锥内表面裂纹引起的，裂纹可能是由应力锥材料存在的杂质或轻微损伤在运行中被局部放电烧蚀扩大形成。分析质量责任：设备出厂时应力锥的材料可能存在质量问题；分析安装责任：现场安装工艺可能发挥不稳定，套装应力锥时电缆端部金属部分可能未加保护措施，导致划伤应力锥内壁；分析监督责任：由于应力锥内表面相对外表面难以观察到，外观检查时可能该缺陷被忽略。

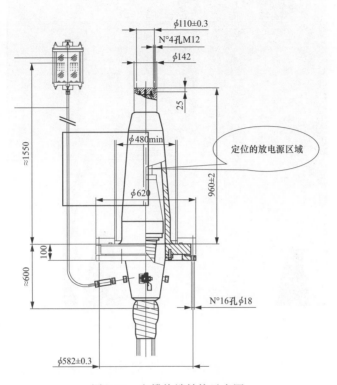

图 2-23　电缆终端结构示意图

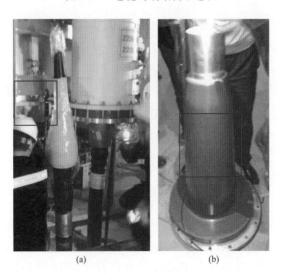

图 2-24　电缆终端解体

（a）应力锥和主绝缘；（b）环氧套管

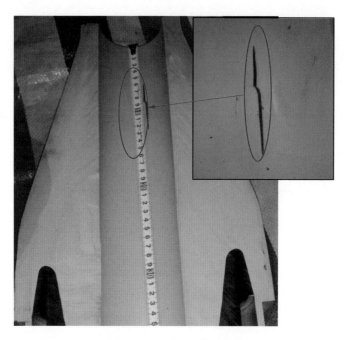

图 2-25　应力锥内表面裂纹

2.4.3　220kV GIS 电流互感器内部绝缘筒内壁上存在凸起毛刺

2.4.3.1　案例经过

2015 年 5 月 23～24 日，检测人员在对±500kV 某换流站开展特高频局部放电检测的过程中，发现 220kV 复合气体绝缘开关设备（HGIS）2024 间隔 C 相存在异常局部放电信号，确定放电信号来源于Ⅳ母（Ⅳ段母线）侧电流互感器和断路器之间的盆式绝缘子附近，推断放电类型为绝缘放电。对 2024 间隔 C 相进行停电检修，生产厂家将缺陷部位返厂进行解体及相关试验，发现电流互感器内部绝缘筒内壁有尖角突起和细微伤痕，位置与局部放电探测到的位置一致。更换设备投运后进行复测，异常放电信号消失。

2.4.3.2　检测分析方法

1. 初步诊断

检测人员对某换流站 550kV HGIS 及 220kV HGIS 开展全站普测工作，其中，特高频局部放电检测借助盆式绝缘子浇注孔作为测试点开展检测工作，每个测点均分别在全通和高通两种频带条件下检测，并储存 PRPD 和 PRPS 两种图谱。当检测至 220kV 2 号分段 2024 间隔 C 相时，发现 4 处盆式绝缘子处可测得异常放电信号，分别为 2024 间隔 C 相的断路器与Ⅳ母侧电流互感器、Ⅳ母侧电流互感器与Ⅳ母侧隔离开关、Ⅳ母侧隔离开关与Ⅳ母侧出线之间的盆式绝缘子处以及Ⅳ母侧接地开关绝缘子处，即测点 4、3、1、2。特高频局部放电测点位置如图 2-26 所示。超声波检测未见异常。

　　四处绝缘子均能检测到局部放电信号，但测点 1 处测得的信号较弱，其余三处信号强度差别不大，特高频检测图谱如图 2-27 所示。分析放电信号的幅值以及相位特性，发现该放电在时间上具有一定的间歇性，幅值较小，具有一定的工频相关性，判断为绝缘类放电，但程度较弱，间歇性强。而 220kV 2 号分段 2024 间隔 A、C 相及其他间隔均未发现特高频异常信号。

图 2-26　特高频局部放电测点位置

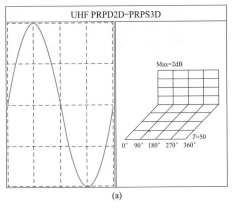

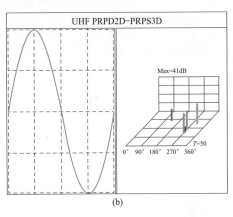

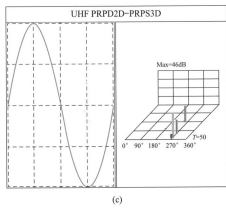

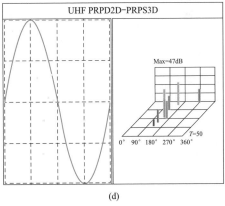

图 2-27　特高频检测图谱

（a）测点 1：Ⅳ母侧隔离开关-Ⅳ母侧出线 C 相；（b）测点 2：Ⅳ母侧接地开关 C 相；

（c）测点 4：断路器-Ⅳ母侧电流互感器 C 相；（d）测点 3：Ⅳ母侧电流互感器-Ⅳ母侧隔离开关 C 相

2. 定位分析

进一步确定局部放电类型，并准确定位，检测人员对上述几处位置开展特高频时差、幅值分析，发现局部放电信号来源于Ⅳ母侧电流互感器和断路器之间的盆式绝缘子附近，即测点4。推测是上部电流互感器或盆式绝缘子本身存在问题。具体定位过程见表2-3和表2-4。

3. 解体验证

10月28日，对故障返厂的电流互感器及盆式绝缘子进行解体及相关试验的见证。

C相电流互感器绝缘筒内壁缺陷如图2-28所示。C相电流互感器的线圈安装在GIS外壳和绝缘筒之间，绝缘筒将电流互感器高压导体与线圈隔开。在电流互感器绝缘筒内壁距底部约10cm发现凸起毛刺1处，以及十分微小的凸起1处。

表2-3　　　　　　　　　　初　步　定　位　过　程

分别选取2024间隔C相的测点4、3、1，测点4、3、2以及测点4、3、5，对三组测点进行放电信号分析

测点	图谱	说明
2024间隔C相 上：出线套管-Ⅳ母侧隔离开关（测点1）； 中：Ⅳ母侧隔离开关-Ⅳ母侧电流互感器（测点3）； 下：Ⅳ母侧电流互感器-断路器（测点4）	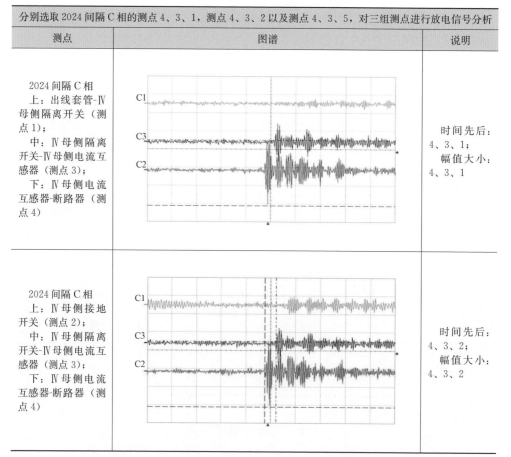	时间先后： 4、3、1； 幅值大小： 4、3、1
2024间隔C相 上：Ⅳ母侧接地开关（测点2）； 中：Ⅳ母侧隔离开关-Ⅳ母侧电流互感器（测点3）； 下：Ⅳ母侧电流互感器-断路器（测点4）		时间先后： 4、3、2； 幅值大小： 4、3、2

续表

分别选取 2024 间隔 C 相的测点 4、3、1，测点 4、3、2 以及测点 4、3、5，对三组测点进行放电信号分析		
测点	图谱	说明
2024 间隔 C 相 上：断路器-Ⅱ 母电流互感器（测点 5）； 中：Ⅳ 母侧隔离开关-Ⅳ 母侧电流互感器（测点 3）； 下：Ⅳ 母侧电流互感器-断路器（测点 4）	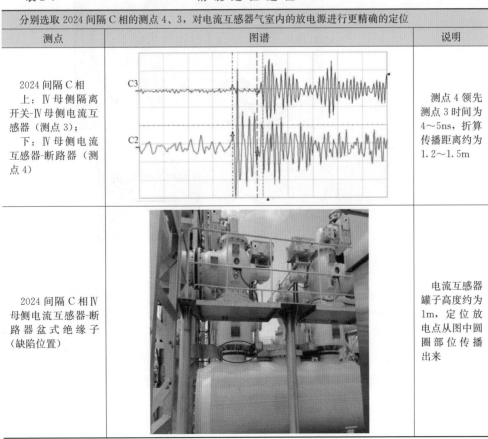	时间先后： 4、3； 幅值大小： 4、3； 测点 5 没有信号
结论	测点 1～4 处均能测得局部放电信号，测点 5 处没有局部放电信号，且局部放电的时间先后顺序以及幅值强弱表现了一致性，即时间先后顺序依次是测点 4～1，幅值大小为测点 4＞3＞2＞1，可以初步说明放电点靠近测点 4，再根据测点 5 处检测不到放电信号，可初步推断放电点位于Ⅳ 母侧电流互感器气室内	

表 2-4　　　　　　　　　精 确 定 位 过 程

分别选取 2024 间隔 C 相的测点 4、3，对电流互感器气室内的放电源进行更精确的定位		
测点	图谱	说明
2024 间隔 C 相 上：Ⅳ 母侧隔离开关-Ⅳ 母侧电流互感器（测点 3）； 下：Ⅳ 母侧电流互感器-断路器（测点 4）		测点 4 领先测点 3 时间为 4～5ns，折算传播距离约为 1.2～1.5m
2024 间隔 C 相Ⅳ母侧电流互感器-断路器盆式绝缘子（缺陷位置）		电流互感器罐子高度约为 1m，定位放电点从图中圆圈部位传播出来

分别选取 2024 间隔 C 相的测点 4、3，对电流互感器气室内的放电源进行更精确的定位		
测点	图谱	说明
结论	测点 4 领先测点 3 约为 4～5ns，放电点距离测点 4 和测点 3 的距离差约为 1.2～1.5m，结合Ⅳ母侧电流互感器筒体高度约为 1m，可进一步推断放电点可能位于Ⅳ母侧电流互感器和断路器之间的盆式绝缘子附近	

根据特高频局部放电检测结果：测点 4（Ⅳ母侧电流互感器-断路器之间的盆式绝缘子）领先测点 3（Ⅳ母侧隔离开关-Ⅳ母侧电流互感器之间的盆式绝缘子）约 4～5ns，放电点距离测点 4 和测点 3 的距离差约为 1.2～1.5m，结合Ⅳ母侧电

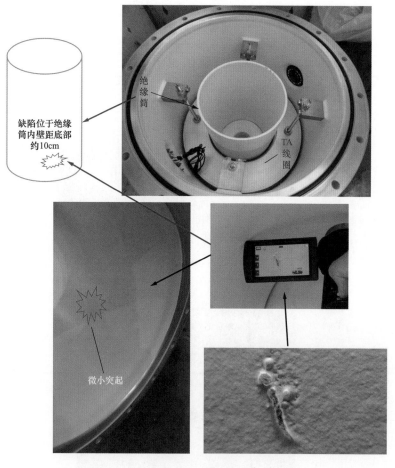

图 2-28　C 相电流互感器绝缘筒内壁缺陷

流互感器筒体高度约为 1m，推断放电点可能位于Ⅳ母侧电流互感器和断路器之间的盆式绝缘子附近。因此，C 相电流互感器解体检查发现的缺陷位置与检测到的局部放电点位置一致。

2.4.3.3　缺陷原因分析

厂家对电流互感器壳体内部用内窥镜检查时，发现一处电流互感器内部绝缘筒内壁上存在一处明显磕碰伤，有明显凸起毛刺存在。此处缺陷是引起电流互感器局部放电异常的根本原因，推测是由于厂家生产或安装工艺控制不良，在绝缘筒制造或安装过程中造成。

2.4.4　110kV GIS 断路器绝缘内部缺陷

2.4.4.1　案例经过

2011 年 5 月 27 日，某电力公司检修人员使用特高频局部放电检测仪对 220kV 变电站进行局部放电例行检测，发现在该变电站 110kV GIS 室内存在明显的特高频信号。

2.4.4.2　检测分析方法

1. 初步诊断

局部放电检测仪的检测与定位分析结果显示，3 号主变压器 110kV C 相断路器存在放电源，放电信号的类型应为绝缘内部气隙放电。根据精确定位的部位及 GIS 结构图纸分析，应该是内部灭弧室下部的绝缘套筒或者绝缘拉杆有问题。

2. 定位分析

经特高频时间差定位分析，发现在 3 号主变压器 110kV C 相的断路器气室内部存在一个局部放电源，传感器位置如图 2-29 所示。相比传感器 1，传感器 2 检测的信号在时间上超前，而且幅值大于前者，特高频时差定位信号波形如图 2-30 所示。

图 2-29　主变压器 110kV C 相断路器传感器位置

为了对局部放电检测仪检测的结果进行确认，对 110kV 断路器气室进行了气体成分取样分析。由于 3 号主变压器 110kV 断路器室的三相是相互连通的，所以先分析三相气室的成分，然后逐一分析各相气室。气体成分分析的最终结果见表 2-5。

39

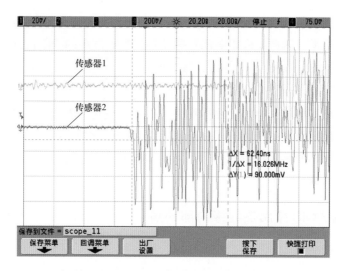

图 2-30　传感器 2 测得的特高频信号

表 2-5　　　　　　　　　　　气体成分分析最终结果　　　　　　　　　　　（μL/L）

气体成分	H₂S	SO₂	CO
三相	3.4	0	35
A 相	0.7	0	45
B 相	1.6	0	54
C 相	3.8	0	68

由表 2-5 可以得到，该变电站 3 号主变压器 110kV C 相断路器间隔内存在放电源，这与局部放电检测分析的结果是一致的。

3. 解体验证

为了验证检测结果和检修的准确性，对拆卸下来的断路器部件进行 X 射线探伤和常规局部放电试验，研究其缺陷特征和放电特性，并与现场检测结果进行比较。

X 射线探伤结果显示，断路器中拆卸下来的各绝缘部件均未发现明显的缺陷痕迹。

对上部和下部盆式绝缘子及绝缘套筒进行局部放电试验，试验电压升至250kV，均未发现明显的局部放电；最后，对绝缘拉杆进行局部放电试验，为了与断路器现场运行的情况吻合，将绝缘拉杆与屏蔽罩等组装起来，边缘进行光滑处理之后一并放入试验腔体进行试验。

综合故障断路器的 X 射线探伤和局部放电试验结果，可以得到，该断路器的绝缘拉杆存在绝缘缺陷。

将绝缘拉杆沿轴向剖开，如图 2-31 所示。对照断路器组装之后的结构组成，可以看到，绝缘拉杆上放电通道的起始点与高压端屏蔽罩边缘的位置是对应的，如

图 2-32 所示。

可以看到，放电通道位于绝缘拉杆壁内，从绝缘拉杆最靠近高压屏蔽罩处开始，逐步向低压侧生长发展，如不及时采取措施，必将导致重大的绝缘击穿故障。

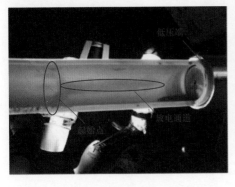 

图 2-31　将绝缘拉杆沿轴向剖开　　　　图 2-32　绝缘拉杆放电通道起始点

2.4.4.3　缺陷原因分析

绝缘拉杆存在缠绕工艺不良，导致绝缘不良等现象，在高场强作用下形成局部劣化，如果长时间运行，会造成绝缘击穿故障。

2.4.5　500kV HGIS 出线套管内屏蔽筒螺栓松动缺陷

2.4.5.1　案例经过

2015 年 11 月，在对某 500kV 变电站 500kV HGIS 进行带电检测时，发现 500kV 设备区 50211 隔离开关气室局部放电检测数据明显异常，现场测试如图 2-33 所示，经进一步精确定位及诊断分析，判断出线套管与隔离开关气室存在悬浮电位放电。后经解体检查，确认异常信号来自出线套管屏蔽筒与其支撑绝缘件之间的固定螺栓松动而产生的悬浮电位放电。

图 2-33　50211 隔离开关 C 相气室现场测试

2.4.5.2　检测分析方法

1. 初步诊断

由于该型号 HGIS 盆式绝缘子为全金属封闭结构，且无浇注孔及内置传感器，因此特高频局部放电检测位置选择为 50211 C 相接地开关绝缘引出件部位，检测位置及结构如图 2-34 所示。

检测位置 1、2 检测图谱分别如图 2-35 和图 2-36 所示。

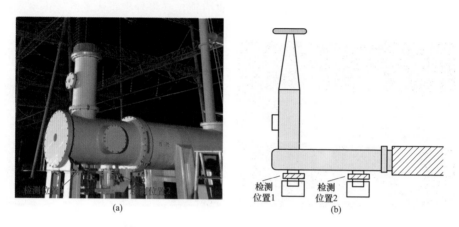

(a)   (b)

图 2-34 特高频检测位置及结构示意图

（a）检测位置；（b）结构示意图

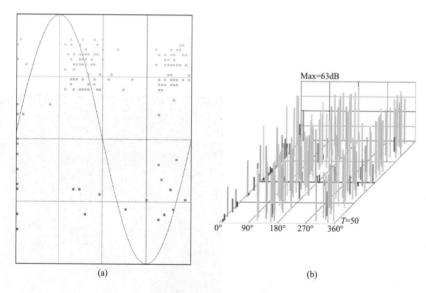

(a)   (b)

图 2-35 检测位置 1 图谱

（a）PRPS 图谱；（b）PRPD 图谱

根据图 2-35 和图 2-36 特高频检测结果可知，PRPS 图谱在一个工频周期内有两簇明显集聚，PRPD 图谱在一个工频周期内有两簇信号，并呈"内八字"，具有悬浮电位放电特征。

超声波局部放电检测图谱（测点 5）如图 2-37 所示。

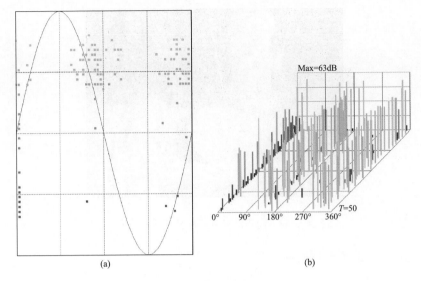

图 2-36　检测位置 2 图谱

（a）PRPS 图谱；（b）PRPD 图谱

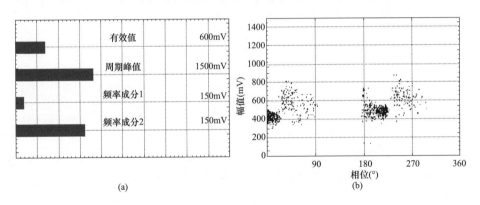

图 2-37　超声波局部放电检测图谱（测点 5）

（a）连续图谱；（b）相位图谱

根据图 2-37 超声波连续图谱可以看出，100Hz 相关性明显，相位图谱显示一个工频周期内有两簇信号，具有悬浮电位放电特征。

根据以上分析可以判断该气室内部缺陷为悬浮电位放电缺陷，改变检测频带 100～50Hz 后，检测幅值基本不变。

2. 定位分析

超声波局部放电检测测点分布如图 2-38 所示，测点 7 位于测点 3 正对面位置，各测点处均可用耳机听到异常声响。

图 2-38　超声波局部放电检测测点分布

各测点超声波测试数据见表 2-6。

表 2-6　　　　　　　　　　各测点超声波检测数据　　　　　　　　　　（mV）

检测位置	有效值	周期峰值	50Hz 频率相关性	100Hz 频率相关性
背景	0.11	0.51	0	0
测点 1	1.5	6.4	0.1	0.62
测点 2	1.7	7	0.11	0.75
测点 3	2.1	9.2	0.14	0.87
测点 4	2.5	11.5	0.17	1.1
测点 5	4.3	34.6	0.31	3.1
测点 6	8.2	55.7	0.5	4.6
测点 7	2.0	9.1	0.14	0.9

从表 2-6 可以看出，50211 隔离开关气室存在超声波异常信号，信号强度较大，100Hz 频率相关性强，周期峰值、有效值较背景明显增长。测点 6 信号幅值最大，初步判断该点距局部放电源最近。测点 6 圆周方向测点分布如图 2-39 所示。

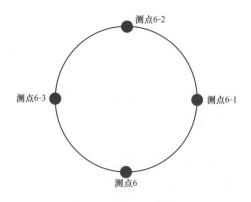

图 2-39　测点 6 圆周方向测点分布示意图

测点 6 圆周方向各测点信号幅值见表 2-7。

表 2-7　　　　　　　　　测点 6 圆周方向各测点信号幅值　　　　　　　（mV）

检测位置	有效值	周期峰值	50Hz 频率相关性	100Hz 频率相关性
背景	0.11	0.51	0	0
测点 6	8.2	55.7	0.5	4.6
测点 6-1	7.3	50.6	0.5	4.7
测点 6-2	7.1	49.8	0.46	4.2
测点 6-3	8.1	54.9	0.5	4.7

根据表 2-6 超声波各测点检测结果绘制成超声测点周期峰值分布如图 2-40 所示，由图 2-40 可知，测点 6 信号幅值最大，因此可以判断信号源距离测点 6 最近。

（1）由测点 6 圆周方向上各测点幅值可知，在圆周方向上信号幅值变化较小，并且在各测点改变上限截止频率，信号幅值无明显减小，因此可以判断放电源不在壳体上。

（2）由声电联合定位结果可知，测点 6 超声信号超前于测点 5，通过计算可知放电源距离测点 6 为 10cm。

50211 隔离开关气室出线套管及升高座内部结构如图 2-41 所示。由图 2-41 可知，套管屏蔽筒与其支撑绝缘件连接部位位于测点 6 所处水平面，并且该连接部位与升高座壳体距离为 10cm 左右。因此，综合上述分析可以判断，缺陷位置位于套管屏蔽筒与其支撑绝缘件的连接部位。

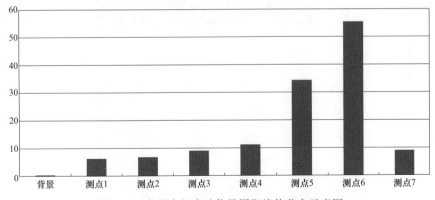

图 2-40　各测点超声波信号周期峰值分布示意图

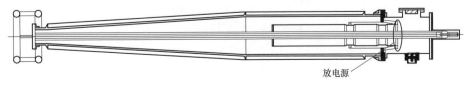

图 2-41　50211 隔离开关气室出线套管及升高座内部结构示意图

3. 解体验证

12月2日下午，对50211隔离开关C相出线套管及升高座进行更换。打开升高座与隔离开关气室连接部位，可闻到刺激性的气味，说明气室内部发生过局部放电。12月3日，对拆除的套管及升高座进行解体检查，解体情况如下：拆除升高座后发现其筒壁内有大量放电残留物，如图2-42所示；一支屏蔽罩支撑绝缘件与屏蔽筒接触不紧密，存在间隙，如图2-43所示；拆除屏蔽罩端盖后发现其与支撑绝缘件连接处紧固螺栓对应位置有6处放电痕迹，如图2-44所示；拆除紧固螺栓过程中发现所有螺栓均已松动，螺栓及垫片表面有放电痕迹，已无金属光泽，如图2-45和图2-46所示。

图 2-42　升高座内部放电残留物

图 2-43　支撑绝缘件与屏蔽筒之间存在间隙

图 2-44　屏蔽筒拆除端盖后内表面放电痕迹

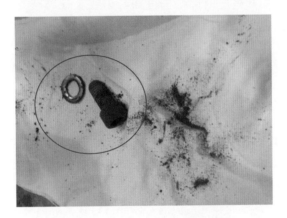

图 2-45　表面出现放电痕迹的螺栓

图 2-46　表面出现放电痕迹的垫片

解体情况分析如下：

（1）根据升高座内部放电残留物及放电痕迹判断，该相出线套管运行中内部存在局部放电，放电位置位于屏蔽筒端部螺栓固定处，与带电检测定位分析结果一致。

（2）结合现场检测图谱特征和解体后发现的放电痕迹及位置，该放电是由于屏蔽筒与其支撑绝缘件之间的固定螺栓松动造成的多处悬浮电位放电。

（3）该套管屏蔽筒通过8个螺栓固定在支撑绝缘件上，屏蔽筒全部重力由支撑绝缘件承担，应力较为集中；现场检查所有螺栓均未采取有效防松措施，且装配时力矩不足，投运后在重力、电场力等作用下极易发生松动，初步判断该批次500kV出线套管在设计、装配等方面存在疑似共性重大隐患。

2.4.5.3 缺陷原因分析

根据出线套管及升高座内部结构可知，出线套管屏蔽筒和其支撑绝缘子之间通过螺栓进行固定。结合以上分析结果可知，引起该气室局部放电异常的原因为出线套管屏蔽筒和其支撑绝缘子的固定螺栓松动，在电场作用下发生悬浮电位放电。

2.4.6 500kV GIS 隔离开关静触头支撑绝缘子裂纹缺陷

2.4.6.1 案例经过

2016年1月14日，检测人员对某500kV变电站HGIS开展带电检测工作，发现500kV场区1号主变压器一次侧5023间隔50232隔离开关A相气室局部放电检测数据异常。经诊断，该处异常疑似气室内部靠母线侧隔离开关绝缘件表面污秽或内部气隙引起的放电缺陷。

2.4.6.2 检测分析方法

1. 初步诊断

（1）特高频诊断分析。由于该型号HGIS盆式绝缘子为全金属封闭结构，且无浇筑孔及内置传感器，因此特高频局部放电检测位置选择为50232隔离开关A相气室的接地开关绝缘引出件部位，测点位置如图2-47所示。

检测位置1、2检测图谱分别如图2-48和图2-49所示。

利用屏蔽带在50232隔离开关A相特高频检测位置做全面屏蔽处理（见图2-50）后，所测特高频局部放电图谱如图2-51和图2-52所示。

由于相位发生偏移，特高频检测在全相位图谱中呈现三簇信号，实际应是两簇信号，信号幅值分布较广，相位分布较宽，与典型绝缘类缺陷特征相符，初步怀疑内部存在沿面放电或气隙放电缺陷。

（2）超声波诊断分析。超声波局部放电测点位置如图 2-53 所示。各测点超声波检测数据见表 2-8。

图 2-47　特高频检测测点位置

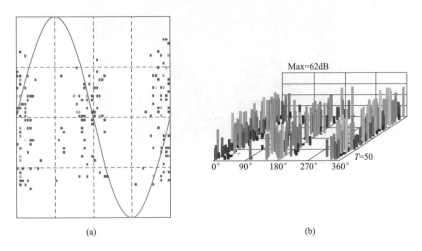

　　　　　　(a)　　　　　　　　　　　　　　　　　(b)

图 2-48　50232 隔离开关 A 相检测位置 1 特高频局部放电图谱
(a) PRPS 图谱；(b) PRPD 图谱

从表 2-8 可以看出，50232 隔离开关 A 相气室存在超声波异常信号，50Hz 和 100Hz 频率相关性明显，有效值、周期峰值较背景明显增长。测点 3～5 信号幅值水平偏大，初步判断以上三点距局部放电源较近。

图 2-54 为检测点 3 超声波检测图谱（空白框内为背景值，实心框内为测试值）。

将上限截止频率由 100kHz 降低到 50kHz，信号幅值无明显减小。

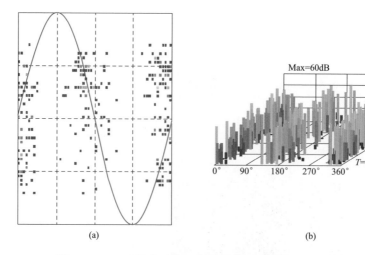

(a)   (b)

图 2-49　50232 隔离开关 A 相检测位置 2 特高频局部放电图谱

（a）PRPS 图谱；（b）PRPD 图谱

图 2-50　特高频测点位置屏蔽处理

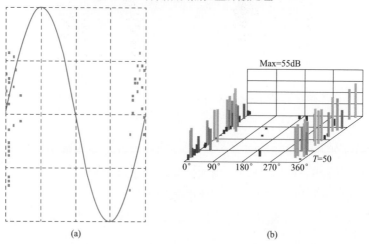

(a)   (b)

图 2-51　50232 隔离开关 A 相检测位置 1 特高频局部放电图谱（屏蔽后）

（a）PRPS 图谱；（b）PRPD 图谱

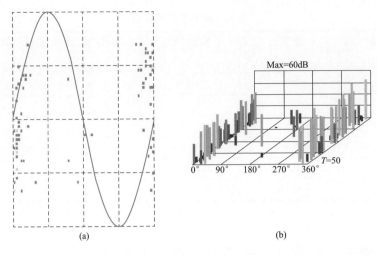

图 2-52 50232 隔离开关 A 相检测位置 2 特高频局部放电图谱（屏蔽后）

（a）PRPS 图谱；（b）PRPD 图谱

图 2-53 超声波局部放电测点位置

超声波检测所有测点较背景值没有明显变化，相位相关性也不明显，只有 3 号测点有效值/周期峰值较背景值变大，有轻微的相位相关性，与绝缘类缺陷超声波检测不灵敏的特征相符。

（3）SF_6 气体分解产物诊断分析。对 50232 隔离开关 A 相气室进行气体成分检测，SF_6 分解产物测试结果见表 2-9。测试结果显示该气室分解产物有 H_2S 成分，含量为 $1.3\mu L/L$，已达注意值。证明该气室存在局部放电，致使 SF_6 气体发生不可逆的分解。

表 2-8　　　　　　　　　　各测点超声波检测数据　　　　　　　　　　（mV）

检测位置	有效值	周期峰值	50Hz 相关性	100Hz 相关性
背景	0.30	1.10	0	0
测点 1	0.30	1.10	0	0
测点 2	0.38	1.70	0.07	0.07
测点 3	0.59	2.90	0.13	0.12
测点 4	0.47	2.55	0.09	0.10
测点 5	0.45	2.35	0.09	0.10
测点 6	0.30	1.10	0	0

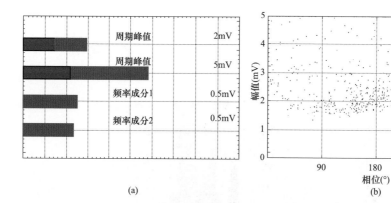

(a)　　　　　　　　　　　　　　　　(b)

图 2-54　测点 3 超声波检测图谱

(a) 连续模式图谱；(b) 相位模式图谱

表 2-9　　　　　　　50232 隔离开关 A 相 SF$_6$ 分解产物测试结果

测试时间	检测位置	测试仪器型号	测试结果		
			SO$_2$	H$_2$S	CO
1 月 13 日下午	50232 隔离开关 A 相气室	JH5000D	0	0	10.6
1 月 14 日上午	50232 隔离开关 A 相气室	JH5000D	0	0	14.0
	50232 隔离开关 A 相气室	STP1003A	0	1.3	3.8
	50232 隔离开关 B 相气室		0	0	1.2
	50232 隔离开关 C 相气室		0	0	7.6

2. 定位分析

根据表 2-8 超声波各测点检测结果绘制成超声波信号周期峰值分布如图 2-55 所示，测点 3～5 信号幅值水平明显偏大，因此可以判断信号源距离以上三个测点较近。

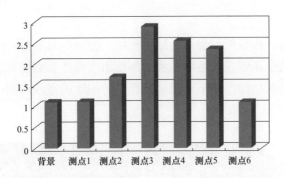

图 2-55 各测点超声波信号周期峰值分布示意图

在测点 3 改变上限截止频率，信号幅值无明显减小，因此可以判断放电源不在壳体上。该隔离开关气室内部结构如图 2-56 所示。综合上述分析可以判断，缺陷位置位于该气室出线套管下方附近。

3. 解体验证

3 月 12 日，根据停电和检修计划，会同设备生产厂家对 5023 间隔 A 相隔离开关气室进行解体检查。对缺陷气室进行现场解体检查，各部件外观未发现明显异常，外观检查如图 2-57 所示。将气室内绝缘件返厂进行耐压试验、局部放电检测和 X 射线探伤检测，发现隔离开关静触头支撑绝缘子局部放电量达 15.6pC（标准为不超过 3pC），X 射线检测发现该绝缘子地电

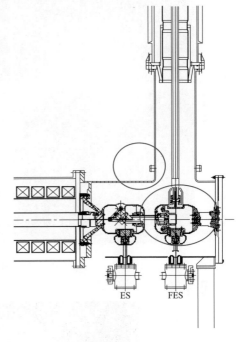

图 2-56 50232隔离开关 A 相气室内部结构示意图

位侧的一个金属嵌件底部有裂纹。从裂纹处切开，金属嵌件底部与绝缘子浇注接触面出现因放电产生的黑色烧灼痕迹，判定为产生局部放电位置，放电位置如图 2-58 所示。

2.4.6.3 缺陷原因分析

查阅该绝缘子出厂试验记录，局部放电、耐压、X 射线探伤试验均合格，说明装配前该绝缘件质量合格；且该站投运前后历经交接试验、多次例行带电检测，均未发现异常，说明该处缺陷起初比较轻微，存在一个逐步发展的

过程。

由于该部件为厂内装配、整体运输到现场，分析在总装时，该处固定螺栓力矩大于工艺要求，使金属嵌件与绝缘子浇注部位出现轻微裂痕损伤。设备运行中，该绝缘件在高压电场的持续作用下，经过几年的时间缺陷逐步加剧，导致出现明显的局部放电信号及 H_2S 气体。

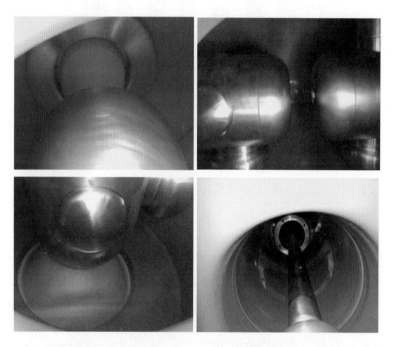

图 2-57　外观检查

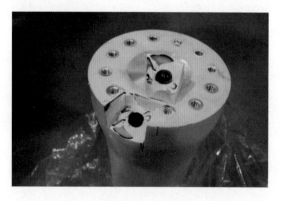

图 2-58　切开后发现的局部放电位置

2.4.7 1100kV GIS 断路器密封杆端面锈蚀

2.4.7.1 案例经过

对某变电站 1100kV GIS 开展常规带电检测，在 T042 断路器 A 相本体内发现疑似局部放电信号。经过反复检测比对，确认内部存在局部放电，定位局部放电源位于 T042 断路器 A 相本体内机构与断路器本体连接处。对设备进行整体更换，设备复役后，多次对 1100kV GIS 开展专项带电检测，未发现异常局部放电信号。返厂解体检查结果显示，液压机构与本体绝缘拉杆连接的密封杆端面有锈蚀现象，表面无润滑脂，锈蚀位置与局部放电定位位置基本一致。

2.4.7.2 检测分析方法

检测对象为某变电站 1100kV GIS T042 间隔，如图 2-59 所示，由河南平高电气股份有限公司生产，型号为 ZF27-1100，2012 年 9 月出厂，2013 年 9 月 25 日正式投运。

图 2-59 T042 间隔

2019 年 2 月 28 日，按照计划拆除 T032、T033 和 T043 断路器超声波在线监测装置，并对 GIS 再次开展局部放电检测，包括超声波局部放电检测和特高频局部放电检测，其中特高频局部放电检测通过内置传感器接口进行。检测从 T032 间隔向 T041 间隔方向进行，特高压站 1000kV 系统局部主接线如图 2-60 所示；在测试到 T043 断路器 A 相时，发现有疑似异常信号，随后在 T041、T042 和 T043 断路器 A 相范围内，均检测到幅值较大，相位特征明显的异常信号。

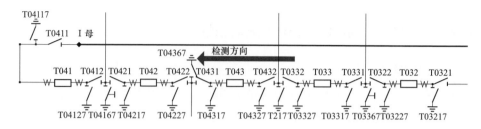

图 2-60　特高压站 1000kV 系统局部主接线示意图

1. 初步诊断

（1）特高频局部放电检测。在 T041、T042 和 T043 断路器 A 相间隔范围内所布置的特高频局部放电检测测点位置（内置式特高频传感器）如图 2-61 所示。

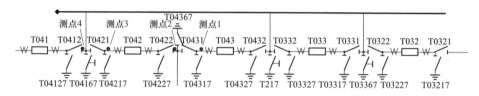

图 2-61　特高频局部放电检测测点位置示意图

各测点特高频图谱见表 2-10，可以看到各测点具有明显的放电特征，在 50 个工频周期内有两簇明显的累积信号，幅值和相位均比较稳定，脉冲不完全不连续，具有一定的间歇性。放电信号具有一定对称性，在工频相位的正负半周都出现，其中测点 3（T0421 隔离开关侧内置传感器处）的特高频幅值最大，达到 −10dBm，图谱具有悬浮电位放电特征。

表 2-10　　　　　　　　　　　各测点特高频图谱

测点位置	PRPD图谱	PRPS图谱	备注
背景	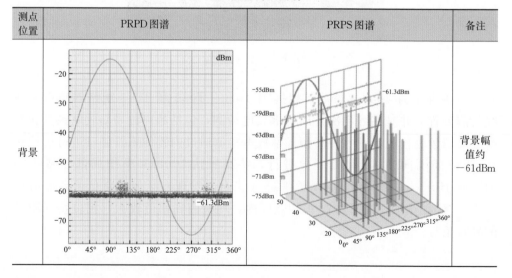		背景幅值约 −61dBm

续表

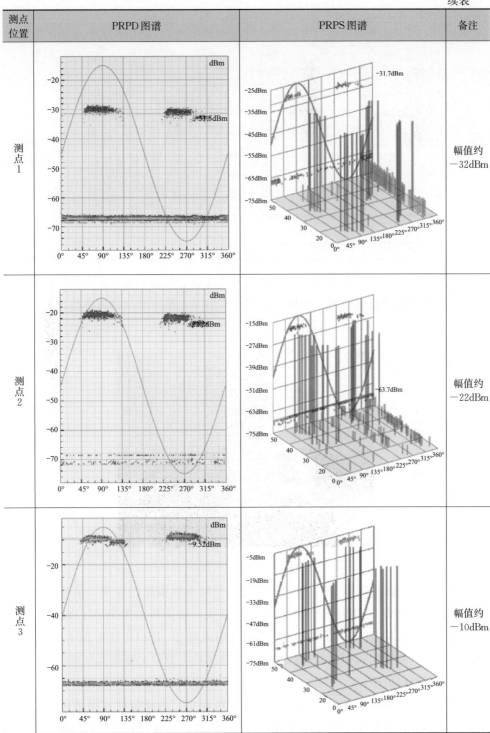

测点位置	PRPD 图谱	PRPS 图谱	备注
测点1			幅值约 −32dBm
测点2			幅值约 −22dBm
测点3			幅值约 −10dBm

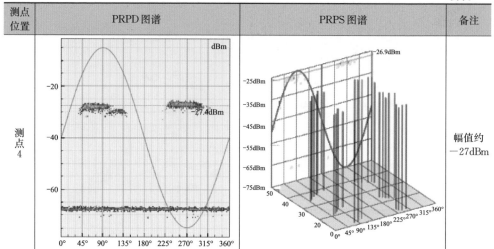

测点位置	PRPD 图谱	PRPS 图谱	备注
测点4			幅值约−27dBm

（2）超声波局部放电检测。在特高频局部放电信号幅值较大的 T042 断路器附近进行超声波局部放电检测，同样检测到异常信号，超声波局部放电检测测点位置如图 2-62 所示。

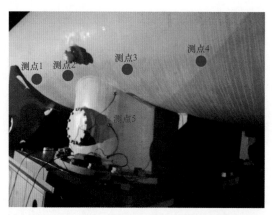

图 2-62　超声波局部放电检测测点位置

超声波幅值图谱如图 2-63 所示，通过五个测点数据比较发现，信号存在一定的变化趋势，测点 5 位置检测到的信号幅值最大，幅值最大为 7mV。频率成分 1、频率成分 2 特征明显，且频率成分 1 小于频率成分 2，耳机中能听到明显"呲呲"放电声音，判断该间隔存在局部放电信号，局部放电类型大概率为悬浮电位放电或者自由金属颗粒放电。

超声波相位模式和飞行模式图谱如图 2-64 所示，由相位模式图谱可见每周期两簇，具有较明显的聚集效应；由飞行模式图谱可见脉冲具有明显的聚集效应，无

"三角驼峰"特征，基本排除自由颗粒放电的可能性。

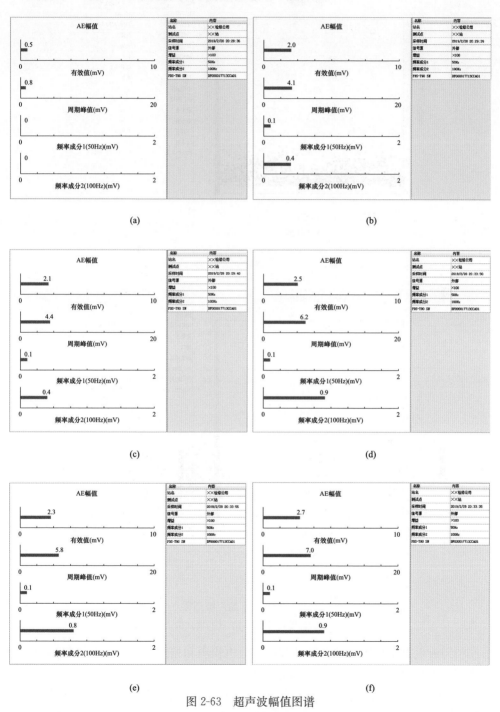

图 2-63　超声波幅值图谱

（a）背景图谱；（b）测点 1 图谱；（c）测点 2 图谱；（d）测点 3 图谱；（e）测点 4 图谱；（f）测点 5 图谱

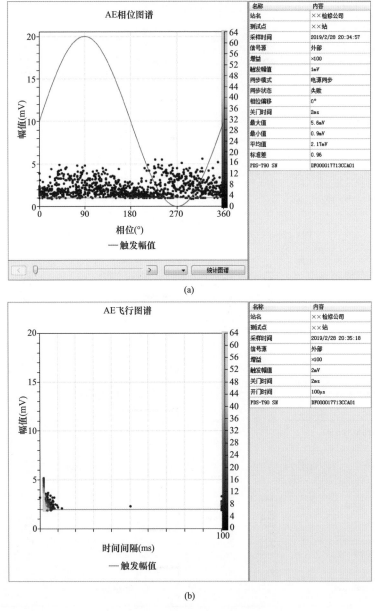

图 2-64 测点 5 超声波图谱

(a) 相位模式图谱；(b) 飞行模式图谱

（3）放电类型分析。综合特高频局部放电检测和超声波局部放电检测图谱，可以判断异常局部放电信号的放电类型为悬浮电位放电。

2. 定位分析

（1）特高频时差定位分析。从特高频各测点幅值上看，便携式局部放电检测仪显示异常信号幅值较大处位于测点 2 和测点 3 附近，实际测点如图 2-65 所示。

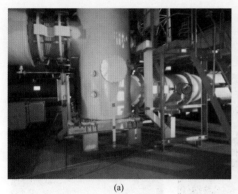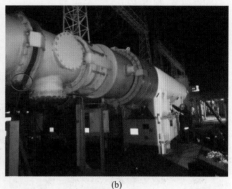

(a)　　　　　　　　　　　　　　　　　　(b)

图 2-65　特高频局部放电检测测点 2 和测点 3

(a) 测点 2；(b) 测点 3

基于上述检测数据，进一步围绕测点 2 和测点 3 对异常信号源进行特高频时差定位，示波器波形如图 2-66 所示，测点 3 脉冲波形超前于测点 2 波形 14.65ns，测点 3 与测点 2 传感器距离为 17.2m，通过公式计算得知信号源位于距离测点 3 传感器右侧约 7m 处，T042 断路器 A 相疑似放电源区域如图 2-67 所示。

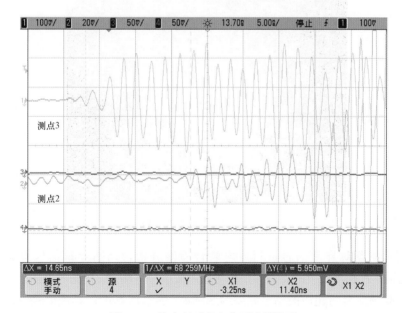

图 2-66　特高频时差定位示波器波形

（2）声电联合定位分析。在上述疑似放电区域，采用超声波局部放电检测进行定位，超声波测点布置如图 2-68 所示，超声波信号定位图谱见表 2-11。由定位图谱可知，测点 2 信号明显超前测点 1 信号，测点 2 信号略微超前测点 3 和测点 4 信号，说明放电源靠近测点 2 位置。

(a)　　　　　　　　　　　　　　　　(b)

图 2-67　T042 断路器 A 相疑似放电源区域

(a) 整体图；(b) 局部图

图 2-68　超声波测点布置

采用示波器对异常信号进行声电联合检测分析，判断异常信号源深度。在 T042 断路器 A 相本体上的特高频信号与超声波信号（测点 2）的时差图谱如图 2-69 所示，特高频信号与超声波信号时差约 800μs，通过计算可得异常信号距设备外表面的深度约 0.11m。

通过上述分析，判断放电源很可能位于 T042 断路器 A 相操动机构与断路器本体连接处，深度约 0.11m，如图 2-70 圆圈指示区域所示。

表 2-11   超声波信号定位图谱

测点	图谱	分析
测点 1 测点 2 （横向定位）	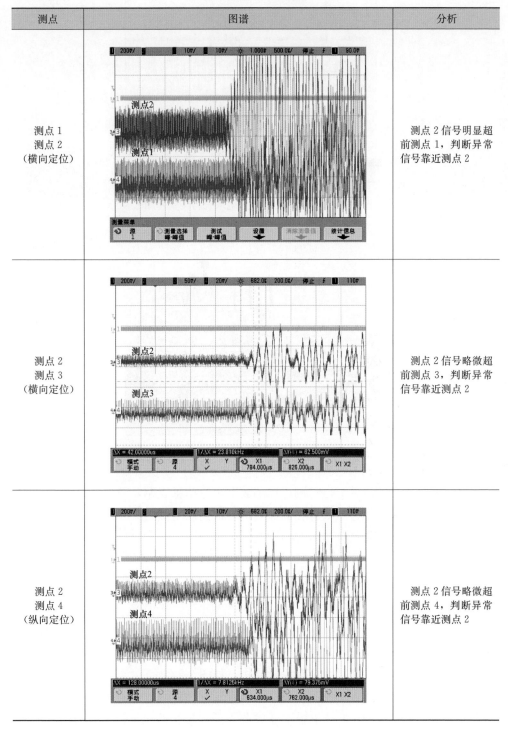	测点 2 信号明显超前测点 1，判断异常信号靠近测点 2
测点 2 测点 3 （横向定位）		测点 2 信号略微超前测点 3，判断异常信号靠近测点 2
测点 2 测点 4 （纵向定位）		测点 2 信号略微超前测点 4，判断异常信号靠近测点 2

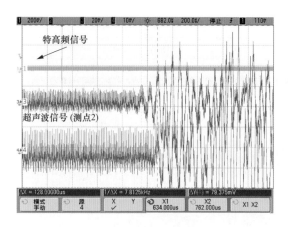

图 2-69   T042 A 相间隔声电联合检测信号图谱

图 2-70   T042 断路器 A 相疑似放电源位置

　　超声波、特高频局部放电检测、局部放电定位结果表明，T042 断路器 A 相本体内机构与断路器本体连接处存在局部放电，根据现场检测图谱判断其局部放电类型为悬浮电位放电，特高频信号幅值较大。

　　3. 解体验证

　　7 月 24～25 日，相关单位及特邀专家现场见证了返厂解体分析过程，解体检查情况如下：

　　（1）液压机构与本体绝缘拉杆连接的密封杆端面有锈蚀现象，表面无润滑脂。锈蚀位置与局部放电定位位置基本一致，如图 2-71 所示。

　　（2）绝缘筒底部的法兰面上有少量异物，如图 2-72 所示。

　　（3）对密封杆端面及周边底板进行取样并进行编号（1～3 号），如图 2-73 所示。能谱成分分析发现：1 号位置主要成分为碳、氧、铁元素，主要为铁锈成分；

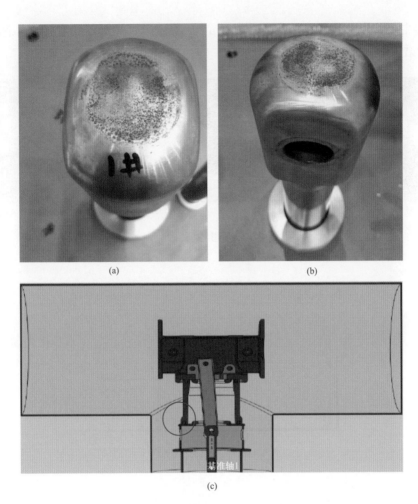

图 2-71   密封杆锈蚀面及在设备上对应的位置
(a) 现场图 1；(b) 现场图 2；(c) 放电位置示意图

图 2-72   绝缘筒底部

2、3 号主要成分为碳、氧，2、3 号位置异物可能是产品内掉落的漆皮、润滑脂等。典型能谱成分分析图谱如图 2-74 所示。

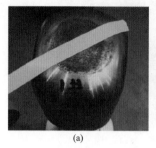 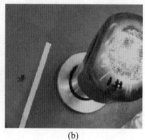 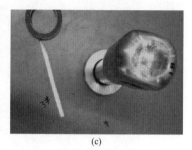

(a)   (b)   (c)

图 2-73 异物取样及编号

(a) 1 号；(b) 2 号；(c) 3 号

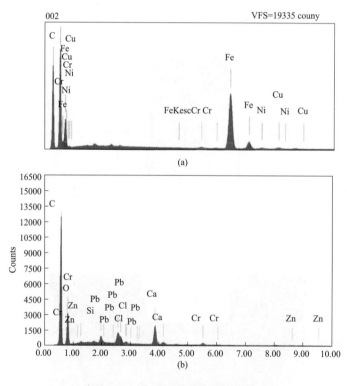

图 2-74 典型能谱成分分析图谱

(a) 1 号样品检测结果；(b) 3 号样品检测结果

2.4.7.3 缺陷原因分析

(1) 锈蚀密封杆为液压机构与本体绝缘拉杆连接件。密封杆材质为 30CrNi3

合金钢，因加工工艺需要，加工时需在端面留工艺螺纹卡头，完成镀铬、磨削工序后，再将工艺螺纹卡头切削，必要时使用砂纸对切削位置进行砂光处理，完成后再整体涂防锈油进行防护；组装前对密封杆进行清洗、涂润滑脂，达到隔绝空气的目的，防止出现锈蚀现象。

（2）工艺要求密封杆在组装前涂抹润滑脂，但是此相断路器该部位未按工艺要求涂抹润滑脂，导致零部件基材直接与产品内气体接触。经查阅现场点检记录卡，该相断路器为 5 月 28 日点检，临近梅雨季节，现场湿度较大。设备从厂内组装到现场点检充气时间间隔 1 个多月。同时，考虑到只有上端面锈蚀，其他位置无异常，因此推测在设备安装时，该端面已粘附有异物，比如工作人员多次踩踏在上面，或者工作人员汗水滴落在上面。在多种因素的综合作用下，导致该部件在较短时间内出现了锈蚀现象。

（3）排查 T042 断路器 A 相气室内其他零部件，除此密封杆外，钢件类壳体表面涂漆，其余普通钢件有拐臂、支座、轴销、挡圈，表面为浅蓝色并进行了磷化处理，此次解体时气室内其余钢类零部件无锈蚀现象。因此，推断该 T042 断路器 A 相密封杆锈蚀的发生为个例现象。

2.4.8 1100kV GIS 盆式绝缘子绝缘类缺陷

2.4.8.1 案例经过

2017 年 8 月 2 日下午，某特高压变电站运维人员发现 1100kV GIS 特高频局部放电在线监测装置发报警信号，报警信号显示 T0121 电流互感器 A 相、T0122 电流互感器 A 相及 T01367 线路接地开关 A 相气室局部放电异常，当日 16 时 30 分报警信号消失，约 40min 后又间歇性报警，相关 PRPD/PRPS 图谱如图 2-75 所示，报警传感器位置如图 2-76 所示。17 时 30 分左右进行局部放电复测，经检测初步判断异常信号来自 GIS 内部，信号源位于 T012 断路器 A 相与 T0122 电流互感器 A 相之间的不通气盆式绝缘子附近，可能存在绝缘子内部气隙缺陷。

2.4.8.2 检测分析方法

1. 初步诊断

（1）特高频诊断分析。使用 PD-04 综合巡检仪进行复测，将特高频接收器连接在特高压 GIS 内置特高频传感器的端子箱内接口，分别连接 T01367 线路 A 相、T0121 A 相电流互感器、T0122 A 相电流互感器和空气背景信号，检测到特高频 PRPD/PRPS 图谱如图 2-77 所示。

测试发现 A 相的三个报警气室存在间歇性特高频局部放电信号，空气背景信号未发现异常。其中，T0122 A 相电流互感器气室中局部放电信号幅值最大（68dB），T0121 A 相电流互感器气室次之（66dB），T01367 线路 A 相接地开关气室内局部放电信号最小（62dB）。分别连接 T012 间隔 B、C 相内置传感器，未发现异常信号。从图 2-78 所示三个内置传感器异常信号的时域波形图谱可见，信号具有明显的双峰特征，且放电信号幅值不一，具有气隙放电的特征。

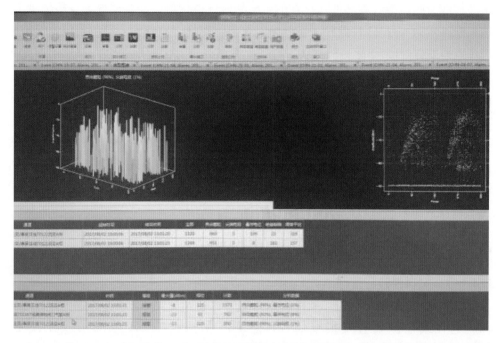

图 2-75　特高频局部放电在线监测图谱

图 2-76　三处报警内置传感器位置

　　图 2-78 为示波器采集的特高频原始波形（10ms/格），图中三个通道分别为 T01367 接地开关 A 相（黄）、T0121 电流互感器 A 相（红）、T0122 电流互感器 A 相（绿）的内置传感器信号，三个通道信号具有同步性，说明信号来自相同的局部放电源，且信号单周期出现较少脉冲，幅值大小不一，具有气隙放电特性。

　　8 月 3 日上午再次检测，信号已非间歇性信号，具有持续性。

　　（2）超声波诊断分析。分别使用 PD04、PD-208 检测仪对三个报警气室及周围气室进行超声波局部放电检测，均未发现异常信号，超声波检测图谱如图 2-79 所示。

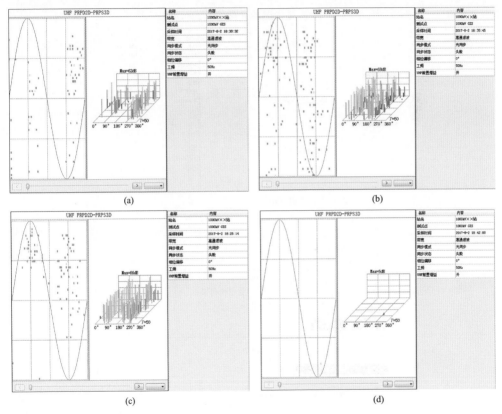

图 2-77　相关气室特高频 PRPD/PRPS 图谱

（a）T01367 A 相接地开关气室；（b）T0122 A 相电流互感器气室；

（c）T0121 A 相电流互感器气室；（d）空气背景信号

　　特高频检测有异常局部放电信号，超声没有发现异常局部放电信号，这符合绝缘类缺陷的异常特征。

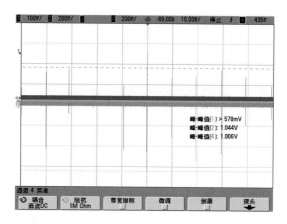

图 2-78　三个内置传感器异常信号的时域波形图谱

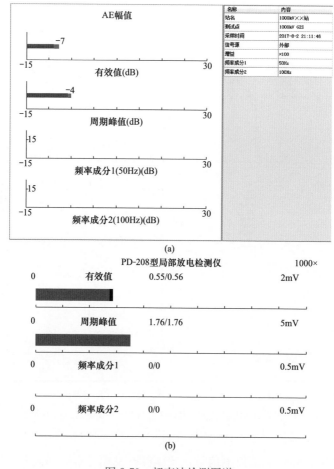

图 2-79　超声波检测图谱

（a）PD-04 超声波检测图谱；（b）PD-208 超声波检测图谱

2. 定位分析

使用局部放电多通道定位系统 PDS-G1500 对三个报警气室内异常局部放电信号源进行时差定位，具体过程如下。

（1）利用内置传感器初步判断局部放电源所在气室。依次将黄色通道接入 T01367 线路 A 相内置传感器、绿色通道接入 T0122 电流互感器 A 相内置传感器，红色通道接入 T0121 电流互感器 A 相内置传感器，如图 2-80 所示。

使用示波器对黄绿红三通道特高频信号进行采集，经过约 1.5h 后，首次观察捕捉到异常信号，说明该异常局部放电信号具有间歇性，黄绿红三通道时域波形如图 2-81 所示。由图 2-81（a）可以看出黄绿红三通道信号具有一致性，每个工频周期出现两簇异常信号。由图 2-81（b）可见绿色通道信号最超前，红色通道信号次之，黄色通道信号再次之，由此判断该异常信号来自距离绿色通道传感器（T0122 A 相电流互感器气室）附近。

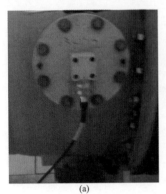  
(a)   (b)   (c)

图 2-80　黄绿红三通道内置传感器位置

（a）黄色通道；（b）绿色通道；（c）红色通道

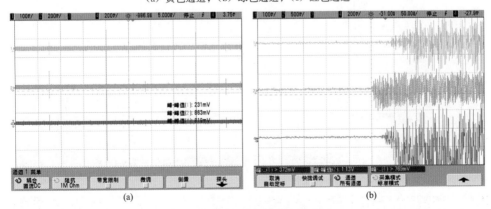

图 2-81　黄绿红三通道时域波形

（a）5ms/格波形；（b）50ns/格波形

（2）利用内置传感器初步判断局部放电源位置。将示波器时间轴调整至 20ns/格后再次触发，得到示波器定位图谱如图 2-82 所示，图 2-82 中绿色信号的首个上升沿与红色信号的首个上升沿时间差约 20.2ns（绿色通道信号超前红色通道信号），经计算可知，T0122 A 相电流互感器侧的传感器（绿色信号）超前位于 T0122 A 相电流互感器侧的传感器（红色信号）约 6m 的距离。由于在示波器波形图中 T01367 线路 A 相接地开关气室传感器信号（黄色信号）的首个上升沿不明显，因此无法准确判断首个上升沿位置，因此暂时不将黄色信号作为判断发电位置定位的判断依据。

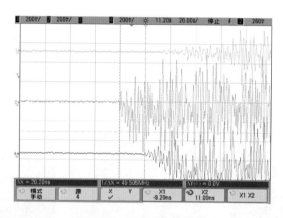

图 2-82　示波器定位图谱

通过对特高压 GIS 进行粗略尺寸测量，测得 T0122 A 相电流互感器传感器与 T0122 A 相电流互感器传感器相距约 15m（实线），T0122 A 相电流互感器传感器距离 T01367 线路 A 相接地开关气室传感器约 8m（虚线），如图 2-83 所示。

图 2-83　三个气室内置传感器位置及距离

通过示波器的三组信号的前后顺序可知，T0122 A 相电流互感器气室信号超前于另外两组信号，且该气室位置在另外两气室中间，判断该局部放电信号位于 T0121 A 相电流互感器和 T0122 A 相电流互感器之间。根据特高频定位数据并结合现场实际测量的 GIS 尺寸，初步判断放电位置距离 T0122 A 相电流互感器传感器约 4.5m 的位置。

（3）综合使用外置与内置传感器准确判断放电源位置。

1）将特高频外置传感器布置在 T0122 A 相电流互感器与 T012 A 相断路器间的水平盆式绝缘子处，结合 T0122 电流互感器内特高频传感器进行进一步定位，传感器布置与示波器定位波形分别如图 2-84 和图 2-85 所示。通过示波器定位图谱分析得到，黄色通道信号（T0122 电流互感器 A 相与 T012 断路器 A 相之间的水平盆式绝缘子）超前绿色通道信号（T0122 电流互感器 A 相传感器位置）13.9ns

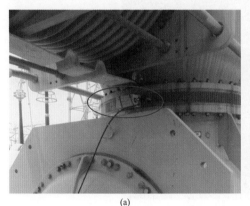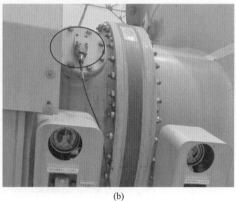

(a)　　　　　　　　　　　　　　　(b)

图 2-84　内置与外置传感器布置

（a）T0122 A 相电流互感器与 T012 A 相断路器间；（b）T0122 电流互感器内

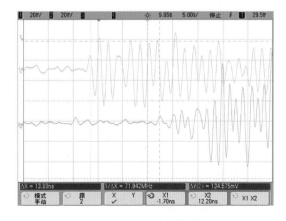

图 2-85　示波器定位波形

（4.17m），T0122电流互感器A相与T012断路器A相之间的水平盆式绝缘子和T0122电流互感器A相传感器位置距离为4.2m，两距离相当，说明信号来自黄色传感器位置或黄色传感器外侧。

2）将红色通道传感器布置在T012 A相断路器与合闸电阻之间的盆式绝缘子上，黄色通道传感器布置在T0122 A相电流互感器与T012 A相断路器之间的盆式绝缘子上，绿色通道为T0122电流互感器A相内特高频传感器，再次进行定位。现场传感器布置与示波器定位波形分别如图2-86和图2-87所示。通过示波器定位

图 2-86　外置传感器布置

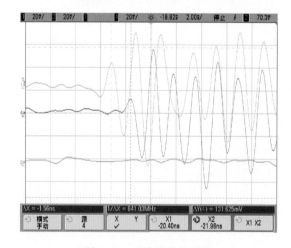

图 2-87　示波器定位波形

波形时差分析得到，黄色通道信号（T0122 电流互感器 A 相与 T012 断路器 A 相之间的水平盆式绝缘子）超前红色通道信号（T012 A 相断路器与合闸电阻之间的盆式绝缘子）1.56ns（0.47m），两传感器的直线距离约 1.5m，说明信号在两传感器之间靠近黄色传感器约 0.5m 处。由设备结构图可知，此处水平盆式绝缘子为向下凹，深度约为半径 0.5m。

综上所述，疑似放电位置在图纸上的标注如图 2-88 所示，由此判断信号源位于 T0122 A 相电流互感器与 T012 A 相断路器之间的盆式绝缘子与导体接触部位附近，疑似放电位置现场图如图 2-89 所示。

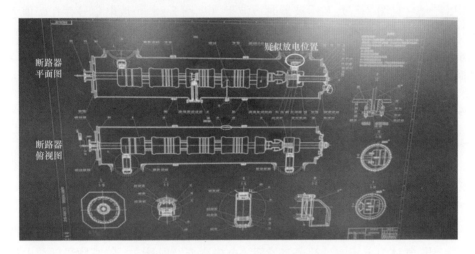

图 2-88　疑似放电位置在图纸上的标注

图 2-89　疑似放电位置现场图

3. 综合分析

根据复测数据分析，特高频检测图谱具有绝缘件气隙放电特征，超声波检测未发现异常。通过特高频时差定位，初步判断放电源位于 T0122 电流互感器 A 相气室与 T012 断路器 A 相气室间的水平盆式绝缘子附近。

从放电频次看，报警信号自 8 月 2 日 22 时 30 分后由间歇性信号逐渐变为持续性报警信号，单次报警的计数次数由数百增长至上千，表明信号发展较为迅速。

鉴于信号已有增长趋势，且气隙放电的放电过程会呈加速趋势，建议后续加强跟踪监测，并结合停电计划处理。

2.4.8.3 缺陷原因分析

综合分析特高频在线监测 PRPD/PRPS 图谱（见图 2-75）、现场复测 PRPD/PRPS 图谱（见图 2-77）及示波器时域波形（见图 2-78），放电信号存在幅值大小交错分布、放电次数较为稀疏、正负半周较为对称、放电相位稳定、呈现"兔耳"图谱等特征，符合绝缘件缺陷放电特征，因此判断盆式绝缘子可能存在内部气隙缺陷。

2.4.9 1100kV GIS 盆式绝缘子导向环存在缺口

2.4.9.1 案例经过

自 2018 年 8 月 12 日起，某变电站 1000kV GIS 在线局部放电监测装置多次出现局部异常放电告警信号，信号源于 T0432 隔离开关 C 相气室隔离开关侧传感器。

对 T0432 隔离开关 C 相气室进行带电检测并安装局部放电重症监护系统持续监测，SF_6 气体组分正常，超声波局部放电检测未发现异常。特高频局部放电检测出典型绝缘异常局部放电信号，信号幅值无明显增长。2019 年 3 月 25～28 日完成 T0432 隔离开关 C 相气室整体更换，4 月 2 日送电后，T0432 隔离开关恢复运行，开展超声、特高频局部放电测试，未见异常放电信号。

2019 年 4 月 11～12 日，在厂内开展了故障隔离开关的解体检查，对故障原因进行了讨论和分析。

2.4.9.2 检测分析方法

某变电站 1100kV GIS 工程共计 8 个间隔，采用一台半断路器接线方式，投运时间为 2017 年 8 月。1000kV GIS 为河南平高电气股份有限公司产品，型号为 ZF27-1100。GIS 在线局部放电监测装置为上海莫克电子技术有限公司产品，型号为 EC3000。T0432 C 相隔离开关位置如图 2-90 所示。

1. 初步诊断

自 2018 年 8 月 12 日起，1000kV GIS 在线局部放电监测装置多次出现局部异常放电告警信号，信号源于 T0432 隔离开关 C 相气室隔离开关侧传感器，局部放电幅值在 −23～−40dBm 之间；2018 年 10 月 23 日，在 T0432 隔离开关 C 相气室

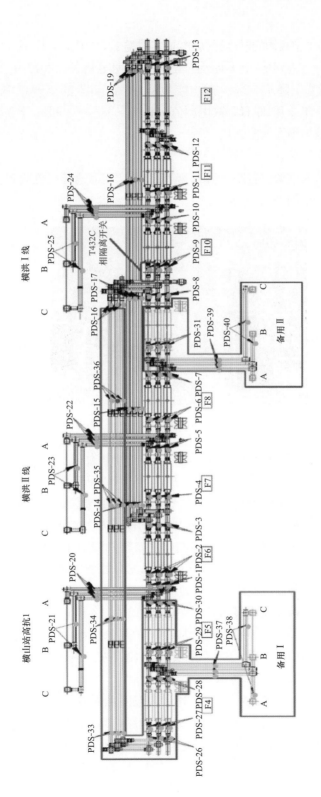

图 2-90 T0432 C 相隔离开关位置示意图

安装局部放电重症监护系统进行局部放电量实时监督，2018年12月1日前，放电幅值一直在-52～-42dBm上下浮动，趋势未见明显增长；2018年12月1～10日，最低气温从7℃下降至-8℃，放电幅值从-52dBm上升至-30dBm；2018年12月10日～2019年3月25日，放电幅值一直在-55～-35dBm上下浮动，监测到的局部放电信号为绝缘缺陷性质。

2. 定位分析

经现场定位，放电源位置距T0432隔离开关C相隔离开关侧内置传感器间的通道约为3.25m，如图2-91所示。

图 2-91　放电源位置定位图

2018年8月14日及9月8日，对T0432 C相隔离开关气室进行了SF$_6$分解产物、超声波局部放电和特高频局部放电检测。SF$_6$气体组分正常，超声波检测无异常。特高频局部放电检测到特高频异常信号，信号放电次数较多，相位较广，放电重复率低，对比背景信号存在明显差异，信号幅值最大为-53.1dBm，符合绝缘类放电特征。8月14日特高频局部放电检测图谱如图2-92所示。

2018年10月19～21日，对T0432隔离开关C相气室进行了带电检测，SF$_6$组分正常，超声波局部放电检测未发现异常。特高频局部放电检测出典型绝缘异常局部放电信号，信号幅值无明显增长。2018年12月12日，对T0432隔离开关C相进行离线局部放电检测，发现存在-30dBm的局部放电信号，幅值及放电性质与重症监护系统监测结果一致，SF$_6$气体组分检测，未发现异常。12月12日特高频局部放电检测图谱如图2-93所示。

2018年10月30日及12月13日，通过现场对相关在线局部放电探头进行检查分析，基本排除了传感器自身产生局部放电问题，判断该气室绝缘件存在空穴缺陷或早期绝缘裂纹缺；局部放电幅值变化趋势与每日温度具有关联性，与负载电流无明显关联。

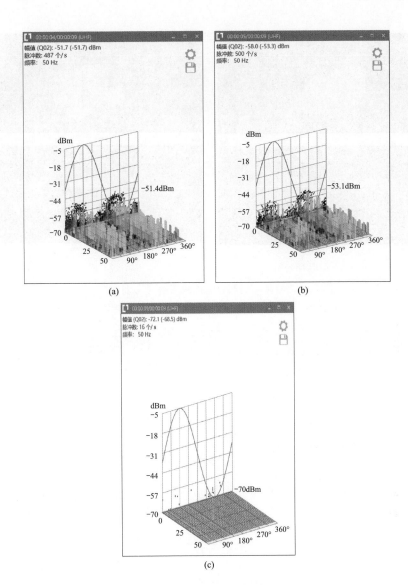

图 2-92　特高频局部放电检测图谱（8 月 14 日）

（a）隔离开关传感器特高频图谱 1；（b）隔离开关传感器特高频图谱 2；（c）背景特高频图谱

3. 解体验证

为验证 T0432 C 相隔离开关现场局部放电信号异常原因，将 T0432 C 相隔离开关返厂进行进一步分析。4 月 10 日上午，在对 T0432 C 相隔离开关解体前，首先进行了厂内局部放电检测，试验姿态如图 2-94 所示。分别进行了脉冲电流法、特高频法（工频电压 762kV/5min→635kV/5min→0）局部放电复测，脉冲电流法测试结果不大于背景值（背景值为 2.3pC），特高频法结果为−65dBm（背景值为−65dBm）。

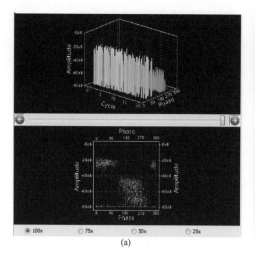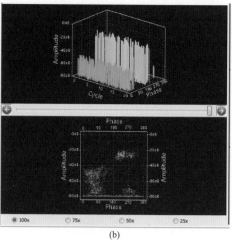

图 2-93　特高频局部放电检测图谱（12 月 12 日）

（a）隔离开关侧传感器特高频图谱；（b）隔离开关母线侧传感器特高频图谱

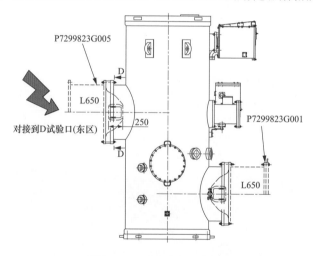

图 2-94　试验姿态示意图

　　试验装置特高频传感器位置调整如图 2-95 所示。由于厂内试验现场特高频局部放电试验所用传感器位置与站内现场高位盆式绝缘子侧特高频传感器位置偏差较大，厂内特高频传感器距离高位盆式绝缘子有一定距离，且中间经过两次垂直传输，现场调整试验装置特高频传感器位置（更靠近试品），重新进行一次 1100kV/1min 激励电压试验，再进行局部放电复测。

　　4 月 10 日下午，对 T0432 C 相隔离开关气室进行了点检确认：确认气室内无明显螺栓松动、力矩标识清晰、绝缘件表面无放电痕迹或明显缺陷、气室内无金属颗粒或尖端，气室内点检如图 2-96 所示。

图 2-95 试验装置特高频传感器位置调整

图 2-96 气室内点检

(a) 气室确认；(b) 低位盆子表面确认；(c) 低位绝缘筒表面确认；(d) 高位盆子表面确认；

(e) 高位绝缘筒表面确认；(f) 筒体底部及屏蔽内确认

4月11日，分别进行了脉冲电流法（工频电压1100kV/1min→762kV/5min→0）局部放电复测，测试结果不大于背景值（背景值为2.5pC）；特高频法（工频电压762kV/5min→0）局部放电复测，结果为−75dBm（背景值为−75dBm）。

对合闸电阻进行复测，结果为486Ω，符合设计要求，如图2-97所示。

对隔离开关下端绝缘筒内外表面进行确认，无异常；目视嵌件周边无裂纹、表面无放电痕迹或放电分解产物，如图2-98所示。

图2-97　合闸电阻复测

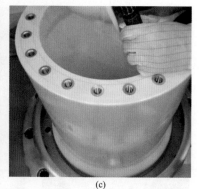

(a)　　　　　　　　　　　　　(b)　　　　　　　　　　　　　(c)

图2-98　下端绝缘筒检查确认

(a) 绝缘筒；(b) 嵌件周边检查；(c) 绝缘筒内检查

检查低位盆式绝缘子凸面侧电连接及相连导体（结构见图2-99），发现在电连接导向环边缘有一约0.3mm的缺口（见图2-100），在插接导体外表面的对应位置（插接好后）存在2处直径约0.3mm不规则小凹坑（见图2-101），凹坑附近有明显黑色附着物，凹坑周边手触摸无尖角、毛刺。

为进一步检验相关绝缘件质量有无异常问题，厂家技术人员对隔离开关下端绝缘筒、盆式绝缘子及隔离开关上端盆式绝缘子进行单件着色检验（见图 2-102）、X射线探伤、绝缘试验，对以上三部位绝缘件着色、X 射线探伤检测结果均无异常；绝缘筒及盆式绝缘子绝缘试验通过，其中绝缘筒局部放电量为 0.98pC（背景值为0.98pC），盆式绝缘子局部放电量为 0.89pC（背景值为 0.89pC）。

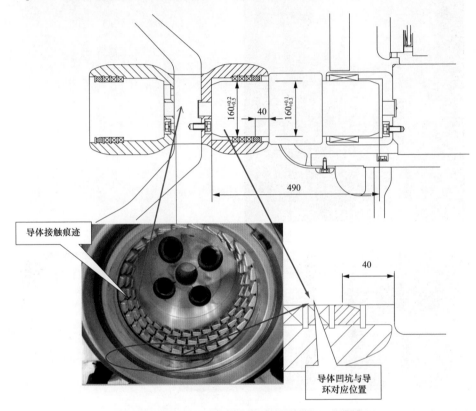

图 2-99　低位盆式绝缘子电连接与导体结构示意图

图 2-100　导向环上缺口位置

通过对 T0432 C 相隔离开关产品生产过程、整机局部放电复测、解体分析、零部件及气室内部绝缘件的制造过程追溯、X 射线探伤及电性能试验验证,可以确认:

(1) T0432 C 相隔离开关返厂后,脉冲电流法局部放电检测满足要求,特高频法局部放电测试厂内无法复测。

图 2-101　导体凹坑情况

(a)

(b)

图 2-102　着色检验

(a) 着色探伤;(b) 着色清理后

（2）疑似局部放电定位处绝缘筒及盆式绝缘子表面未发现异物、放电痕迹等异常情况，制造过程追溯、单品着色、X射线探伤及电性能试验验证，可以确认绝缘件不存在质量问题。

（3）低位盆式绝缘子凸面的电连接导向环边缘有一个约0.3mm的缺口，对应的导体表面存在两处约0.3mm的小凹坑，凹坑附近有明显黑色附着物，此部位应为此次异常特高频信号产生的位置。

2.4.9.3　缺陷原因分析

T0432 C相隔离开关低位盆式绝缘子凸面的电连接通过内部导向环及表带触指插接导体，与静触头座的电连接相连（见图2-100）。在生产过程中或在装配过程中，低位盆式绝缘子凸面的电连接导向环发生了磕碰，在导向环边缘产生了缺口（见图2-101）；虽然在实际运行中此缺口与内部导体处于等电位，但由于电连接与导体插接好后，中间存在一定的气隙，结合设计尺寸，理论上此气隙的大小为0～0.8mm。气隙大小跟现场安装有关，尤其与电连接所在的盆式绝缘子的受力密切相关。

实际运行中的盆式绝缘子在现场安装工况及不同温度等条件下，导向环缺口一侧的气隙较大时，将导致导向环边缘的缺口处在一稍不均匀电场中，缺口处易产生较大的电场畸变；由于电连接的屏蔽作用，导致电场畸变下降，进而产生微弱的放电，并在导体表面留下放电产生的黑色炭化物。由于放电较为微弱，且放电点位于电连接内部，由于屏蔽作用，脉冲电流法并未检测到明显的放电信号，但特高频电磁波信号可以从电连接和导体的缝隙中耦合传出并被检测到。

若安装工况温度等条件使得导向环缺口一侧气隙小到一定程度，甚至与导体紧密接触，则此时导向环缺口处于均匀电场中，并不产生放电。这就解释了为何在该案例中现场可以检测到特高频放电信号（且特高频局部放电定位位置相吻合），并且放电信号与环境温度呈明显的负相关性，而在制造厂内却并未检测到放电信号。

此外，结合国家电网有限公司特高压故障案例分析，由于百万伏设备电压高、绝缘裕度低，在同样的设备缺陷情况下，百万伏设备所表征的局部放电量比高压设备大得多，相当于具有一定的放大作用；因而即使此次异常隔离开关电连接导向环缺口的放电量很小，在百万伏设备的放电作用下，仍然可以有效检测到。

2.4.10　110kV GIS内部支撑绝缘子气隙缺陷

2.4.10.1　案例经过

2017年8月26日，对某110kV变电站进行全站设备带电检测工作，在使用XD53型特高频局部放电检测仪对110kV西TV间隔GIS进行检测时发现局部放电信号。结合青110西TV间隔GIS的特高频局部放电检测进行定位诊断，最终判断放电点位于青110kV西TV间隔母线侧A相盆式绝缘子处，放电原因可能为绝缘类放电。

分别于2017年9月6日、2018年3月24日、2018年4月28日使用其他型号局部放电检测仪对青110西TV间隔GIS进行复测，检测结果与首测相符。

2018年6月29日，青110kV西母线间隔GIS解体，发现青112间隔B相母线支撑绝缘子存在放电痕迹。经X射线检测，5支支撑绝缘子存在气泡；经局部放电测量，5支支撑绝缘子的局部放电值在局部放电试验要求下均为80～120pC，且图谱特征为典型的气隙放电图谱，与带电检测和X射线检测结果均一致。

2.4.10.2 检测分析方法

1. 初步分析

2017年8月26日，对某110kV变电站进行全站设备带电检测工作，在使用XD53型特高频局部放电检测仪对110kV西TV间隔GIS进行检测时发现局部放电信号。

2. 定位分析

青110kV西母线特高频局部放电检测位置如图2-103所示。

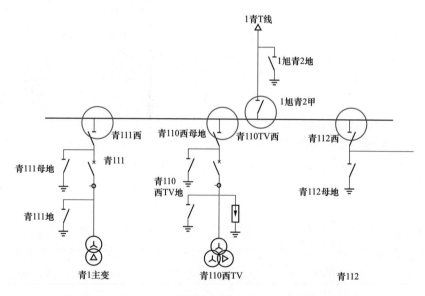

图2-103 青110kV西母线特高频局部放电检测位置示意图

在110kV西母线上的各个盆式绝缘子都检测到异常特高频信号，利用特高频时差法，从西母线的最东部端开始检测，逐步检查排查，定位局部放电源位置。

（1）信号来源方向。在110kV西母线的母联间隔处的A/B/C三相盆式绝缘子布置好黄/绿/红三个传感器，如图2-104所示。在不改变传感器位置的情况下，利用示波器比较时差关系来确认信号位置。现场检测呈现两种时差关系的图谱，图 2-105（a）中红色传感器信号最超前，说明信号位于红色传感器一侧；图 2-105（b）中绿色传感器信号最超前，说明信号位于绿色传感器一侧。后续将进行两处信号的定位分析。

图 2-104　传感器布置位置

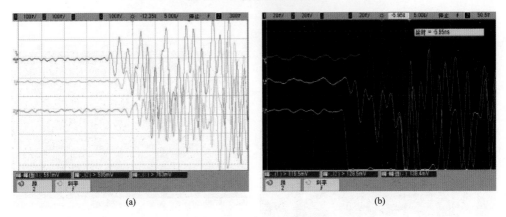

(a)　　　　　　　　　　　　　　(b)

图 2-105　时差关系图谱

（a）红色传感器信号超前波形；（b）绿色传感器信号超前波形

（2）青 110 母联间隔。

1）判断信号大概位置：在前一步的基础上，将黄、绿色两传感器放置在盆式绝缘子的对面，使母线的支撑绝缘子位于两传感器中间位置，红色传感器位置不变，传感器布置位置及定位波形如图 2-106 所示，绿色传感器波形超前黄色传感器波形 860ps，理论计算约为 25cm，小于黄、绿色传感器之间的距离。说明信号源位于黄色传感器和绿色传感器之间，且偏向绿色传感器一侧。

2）判断信号来自母线侧：在前一步的基础上，绿、红色传感器位置不变，将黄色传感器放置绿色传感器上方的在盆式绝缘子上，传感器布置位置及定位波形如图 2-107 所示，绿色传感器波形超前黄色传感器波形 2.8ns，理论计算约为 80cm，刚好为黄、绿色两个传感器的距离。说明信号源位于绿色传感器一侧，即盆式绝缘子下方的母线内。

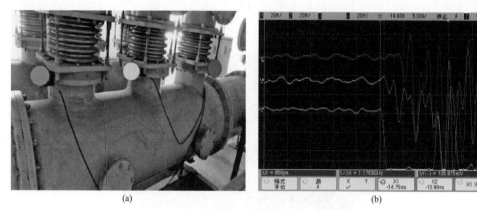

(a)   (b)

图 2-106　传感器布置位置及示波器波形 1

(a) 传感器布置位置；(b) 示波器波形图

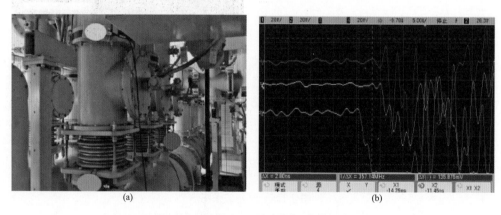

(a)   (b)

图 2-107　传感器布置位置及示波器波形 2

(a) 传感器布置位置；(b) 示波器波形图

3）判断信号具体位置：在前一步的基础上，绿、红色传感器位置不变，将黄色传感器放置在绿色传感器的对面，两个传感器在同一盆式绝缘子上。传感器布置位置及定位波形如图 2-108 所示，绿色传感器波形与黄色传感器波形基本重合，说明信号源位于两个传感器之间的平面上，如图中红线所示位置。根据以上定位结果综合分析，110kV 西母线 1 号局部放电源位于图 2-109 所示方框区域内，根据 GIS 结构分析，放电源位于西母线 110kV 母联间隔的 A 相与 B 相之间母线筒内，在支撑绝缘子处的概率较大。

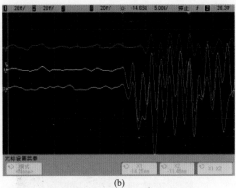

(a)　　　　　　　　　　　(b)

图 2-108　传感器布置位置及示波器波形 3

(a) 传感器布置位置；(b) 示波器波形图

3. 解体验证

2018 年 6 月 29 日，青 110kV 西母线间隔 GIS 解体，检修人员对 GIS 内进行检查，发现青 112 间隔 B 相母线支撑绝缘子存在放电痕迹。检修人员将青 112 间隔、青 110kV 西 TV 间隔共 6 支可能存在局部放电源的绝缘子进行更换。解体支撑绝缘子分别如图 2-110～图 2-112 所示。

图 2-109　110kV 西母线 1 号局部放电源　　　图 2-110　青 112 间隔 GIS 设

备 A 相支撑绝缘子

检修人员发现，三相支撑绝缘子表面均有一定污渍附着物；其中，B 相支撑绝缘子表面有放电痕迹和机械损伤痕迹。

2.4.10.3　缺陷原因分析

经 X 射线检测，青 110 西 TV 盆式绝缘子未发现异常，6 只支撑绝缘子中有 5 只存在不同程度的气泡，分别为青 112 间隔 A、B、C 相支撑绝缘子和青 110 西 TV 间隔 A、B 相支撑绝缘子，并且 5 只绝缘子气泡存在的位置一致。

对有气泡缺陷的 5 只支撑绝缘子进行局部放电值测量，测量结果为：5 只支撑绝缘子的局部放电值在局部放电试验要求下均为 80～120pC，且图谱特征为典型的气隙放电图谱，与带电检测和 X 射线检测结果均一致。

图 2-111　青 112 间隔 GIS 设备
B 相支撑绝缘子

图 2-112　青 112 间隔 GIS 设备
C 相支撑绝缘子

3 超声波局部放电检测技术及典型案例分析

3.1　超声波局部放电检测技术概述

3.1.1　超声波的基本知识

超声波是指振动频率大于 20kHz 的声波，因其频率超出了人耳听觉的一般上限，人们将这种听不见的声波称为超声波。超声波与声波一样，是物体机械振动状态的传播形式。按声源在介质中振动的方向与波在介质中传播的方向之间的关系，可以将超声波分为纵波和横波两种形式。纵波又称疏密波，其质点运动方向与波的传播方向一致，能存在于固体、液体和气体介质中；横波，又称剪切波，其质点运动方向与波的传播方向垂直，仅能存在于固体介质中。

3.1.1.1　声波的运动

声音以机械波的形式在介质中传播，换句话说，也就是对介质的局部干扰的传播。对于液体而言，局部干扰造成介质的压缩和膨胀，压力的局部变化会造成介质密度的局部变化和分子的位移，此过程被称为粒子位移。

在物理学中，对于声波的运动有着更为正式的描述：

$$\nabla^2 p = \frac{1}{c^2} \times \frac{\partial^2 p}{\partial t^2} \tag{3-1}$$

式中　c——声速，m/s。

此描述声波运动的通用微分方程是由描述连续性、动量守恒和介质弹性的三个基本方程联立而得。

3.1.1.2　声波的阻抗和强度

声在气体中的传播速度是由状态方程决定的；对于液体，速度是由该液体的弹性决定的；对于固体，速度是由胡克定律决定的。图 3-1 显示了作用于柱形声学颗粒（声

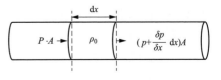

图 3-1　作用于柱形声学颗粒（声线）上的力示意图

线）上的力。合成作用力使该颗粒以速度 v 移动。对于平面波，声的压强和颗粒的速度的比例被称为声阻抗：

$$\vec{Z} = \frac{\vec{p}}{\vec{v}} \tag{3-2}$$

声阻抗和电阻抗类似，并且当压强和速度异相的时候也可以是复数。但是，对于平面波，声阻抗是标量（$Z = p_0 c$）并被称为介质特征阻抗。

声波强度（单位时间内通过介质的声波能量，单位为 W/m^2）是一个非常重要的物理量。声波强度可以用峰值压强 P、峰值速度 v_m 的多种表达式表示，其中包括：

$$I = \overline{vp} = \frac{P}{2\rho_0 c} = \frac{v_m \rho_0 c}{2} \tag{3-3}$$

在实际应用中，声波强度也常用分贝（dB）来度量。

3.1.1.3 声波的反射、折射与衍射

当声波穿透物体时，其强度会随着与声源距离的增加而衰减。导致这个现象的因素包括声波的几何空间传播过程、声波的吸收（声波机械能转为内能的过程）以及波阵面的散射。这些现象都导致了声波的强度随着与声源间距离的不断增大而不断减小。

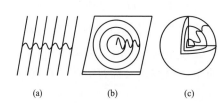

图 3-2　平面波、圆柱波及球型波在传播过程的几何空间衰减情况示意图
(a) 平面波；(b) 圆柱波；(c) 球型波

在无损的介质中，球面波强度与球面波阵面的面积成反比，圆柱波强度与相对于声源的距离成反比，这样的衰减被称为空间衰减。因为此类衰减仅与波形传播的空间几何参数有关。图 3-2 中描述的就是平面波、圆柱波及球型波在传播过程的几何空间衰减情况。

当声波从一种媒介传播到另一种具有不同密度或弹性的媒介时，就会发生反射和折射现象，从而导致能量的衰减，声的折射与反射如图 3-3 所示。在平面波垂直入射的情况下，描述衰减的传播系数由下式给出：

$$\alpha_{transmission} = \frac{I_t}{I_i} = \frac{4Z_1 Z_2}{(Z_1 + Z_2)^2} \tag{3-4}$$

显然，当两种媒介声阻抗相差很大时，只有小部分垂直入射波可以穿过界面，其余全部被反射回原来的媒介中。在油和钢铁的分界面上，压力波的传播系数是 0.01，而在空气和钢铁的分界面上，传播系数为 0.0016。

当波以一定角度倾斜入射时，就会产生折

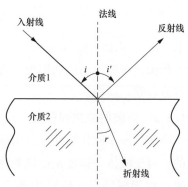

图 3-3　声的折射与反射示意图

射现象。Snell 定律很好地定量地描述了折射现象。

$$\sin\left(\frac{\varphi_t}{c_t}\right) = \sin\left(\frac{\varphi_i}{c_i}\right) \tag{3-5}$$

如果 $c_i > c_t$ 并且入射波角度大于 arcsin（c_i/c_t），就会发生全反射。

与其他所有的波一样，声波在遇到拐角或障碍物时也会发生衍射现象。当波长与障碍物尺寸相差不大或远大于障碍物尺寸时，衍射效果非常明显；但是当波长远小于障碍物尺寸时，则几乎不会发生衍射现象。

3.1.1.4　声波在气体中的吸收衰减

大部分气体对声波的吸收作用非常小，但是对于在某些条件下的某些气体，比如六氟化硫和二氧化碳，吸收作用对于能量的衰减意义重大。吸收作用与频率的平方成正比，并与静压力成反比。在空气中，吸收作用主要由空气的湿度来决定。

计算吸收作用的通用公式（不考虑松弛损耗）由式（3-6）给出：

$$\alpha_{\text{pressure}} = \frac{16\pi^2 f^2 \eta}{2\rho_0 c} + \frac{\gamma-1}{\gamma} \times \frac{4\pi^2 f^2 M\kappa}{\rho_0 c^3 C_v} = Af^2 \tag{3-6}$$

式中　η——黏滞系数；

　　　c——相速度；

　　　ρ_0——平衡密度；

　　　γ——两种介质在常压（C_p）、确定体积（C_v）下的摩尔比热的比值；

　　　M——每摩尔的体积；

　　　κ——导热系数。

3.1.2　超声波局部放电检测基本原理

电力设备内部产生局部放电信号的时候，会产生冲击的振动及声音。局部放电区域很小，局部放电源通常可看成点声源。超声波局部放电检测如图 1-4 所示。

声波在气体和液体中传播的是纵波，纵波主要是靠振动方向平行于波传播方向上的分子撞击传递压力。而声波在固体中传播的，除了纵波之外还有横波。发生横波时，质点的振动方向垂直于波的传播方向，这需要质点间有足够的引力，质点振动才能带动邻近的质点跟着振动，所以只有在固体或浓度很大的液体中才会出现横波。当纵波通过气体或液体传播到达金属外壳时，将会出现横波，在金属体中继续传播，声波在 GIS 中的传播路径如图 3-4 所示。

不同类型、不同频率的声波，在不同的温度下，通过不同媒质时的速率不同。纵波要比横波快约 1 倍，频率越高传播速

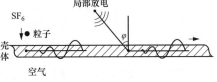

图 3-4　声波在 GIS 中的传播路径示意图

度越快,在矿物油中声波传播速度随温度的升高而下降。在气体中声波传播速率相对较慢,在固体中声波传播要快得多。表 3-1 列出了 20℃时纵波在几种媒质中的传播速度。

表 3-1 　　　　　　　　　　20℃时纵波在不同媒质中的传播速度 　　　　　　（m/s）

媒质	速度	媒质	速度	媒质	速度
空气	330	油纸	1420	铝	6400
SF₆	140	聚四氟乙烯	1350	钢	6000
矿物油	1400	聚乙烯	2000	铜	4700
瓷料	5600~6200	聚苯乙烯	2320	铸铁	3500~5600
天然橡胶	1546	环氧树脂	2400~2900	不锈钢	5660~7390

　　声波的强弱,可以用声压幅值和声波强度(声强)等参数来表示。声压是单位面积上所受的压力,声强是单位时间内通过与波的传播方向垂直的单位面积上的能量。声强与声压的平方成正比,与声阻抗成反比。

　　声波在媒质中传播会产生衰减,造成衰减的原因有很多,如波的扩散、反射和热传导等。在气体和液体中,波的扩散是衰减的主要原因;在固体中,分子的撞击把声能转变为热能散失是衰减的主要原因。理论上,若媒介本身是均匀无损耗的,则声压与声源的距离成反比,声强与声源的距离的平方成反比。声波在复合媒质中传播时,在不同媒质的界面上,会产生反射,使穿透的声波变弱。当声波从一种媒质传播到声特性阻抗不匹配的另一种媒质时,会有很大的界面衰减。两种媒质的声特性阻抗相差越大,造成的衰减就越大。声波在传播中的衰减,还与声波的频率有关,频率越高衰减越大。在空气中,声波的衰减约正比于频率的 2 次方和 1 次方的差(即 f^2-f);在液体中声波的衰减约正比于频率的 2 次方 f^2;而在固体中声波的衰减约正比于频率 f。表 3-2 给出了纵波在不同材料中传播时的衰减情况。

表 3-2 　　　　　　　　　　纵波在不同材料中传播时的衰减

材料	频率	温度(℃)	衰减(dB/m)
空气	50kHz	20~28	0.98
SF₆	40kHz	20~28	26.0
铝	10MHz	25	9.0
钢	10MHz	25	21.5
有机玻璃	2.5MHz	25	250.0
聚苯乙烯	2.5MHz	25	100.0
氯丁橡胶	2.5MHz	25	1000.0

　　声波的传播速率与声波的衰减特性在超声波局部放电定位应用中起到了重要的理论支持。通过提取超声波信号到达不同传感器的时间差(time difference of arrival，TDOA)，利用其传播速率即可实现对放电源的二维或三维定位，通过对比两路或多路超声波检测信号的强度大小，即可实现对放电源的幅值定位。

3.1.3 超声波局部放电检测装置组成及原理

典型的超声波局部放电检测装置一般可分为硬件系统和软件系统两大部分。硬件系统用于检测超声波信号，软件系统对所测得的数据进行分析和特征提取并做出诊断。硬件系统通常包括超声波传感器、信号处理与数据采集系统，超声波局部放电检测装置硬件系统框图如图3-5所示；软件系统包括人机交互界面与数据分析处理模块等。此外，根据现场检测需要，还可配备信号传导杆、耳机等配件，其中，信号传导杆主要用于开展电缆终端等设备局部放电检测时，为保障检测人员安全，将超声波传感器固定在被测设备表面；耳机则用于开关柜局部放电检测时，通过可听的声音来确认是否有放电信号存在。

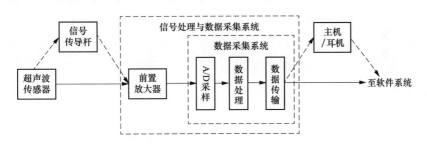

图 3-5 超声波局部放电检测装置硬件系统框图

3.1.3.1 硬件系统

1. 超声波传感器

超声波传感器将声源在被探测物体表面产生的机械振动转换为电信号，它的输出电压是表面位移波和它的响应函数的卷积。理想的传感器应该能同时测量样品表面位移或速度的纵向和横向分量，在整个频谱范围内（0～100MHz或更大）能将机械振动线性地转变为电信号，并具有足够的灵敏度以探测很小的位移。

目前人们还无法制造上述这种理想的传感器，现在应用的传感器大部分由压电元件组成。压电元件通常采用锆钛酸铅、钛酸铅、钛酸钡等多晶体和铌酸锂、碘酸锂等单晶体，其中，锆钛酸铅（PZT-5）接收灵敏度高，是声发射传感器常用压电材料。

电力设备局部放电检测用超声波传感器通常可分为接触式传感器和非接触式传感器，超声波传感器如图3-6所示。接触式传感器一般通过超声耦合剂贴合在电力设备外壳上，检测外壳上传播的超声波信号；非接触式传感器则是直接检测空气中的超声波信号，其原理与接触式传感器基本一致。传感器的特性包括频响宽度、谐振频率、灵敏度和工作温度等。

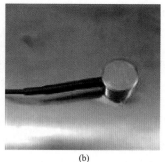

(a)　　　　　　　　　　　　　(b)

图 3-6　超声波传感器

(a) 非接触式传感器；(b) 接触式传感器

（1）频响宽度。频响宽度即为传感器检测过程中采集的信号频率范围，不同的传感器其频响宽度也有所不同，接触式传感器的频响宽度大于非接触式传感器。在实际检测中，典型的 GIS 用超声波传感器的频响宽度一般为 $20\sim80\mathrm{kHz}$，变压器用传感器的频响宽度一般为 $80\sim200\mathrm{kHz}$，开关柜用传感器的频响宽度一般为 $35\sim45\mathrm{kHz}$。

（2）谐振频率。谐振频率也称为中心频率，当加到传感器两端的信号频率与晶片的谐振频率相等时，传感器输出的能量最大，灵敏度也最高。不同的电力设备发生局部放电时，由于其放电机理、绝缘介质以及内部结构的不同，产生的超声波信号的频率成分也不同，因此对应的传感器谐振频率也有一定的差别。

（3）灵敏度。灵敏度是衡量传感器对于较小的信号的采集能力，随着频率逐渐偏移谐振频率，灵敏度也逐渐降低，因此选择适当的谐振频率是保证较高的灵敏度的前提。

（4）工作温度。工作温度是指传感器能够有效采集信号的温度范围。由于超声波传感器所采用的压电材料的居里点一般较高，因此其工作温度比较低，可以较长时间工作而不会失效，但一般要避免在过高的温度下使用。

上述传感器特性受许多因素的影响，包括：①晶片的形状、尺寸及其弹性和压电常数；②晶片的阻尼块及壳体中安装方式；③传感器的耦合、安装及试件的声学特性。压电晶片的谐振频率 f 与其厚度 t 的乘积为常数，约等于 0.5 倍波速 v，即 $f\times t\approx0.5v$，可见，晶片的谐振频率与其厚度成反比。

超声波传感器是超声法局部放电检测中的关键元件，在实际选用中应结合工作频带、灵敏度、分辨率以及现场的安装难易程度和经济效益问题等进行综合衡量。在灵敏度要求不高的场合，一般选用谐振式压电传感器。光纤传感器作为一种新发展起来的技术，有着很好的发展前景，但应用有一定困难。对于现场状况比较复杂的场合，在安装方式可实现的条件下可以考虑不同的传感器进行组合安装，这种组合可以是不同传感器对同一种安装方式的组合，也可以是同一种传感器不同频带宽度的组合；这样一方面可提高检测灵敏度，另一方面可排除干扰减少误判，获取更为丰富的局部放电的信息。

目前应用最为广泛的是以压电陶瓷为材料的谐振式传感器，它利用压电陶瓷的正压电效应，在局部放电产生的机械应力波作用下发生形变产生交变电场。虽然局部放电及所产生的声发射信号具有一定的随机性，每次局部放电的声波信号频谱不同，但整个局部放电声波信号的频率分布范围却变化不大，基本处于 20～200kHz 频段，GIS 用传感器谐振频率一般选择 40kHz、变压器用传感器谐振频率一般选择 160kHz。常见的压电型谐振超声波传感器的结构如图 3-7 所示，可分为单端式传感器和差分式传感器。单端式传感器结构比较简单，且带负载能力强，但灵敏度略逊于差分式传感器；差分式传感器可以有效抑制共模干扰，具有较高的灵敏度，但是其结构复杂，且带负载能力较弱。

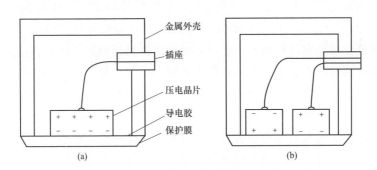

图 3-7　压电型谐振超声波传感器结构示意图

（a）单端式；（b）差分式

2. 信号处理与数据采集系统

信号处理与数据采集系统一般包括前端的模拟信号放大调理电路（前置放大器）、高速 A/D 采样、数据处理电路以及数据传输模块。由于超声波信号衰减速率较快，在前端对其进行就地放大是有必要的，且放大调理电路应尽可能靠近传感器。A/D 采样将模拟信号转换为数字信号，并送入数据处理电路进行分析和处理。数据传输模块用于将处理后的数据显示出来或传入耳机供检测人员进行观察。

数据采集系统应具有足够的采样速率和信号传输速率。高速的采样速率能保证传感器采集到的信号能够被完整地转换为数字信号，而不会发生混叠或失真；稳定的信号传输速率使得采样后的数字信号能够流畅地展现给检测人员，并且具有较快的刷新速率，使得检测过程中不致遗漏异常的信号。

3.1.3.2 软件系统

1. 人机交互界面

人机交互界面是指检测装置将其采集处理后的数据展现给检测人员的平台，一般可分为两种：①通过操作系统编写特定的软件，在检测装置运行过程中通过软件中的不同功能将各种分析数据显示出来，供检测人员进行分析，变压器与GIS的超声波局部放电检测装置通常为这种形式；②将传感器检测到的信号参数以直观的形式显示出来，如开关柜的超声波局部放电检测通常可通过记录信号幅值和听放电声音的方式来完成。

2. 数据的分析、处理和存储

超声波局部放电检测装置通过对其采集的信号进行分析和处理，利用人机交互界面将结果展现给检测人员，即为检测中的各种参数。常用的检测模式包括连续模式、脉冲模式、相位模式、特征指数模式以及时域波形模式等，检测的参数包括信号在一个工频周期内的有效值、周期峰值、被测信号与50、100Hz的频率相关性（即50Hz频率成分、100Hz频率成分）、信号的特征指数以及时域波形等。在利用超声波局部放电检测方法检测开关柜时，检测装置通过混频处理，将超声波信号转为人耳能够听到的声音。由于检测过程中存在一定的干扰源，检测装置显示的超声波强度可能会比较大，但是只要没有在装置中听到异常的声音，即可初步认定开关柜可能不存在放电现象。

此外，超声波局部放电检测装置均配有数据存储功能，在检测背景噪声信号以及可疑的异常信号时，可以对数据进行存储，以便进行对比和分析。

3. 缺陷类型识别

由于超声波信号传播具有较强的方向性特点，因此超声波局部放电检测被广泛应用于缺陷的精确定位，而其在缺陷类型的识别方面却鲜有突破。目前，常用的超声波局部放电检测装置对于缺陷类型的识别主要依靠检测人员对检测参数进行分析后加以判断。

3.2　超声波局部放电检测及诊断方法

3.2.1　检测方法

3.2.1.1　概述

当前电力设备局部放电检测中，基于超声波原理的检测主要分为带电检测和在线监测两种方法。带电检测是当前超声波法在电气设备局部放电检测中应用最广泛的一种检测方法；而国内电力系统内已经安装的几套超声波局部放电长期在线监测

系统受技术和设备的稳定性所限，性能不稳定，出现高误报率，应用受到很大的限制，相关技术有待进一步的研究和完善。

超声波局部放电带电检测的原则和基本流程如图3-8所示。在检测开始前，通过对背景和检测点超声波信号有效值、幅值、频率相关性、相位及原始波形的测定，判断是否正常。如果有异常信号，则进一步分析确认所检测的设备是否存在明显缺陷，以确定缺陷的原因和位置；对于疑似缺陷、一些间歇性和不稳定的异常信号，可以利用其他不同检测手段如特高频、红外测温、分解产物分析、X射线等进行辅助检测。

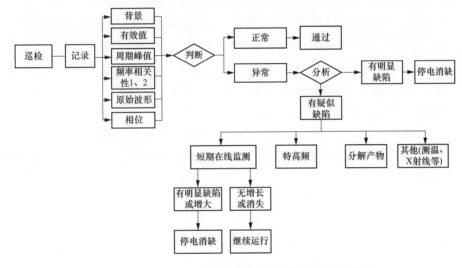

图 3-8 超声波局部放电带电检测的原则和基本流程图

超声波局部放电检测对自由金属颗粒放电、悬浮电位放电、尖端放电、松动、异物杂质等缺陷均有较好的检测效果，对绝缘子内部缺陷灵敏度较低。超声波局部放电检测和特高频局部放电检测为互为补充、互为验证的关系，不可偏袒。

3.2.1.2 超声波局部放电带电检测方法

1. 带电检测的一般流程

超声波局部放电带电检测的一般流程如图3-9所示，包括检测前的准备、检测

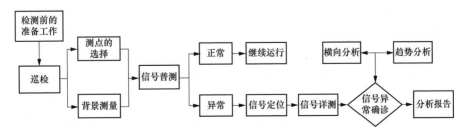

图 3-9 超声波局部放电带电检测一般流程图

点选择、背景检测、信号普测、初步定位、信号详测、信号确诊、分析报告等环节。

（1）检测前的准备工作。检测前应检查仪器的完备性，设定仪器的检测参数，确保仪器的内部电池电量充足，确认超声耦合剂等部件齐全以及传感器性能良好。

（2）测点的选择。根据 GIS 不同气室的内部结构，确定各个测点。由于超声波信号衰减较快，因此在检测时，两个测点之间的距离不应大于 0.5m，对于较长的母线气室，可适当放宽检测点的间距（一般不超过 2～3m）。对于 GIS 设备，通常应选择的测点有：

1）内部结构易出问题的部位，如筒体下部，开关触头等；

2）测点间距离不宜大于 0.5m，每两个盆式绝缘子之间至少 1 个测点；

3）断路器、隔离开关、接地开关等有活动部件的气室取点应增多；

4）观察历史趋势时应与前次检测取相同测点；

5）三相共箱的 GIS 建议在横截面上每 120°至少 1 个测点；

6）在 GIS 转角处和 T 形连接处前后应各测 1 点；

7）对于外壳直径较大的 GIS 应考虑在横截面上适当增加测点；

8）在水平安装的盆式绝缘子处，颗粒可能残留在这些绝缘子上并产生局部放电，应增加测点。

（3）背景的检测。检测现场空间干扰小时，将传感器置于空气中，仪器所测得的数值即为背景值；检测现场空间干扰较大时，将传感器置于待测设备基座上，仪器所测得的数值即为背景值；在信号确诊和准确定位时，宜将传感器置于邻近的正常设备上，仪器所测得的数值即为背景值。

（4）信号普测。手持超声波传感器平稳地放在设备外壳的各测点上，待信号稳定后，观察信号情况 15s 以上。检测中要避免传感器的抖动，避免测试人员的衣物、信号电缆和其他物体与待测电力设备的外壳接触或摩擦。

（5）信号定位。GIS 中的超声波局部放电定位技术分为频率定位技术、幅值定位技术和时差定位技术。频率定位技术是利用 SF_6 气体对超声波信号中的高频信号的吸收作用，通过调整测量频带的方法，将带通滤波器测量频率从 100kHz 减小到 50kHz，如果信号幅值明显减小，则缺陷应在壳体上；若信号幅值基本不变，则缺陷位置在中心导体上。而对于稳定缺陷，可以利用幅值定位与时差定位技术进行精确定位。

幅值定位是根据超声信号的衰减特性，利用峰值或有效值的大小定位，一般离信号源越近，信号越大；时差定位是根据超声波信号达到传感器的时差，通过联立球面方程或双曲面方程组计算空间坐标，进行精确定位。在实际应用中，可采用幅值方法进行初步定位，随后根据现场需要决定是否需要进行进一步的精确定位。信号定位流程如图 3-10 所示。

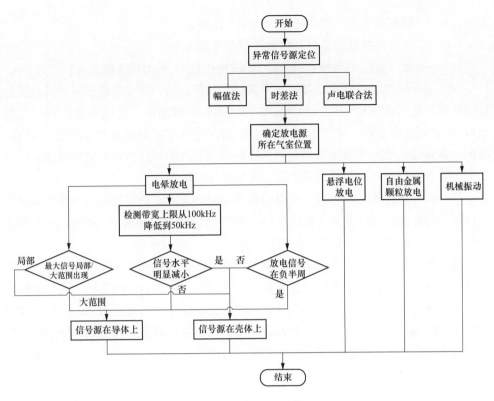

图 3-10　信号定位流程图

此外，由于设备内部的结构不同，超声波信号传播存在一定的复杂性，也可采取声电联合等定位方法，声电联合时差定位法如图 3-11 所示。

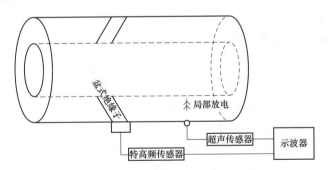

图 3-11　声电联合时差定位法示意图

特高频的传播速度接近光速，远大于超声波的传播速度；因此，以特高频检测时间为时间基点计算超声波传播时延，当二者之间时延最小时，即可认为超声波检测位置靠近局部放电源位置。距离计算公式为：

$$S = v_s \times \Delta T \tag{3-7}$$

式中　S——局部放电源位置距离超声波探头距离；

v_s——超声波传播速度（具体数值可参考表 3-1）；

ΔT——超声波信号与特高频信号之间的时间差，可由示波器读取。

（6）信号详测。在发现有可疑超声波信号的部位后，应在定位后对该部位进行详细检测，此工作宜使用传感器固定装置（如磁铁固定座、绝缘固定座和绑扎带等），应进行综合分析，必要时增加测点检测。对于有时域波形显示功能的设备，应记录并存储信号时间分辨率与电源周波频率相当的超声波信号的时域波形，以便于准确分析。记录还应包括设备工况、环境条件等内容。

（7）信号异常处理与分析。在电力设备检测到超声波局部放电信号异常时，应进行短期的在线监测或其他方法的检测，如特高频检测、绝缘介质的电/热分解成分分析、温度检测等手段，并加以综合分析。

超声波异常信号分析宜采用典型波形的比较法、横向分析法和趋势分析法。典型波形比较法是综合考虑现场干扰因素后，获得真正代表目标内部异常的超声波信号与典型波形图库进行比较；横向分析法即为目标部位的信号和相邻区域信号或邻相相同部位信号进行比较，确定是否有明显异常信号；趋势分析法为目标部位的信号与历史数据相比较是否有明确的增长发展趋势。异常信号分析时，应综合考虑工况因素的影响。

（8）分析报告。分析报告主要应包括电力设备详细名称、电力设备工况、检测详细位置、使用检测设备名称、检测者、检测时间、检测数据、数据分析情况、建议与结论等内容。

2. 带电检测的注意事项

（1）注意检测仪器状态是否良好。

（2）不同的电力设备选择合适的传感器。

（3）合理使用超声耦合剂，超声波信号大部分在超声波频段范围，在不同介质（如金属与非金属、固体与气体）的交界面，信号会有明显的衰减。使用接触式超声波检测仪器时，在传感器的检测面上涂抹适量的超声耦合剂后，检测时传感器可与壳体接触良好，无气泡或空隙，从而减少信号损失，提高灵敏度。

（4）检测时宜使用传感器固定装置，避免操作者人为因素的影响。

（5）选择合适的检测时间，注意外部干扰源。现场干扰将降低局部放电检测的灵敏度，甚至导致误报警和诊断错误。因此，局部放电检测装置应能将干扰抑制到可以接受的水平。

（6）提高检出概率，建议使用信号时间分辨率与电源周波频率相当的超声波信号的时域波形检测设备，并记录连续多周期内的时域波形。

（7）检测时，应做好检测数据和环境情况的记录或存储，如数据、波形、工况、测点位置等。

（8）每年检测部位应为同一点，除非有异常信号；定位出最大点后，改为在最大点的部位检测。

（9）检测者宜熟悉待测设备的内部结构。

3. 带电检测的技术要点

GIS 内部发生局部放电时，伴随有超声波信号的产生。通过在 GIS 外部安装超声波传感器，接收 GIS 内部放电产生的超声波信号，间接判断 GIS 是否有放电现象。该方法的检测频率一般在 100kHz 范围内，对于 SF_6 气体中的颗粒跳动、尖端放电、悬浮电位、异物和连接不良比较灵敏，但对于绝缘件内部空隙、裂缝等缺陷灵敏度较低。GIS 超声波局部放电检测流程如图 3-12 所示。

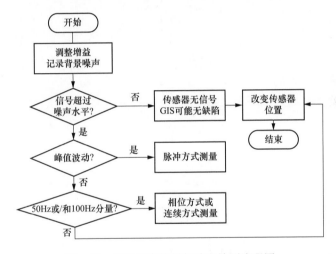

图 3-12　GIS 超声波局部放电检测流程图

（1）传感器的选择。通常，对 GIS 进行超声波局部放电检测选择传感器的频率范围为 20～100kHz，谐振频率为 40kHz。

（2）检测背景信号。检测前，应注意尽量清理现场的干扰声源。检测现场附近的排风扇旋转、施工机械摩擦、物体与 GIS 壳体摩擦、邻近的带电导体电晕等都会带来干扰。推荐的背景测点是 GIS 外壳底架，并选择各相测点的最小值。对于初步判断超声波信号异常的部位，应在该部位附近重新检测背景信号。

（3）测点的选择。由于超声波信号随距离增加而显著衰减，故检测选点不宜太少，否则很可能漏掉异常点。GIS 的超声波局部放电检测位置如图 3-13 所示。

（4）信号源定位。GIS 中的超声波局部放电定位技术分为频率定位技术、幅值定位技术和时差定位技术。GIS 频率定位技术的流程如图 3-14 所示。对于稳定缺陷，可以利用幅值定位与时差定位技术进行精确定位。

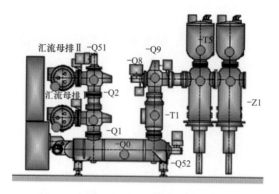

图 3-13　GIS 超声波局部放电检测位置示意图

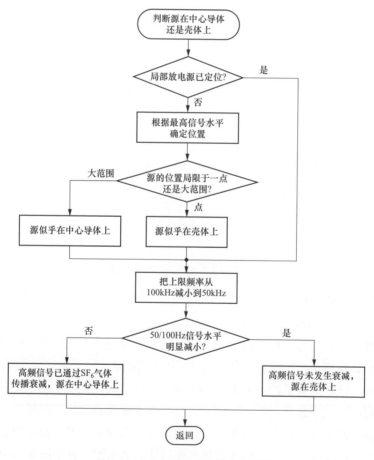

图 3-14　GIS 频率定位技术流程图

（5）GIS 的异常声响分析。遇到运行中的 GIS 偶尔会出现可听的异常声响，这种现象可能是由于内部松动、设备动静触头对应不正或设备运行引起振动等因素造成，因此不应盲目认为 GIS 内部出现了明显的放电，而应改变超声波信号频段检测，并加以设备的振动分析和特高频检测等其他检测手段进行综合分析。

此外，由于设备的设计和布局的原因，在设备运行时可能引起设备某段区域存在共振现象。应找出共振区域，检测是否有局部放电信号。这种共振现象频率一般比较低，人手能感觉出来，不伴有超声波局部放电信号。

（6）特殊部位的分析。在工作状态下，电压互感器和电流互感器的内置绕组和铁心会产生周期性的交变电磁场，由此可能产生特有的超声波信号，所以应对电压互感器气室和电流互感器气室进行特殊分析。该特有的超声波信号一般具有强的单倍频和多倍频信号规律性，波形具有典型对称性特征，所以检测者可以通过检测信号的周期性和对称性等特征来判断信号是否源于局部放电之外的其他原因。

3.2.2 诊断方法

局部放电是很复杂的物理现象，用单一表征参数很难全面描述，所以在诊断中应尽量对各种放电图谱进行全面分析，以减少误判。局部放电缺陷诊断的主要依据是信号水平、频率相关性、相位分布和特征指数，同时也可以参考时域波形。

3.2.2.1 正常判断依据

根据背景和测点所测超声波信号的周期峰值、有效值、50Hz 相关性、100Hz 相关性、相位分布、特征指数分布及时域波形的差异，表 3-3 列出了不同检测模式下背景信号的典型图谱与特征，但是具体背景信号还需要视现场具体情况而定。

表 3-3　　　　　　　　不同检测模式下的背景信号典型图谱与特征

检测模式	典型图谱		图谱特征
连续检测	0　　有效值　　0.28/0.28　　2mV 0　　周期峰值　　0.88/0.88　　5mV 0　　频率成分1　0/0　　0.5mV 0　　频率成分2　0/0　　0.5mV		（1）仅有幅值较小的有效值及周期峰值； （2）频率成分1、频率成分2几乎为0
相位检测			无明显相位特征，脉冲相位分布均匀，无聚集效应

检测模式	典型图谱	图谱特征
时域波形检测		信号均匀，未见高幅值脉冲
特征指数检测		无明显规律，峰值未聚集在整数特征值

　　根据背景和检测点所测超声波信号的周期峰值、有效值、50Hz 相关性、100Hz 相关性、相位分布、特征指数分布及时域波形的差异，满足表 3-4 所有超声波局部放电正常判定标准即为正常，任何一项参数不满足均可判定为异常。背景信号通常由频率均匀分布的白噪声构成，见表 3-3。

表 3-4　　　　　　　　　　　　超声波局部放电正常判定标准

判断依据	背景	测试数据
周期峰值/有效值	M 值	$\Delta M < 10\%$
50Hz 相关性	无	无
100Hz 相关性	无	无
相位分布	无规律	无规律
特征指数分布	无规律，特征指数未聚集在整数	无规律，特征指数未聚集在整数
时域波形（是否有异常脉冲）	无	无

3.2.2.2　有明显缺陷的判断依据

　　根据背景和检测点所测超声波信号的周期峰值、有效值、50Hz 相关性、100Hz 相关性、相位分布、特征指数及时域波形的差异，超声波局部放电缺陷类型的判定标准见表 3-5。

3.2.2.3　不同类型设备超声波局部放电的缺陷诊断

　　目前超声波法在 GIS 设备缺陷诊断中应用最为广泛，其诊断的标准也比较完善，常见的局部放电缺陷描述如下。

表 3-5   超声波局部放电缺陷类型判定标准

参数		悬浮电位缺陷	电晕缺陷	自由金属颗粒缺陷
连续检测模式	有效值	高	较高	高
	周期峰值	高	较高	高
	50Hz 频率相关性	有	有	弱
	100Hz 频率相关性	有	弱	弱
相位检测模式		有规律，一周波两簇信号，且幅值相当	有规律，一周波一簇大信号、一簇小信号	无规律
时域波形检测模式		有规律，存在周期性脉冲信号	有规律，存在周期性脉冲信号	有一定规律，存在周期不等的脉冲信号
脉冲检测模式		无规律	无规律	有规律，"三角驼峰"形状
特征指数检测模式		有规律，波峰位于整数特征值处，且特征指数 1＞特征指数 2	有规律，波峰位于整数特征值处，且特征指数 2＞特征指数 1	无规律，波峰位于整数特征值处，且特征指数 2＞特征指数 1

1. 电晕缺陷

当被测设备存在金属尖刺时，在高压电场作用下会产生电晕放电信号。电晕放电信号的产生与施加在其两端的电压幅值具有明显关联性，在放电图谱中则表现出典型的 50Hz 相关性及 100Hz 相关性，即存在明显的相位聚集效应。但是，由于电晕放电具有较明显极化效应，其正、负半周内的放电起始电压存在一定差异；因此，电晕放电的 50Hz 相关性往往较 100Hz 相关性要大。此外，在特征指数检测模式下，放电次数累积图谱波峰位于整数特征值 2 处。电晕缺陷超声波检测典型图谱见表 3-6。

表 3-6   电晕缺陷超声波检测典型图谱

检测模式	典型图谱	图谱特征
连续检测	0　　　　**有效值**　　　0.34/0.65　　　　2mV 0　　　　**周期峰值**　　　0.88/1.42　　　　5mV 0　　　　**频率成分1**　　　0/0.17　　　　0.5mV 0　　　　**频率成分2**　　　0/0.13　　　　0.5mV	（1）有效值及周期峰值较背景值明显偏大； （2）频率成分 1、频率成分 2 特征明显，且频率成分 1 大于频率成分 2

续表

检测模式	典型图谱	图谱特征
相位检测	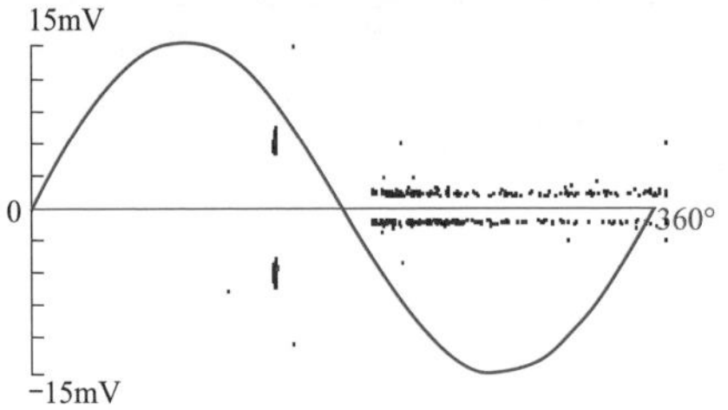	具有明显的相位聚集相应，但在一个工频周期内表现为一簇，即"单峰"
时域波形检测	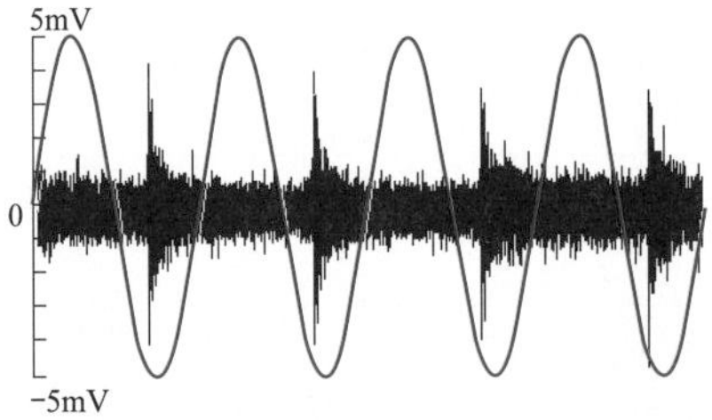	有规则脉冲信号，一个工频周期内出现一簇（或一簇幅值明显较大，一簇明显较小）
特征指数检测	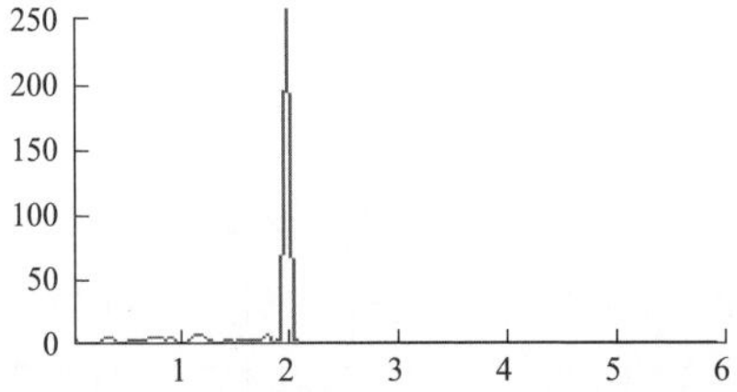	有明显规律，峰值聚集在整数特征值处，且特征值2大于特征值1

2. 悬浮电位缺陷

当被测设备存在悬浮电位缺陷时，在高压电场作用下会产生局部放电信号。局部放电信号的产生与施加在其两端的电压幅值具有明显关联性，在放电图谱中则表现出典型的50Hz相关性及100Hz相关性，即存在明显的相位聚集效应，且100Hz相关性大于50Hz相关性。此外，在特征指数检测模式下，放电次数累积图谱波峰位于整数特征值1处。悬浮电位缺陷超声波检测典型图谱见表3-7。

表3-7　　　　　　　　悬浮电位缺陷超声波检测典型图谱

检测模式	典型图谱	图谱特征
连续检测	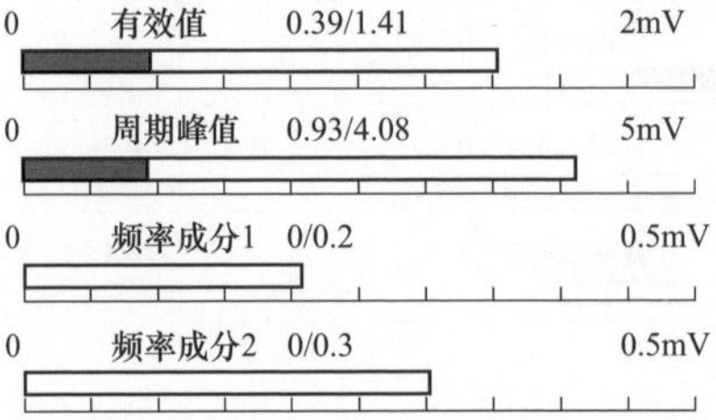	（1）有效值及周期峰值较背景值明显偏大； （2）频率成分1、频率成分2特征明显，且频率成分1大于频率成分2

续表

检测模式	典型图谱	图谱特征
相位检测	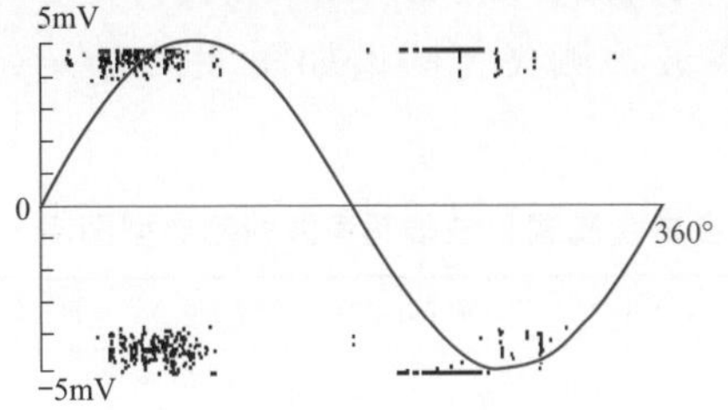	具有明显的相位聚集相应，在一个工频周期内表现为两簇，即"双峰"
时域波形检测	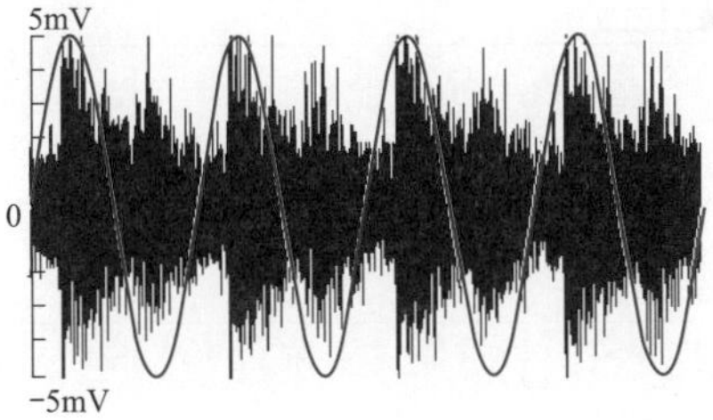	有规则脉冲信号，一个工频周期内出现两簇，两簇大小相当
特征指数检测	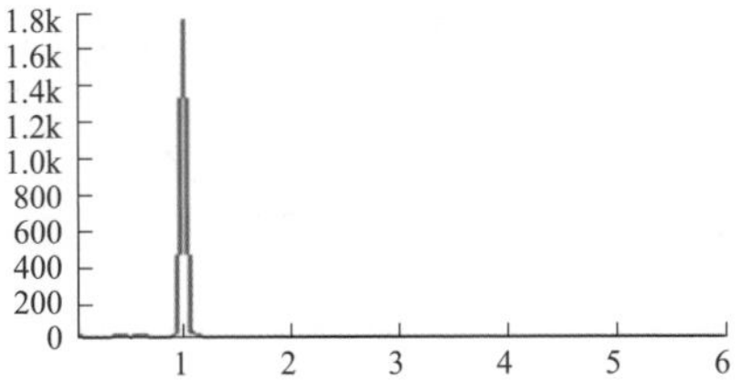	有明显规律，峰值聚集在整数特征值处，且特征值1大于特征值2

3. 自由金属颗粒

当被测设备内部存在自由金属颗粒缺陷时，在高压电场作用下，金属颗粒因携带电荷会受到电动力的作用，当电动力大于重力时，金属颗粒即会在设备内部移动或跳动。但是，与悬浮电位放电缺陷、电晕放电缺陷不同，自由金属颗粒产生的超声波信号主要由运动过程中与设备外壳的碰撞引起，而与放电关联较小。由于金属颗粒与外壳的碰撞取决于金属颗粒的跳跃高度，其碰撞时间具有一定随机性，因此在开展局部放电超声波检测时，该类缺陷的相位特征不是很明显，即50、100Hz频率成分较小。但是，由于自由金属颗粒通过直接碰撞产生超声波信号，因此其信号有效值及周期峰值往往较大。此外，在时域波形检测模式下，检测图谱中可见明显脉冲信号，但信号的周期性不明显。自由金属颗粒缺陷超声波检测典型图谱见表3-8。虽然自由金属颗粒缺陷无明显相位聚集效应，但是，当统计自由金属颗粒与设备外壳的碰撞次数与时间的关系时，却可发现明显的图谱特征。该图谱定义为"飞行图"，通过部分局部放电超声波检测仪提供的"脉冲检测模式"即可观察自由金属颗粒与外壳碰撞的"飞行图"，进而判断设备内部是否存在自由金属颗粒缺陷。自由金属颗粒缺陷的超声波检测飞行图谱如图 3-15 所示，由图可见其有明显的"三角驼峰"形状特点。

表 3-8　　　　　　　　　自由金属颗粒缺陷超声波检测典型图谱

检测模式	典型图谱	图谱特征
连续检测	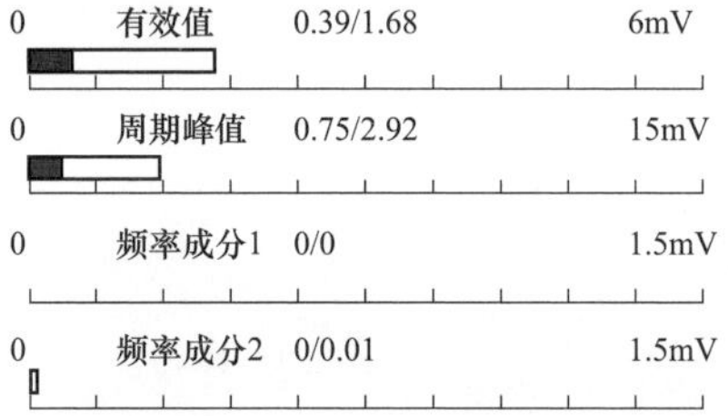	（1）有效值及周期峰值较背景值明显偏大； （2）频率成分1、频率成分2特征不明显
相位检测	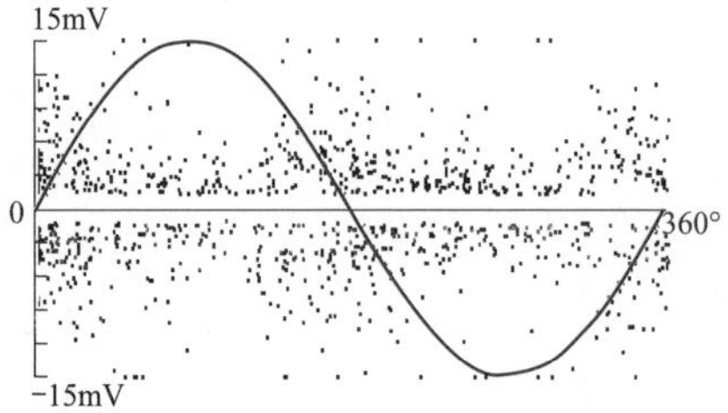	无明显的相位聚集相应，但可发现脉冲幅值较大
时域波形检测	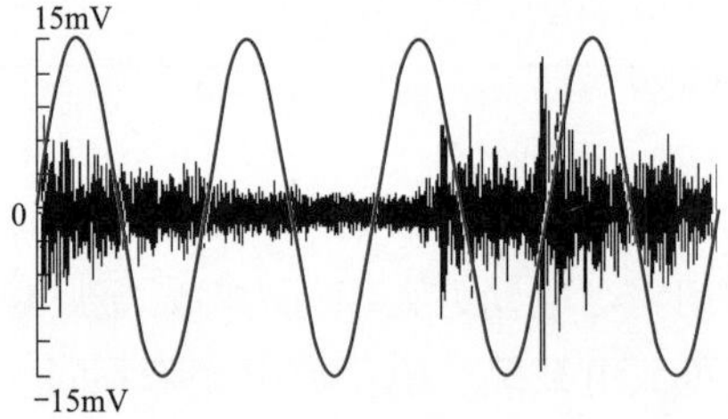	有明显脉冲信号，但该脉冲信号与工频电压的关联性小，其出现具有一定随机性
特征指数检测	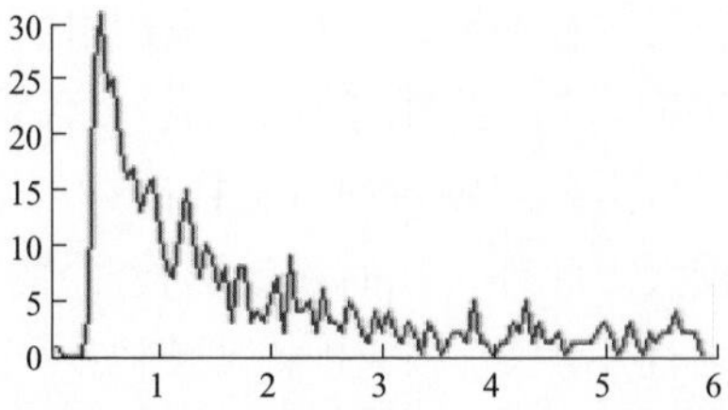	无明显规律，峰值未聚集在整数特征值

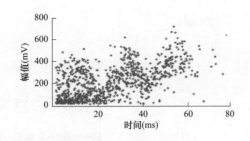

图 3-15　自由金属颗粒缺陷超声波检测飞行图谱

3.3　典型案例分析

3.3.1　110kV GIS 设备自由颗粒缺陷

3.3.1.1　案例经过

2016 年 4 月 25 日，检测人员对某 110kV 变电站 110kV GIS 进行超声波、特高频局部放电联合带电测试，发现 110kV 母联间隔 100-1 隔离开关气室超声波检测异常，超声波信号周期峰值最大为 20dB，幅值跳动明显，特高频检测未见异常脉冲信号。通过定位分析，最终判断信号来自 110kV 母联间隔 100-1 隔离开关气室靠近气室底部位置，根据现场检测图谱判断为颗粒放电。2016 年 6 月 11 日，检测人员对该气室进行了解体检查，发现盆式绝缘子内壁粘附 2mm 长的金属细丝，验证了检测的准确性。

3.3.1.2　检测分析方法

1. 初步诊断

检测人员在进行局部放电检测时，发现在 110kV 母联间隔 100-1 隔离开关气室 AE5 测点超声波检测异常，检测仪耳机中有明显的放电声响，超声波信号周期峰值最大为 20dB，幅值跳动明显，频率成分 1（50Hz）＞频率成分 2（100Hz），脉冲波形上升沿极其陡峭，飞行图谱异常，判断该气室存在异常局部放电信号，初步判断为金属颗粒放电。特高频及高频检测均无异常。超声波检测图谱如图 3-16 所示。

2. 定位分析

对异常位置进行超声波时差定位，查找局部放电源具体位置，将红色及蓝色超声波传感器放置在 110kV 母联 100-1 隔离开关气室如图 3-17（a）所示位置（红色、蓝色标记处），示波器波形如图 3-17（b）所示，红色传感器波形与蓝色传感器波形的起始沿基本一致，可知信号到达两传感器的时间基本一致，说明信号源位于红蓝传感器之间平分面上（如图中红色、蓝色标记间黄色线所在平面）。

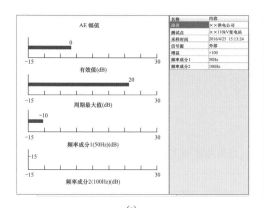

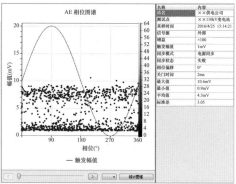

(a) (b)

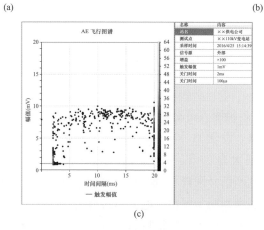

(c)

图 3-16　超声波检测图谱

（a）连续图谱；（b）相位图谱；（c）飞行图谱

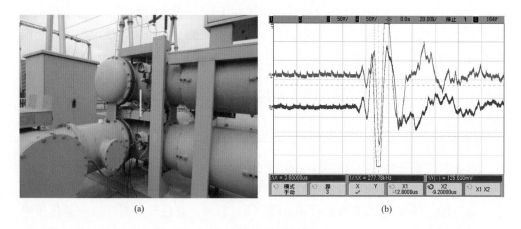

(a) (b)

图 3-17　超声波检测

（a）传感器位置；（b）示波器波形

3. 解体验证

2016 年 6 月 11 日，对该气室进行了解体检查，发现盆式绝缘子内壁粘附 2mm 长的金属细丝，位于直对盆式绝缘子的内侧面位置处。由此可以看出：此位置和超声波时差定位位置有约 4cm 距离，金属丝在自由跳动下，已经由壳体底部移动到盆式绝缘子表面，危害程度增大。超声波定位及解体验证情况如图 3-18 所示。

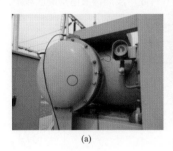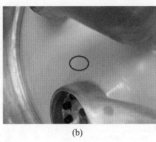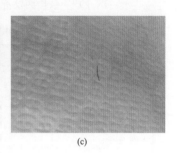

(a)　　　　　　　　　　(b)　　　　　　　　　　(c)

图 3-18　超声波定位及解体验证情况

(a) 金属丝外部直对位置；(b) 金属丝实际位置；(c) 金属丝

3.3.1.3　缺陷原因分析

初步推断此金属丝为安装过程中工艺控制不良引入，封罐时未彻底清洁罐体内部，导致金属丝存在。另外，自由跳动颗粒由于其随机运动，有一定概率跳到绝缘子表面，附着在上面，从而引起沿面闪络放电，此时危害更大，应引起注意。

3.3.2　110kV GIS 超声波局部放电检测自由颗粒缺陷

3.3.2.1　案例经过

2015 年 11 月 28 日，某 330kV 变电站 110kV GIS Ⅲ母和Ⅳ母进行投运前交流耐压试验后，老练过程中的超声波局部放电测试，在进行 110kV GIS Ⅳ母 A 相耐压试验时超声波局部放电检测发现异常信号。经诊断分析，判断该 110kV GIS Ⅳ母存在自由颗粒放电缺陷，解体检查发现 GIS 母线罐体底部存在杂质及颗粒。

3.3.2.2　检测分析方法

1. 初步诊断

110kV GIS Ⅳ母 A 相被检测设备如图 3-19 所示。11 月 28 日，对某 330kV 变电站 110kV GIS 进行交流耐压试验时超声波局部放电测试，检测发现Ⅳ母 A 相（121 间隔至 122 间隔之间，即图 3-20 中 1、2 号区域）超声波检测异常。110kV GIS Ⅳ母超声波局部放电检测数据见表 3-9。

图 3-19　被检测设备

图 3-20　110kV GIS Ⅳ母超声波局部放电检测区域

表 3-9　　　　　　　　110kV GIS Ⅳ母超声波局部放电检测数据

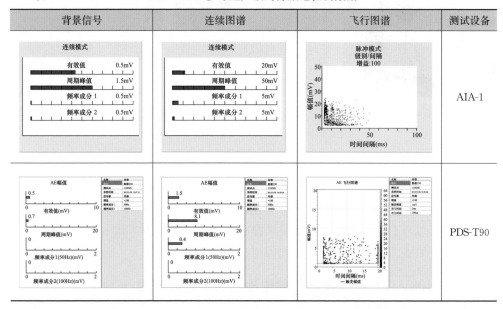

从以上检测数据可以看出，Ⅳ母 121 间隔至 122 间隔之间区域超声波局部放电异常，超声波局部放电有效值和周期峰值高于背景信号值，且测试时信号周期峰值不稳定；两种不同超声波局部放电检测仪脉冲模式图谱（即飞行图）显示信号有明显的飞行时间，呈现出颗粒放电特征。两次不同测试时间段罐体内信号幅值最大区域由区域 1 漂移至区域 2，如图 3-20 所示，并且均表现为颗粒放电缺陷，分析判断Ⅳ母罐体内部存在自由颗粒放电缺陷；原因可能为 GIS 母线在现场进行重新组装、对接等过程时被二次污染，或现场装配时灰尘、异物未彻底清理干净。

2. 解体验证

由于采用两种不同的超声波局部放电测试仪均测试到Ⅳ母 121 间隔至 122 间隔之间气室存在自由颗粒放电缺陷，11 月 29 日，对该 330kV 变电站 110kV GIS Ⅳ母 121 间隔至 122 间隔之间气室进行解体检修。由于母线较长且罐径小，外观检查未见明显金属颗粒，采用专用试纸对手孔周围底部壳体进行擦拭，可见大小约为

2mm×2mm 的类似导电胶的胶状颗粒及 0.5mm×1mm 的金属碎屑，解体检查结果如图 3-21 所示。

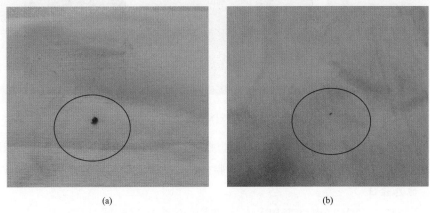

图 3-21　110kV GIS Ⅳ母气室解体检查结果

（a）胶状颗粒；（b）金属碎屑

12 月 2 日，对缺陷处理后，该 330kV 变电站 110kV GIS 进行交流耐压试验时超声波局部放电测试，检测发现Ⅳ母 A 相（图 3-29 中 1 号区域）超声信号异常。110kV GIS Ⅳ母 1 号区域超声波局部放电检测图谱如图 3-22 和图 3-23 所示。

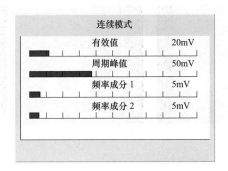

图 3-22　110kV GIS Ⅳ母 1 号区域
超声波局部放电连续图谱

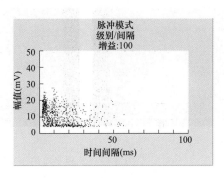

图 3-23　110kV GIS Ⅳ母 1 号区域
超声波局部放电飞行图谱

从以上测试结果可以看出，对该 330kV 变电站 110kV GIS Ⅳ母进行解体处理后，Ⅳ母 1 号区域超声波局部放电测试仍存在自由颗粒放电特征，并且峰值接近 20mV，飞行时间大于 50ms。

12 月 4 日，再次对Ⅳ母 1 号区域进行解体检查，采用专用试纸进行擦拭，检查发现漆皮、胶状颗粒、金属碎屑及透明球状颗粒，具体如图 3-24 所示。

解体检查发现罐体内部仍存在杂质及颗粒，可见 11 月 29 日进行清理时，由于母线罐体较长，Ⅳ母 1 号区域内部未清理干净造成颗粒放电现象仍然存在。

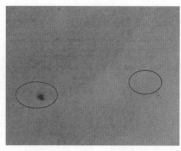

图 3-24　Ⅳ母 1 号区域解体检查结果

12 月 7 日，对Ⅳ母 1 号区域及 2 号区域内部进行彻底清理后再次进行交流耐压试验及超声波局部放电测试，交流耐压试验合格，超声波局部放电检测未见异常。

3. 仿真验证

由于对该 330kV 变电站 110kV GIS 进行交流耐压试验同时进行超声波局部放电检测时，在 A 相耐压时呈现明显自由颗粒放电特征，在 B、C 相耐压时超声波局部放电检测未见异常，解体发现罐体内部存在杂质及颗粒，特对交流耐压过程中罐体底部电场分布情况进行仿真分析（交流耐压试验时，对其中一相耐压时，其他两相接地）。三相交流耐压不同电压等级下电场分布情况分别如图 3-25～图 3-27 所示。

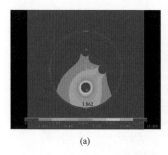 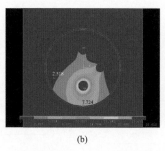 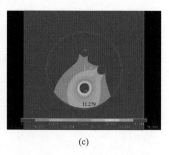

(a)　　　　　　　　　　　(b)　　　　　　　　　　　(c)

图 3-25　A 相交流耐压不同电压等级下电场分布情况

(a) 63.5kV；(b) 110kV；(c) 184kV

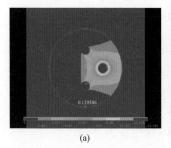 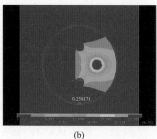 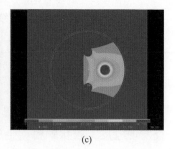

(a)　　　　　　　　　　　(b)　　　　　　　　　　　(c)

图 3-26　B 相交流耐压不同电压等级下电场分布情况

(a) 63.5kV；(b) 110kV；(c) 184kV

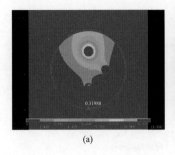 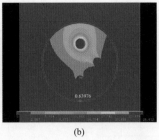 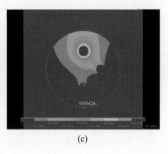

(a) (b) (c)

图 3-27　C 相交流耐压不同电压等级下电场分布情况

(a) 63.5kV；(b) 110kV；(c) 184kV

由对三相进行交流耐压过程电场分布情况的仿真结果可以看出，A 相位于母线内部最下方，在 A 相运行电压条件下罐体底部电场强度为 3.862kV/cm，在 B、C 相进行交流耐压时（A 相处于接地状态），罐体底部电场强度几乎为零。因此，在电场力、粒子力等的综合作用下，罐体底部存在杂质及颗粒时，A 相交流耐压过程中运行电压情况下会呈现自由颗粒特征，B、C 相随电压升高未检测出自由颗粒放电特征，与现场检测及解体检查结果相符。

3.3.3　110kV HGIS 21 间隔 C 相超声波检测局部放电异常

3.3.3.1　案例经过

2015 年 9 月 8 日 15 时 30 分，某检修分公司电气试验班在对某变电站 110kV 某线 21 间隔 HGIS（出厂编号：5120103）C 相进行超声波局部放电检测时，发现此气室靠近 211 隔离开关处存在内部放电情况，A、B 相正常；线路运行情况：线路电流为 71.89A，有功功率为 13.40MW，无功功率为 3.28Mvar。

3.3.3.2　检测分析方法

1. 初步诊断

（1）超声波诊断分析 C 相测点 5 的超声波局部放电图谱如图 3-28 所示。

测点 6、7 的相应图谱与图 3-28 相似，其余 4 个测点无异常。

由超声波局部放电结果可知，21 间隔 HGIS C 相于测点 5～7 处的对应电信号有效值、峰值及 100Hz 相关性均较大，且测量时峰值较稳定，呈现悬浮电位放电的典型特征。而测点 1～4 处的信号明显弱于测点 5～7。据此分析，超声波的信号源在测点 5 附近，即 211 隔离开关附近。

（2）SF_6 气体分解产物分析诊断。停电后，对 HGIS 气室内气体进行分析，结果见表 3-10。

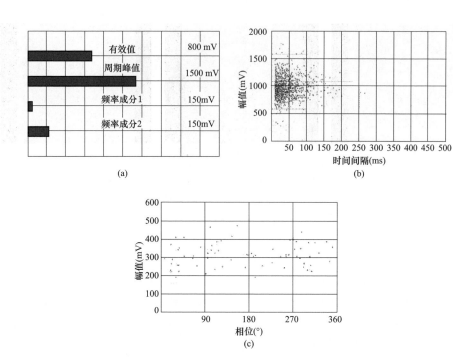

(a)

(b)

(c)

图 3-28 超声波局部放电检测图谱

(a) 连续图谱；(b) 脉冲图谱；(c) 相位图谱

表 3-10	气体分析结果		（μL/L）
气体	A 相	B 相	C 相
SO_2	0.5	0	12.57
H_2S	0	0	0
HF	0	0	2.537
CO	40.2	45.3	40.3

气体分析结果显示，C 相 SO_2 气体含量超标（大于 $1μL/L$），说明 C 相气室内有明显放电现象。

2. 定位分析

采用 AIA-1 超声波局部放电检测仪对 21 间隔 HGIS C 相进行检测，检测位置如图 3-29 所示。

（1）检测时，在 21 间隔 HGIS C 相周围人耳可听到持续异响。

（2）超声波局部放电检测情况见表 3-11（有效值、周期峰值、与 50Hz 的相关性、与 100Hz 的相关性均为测点测得的超声波信号转化电信号参数）。

图 3-29　超声波局部放电检测位置

表 3-11　　　　　　　　　　　　　超声波局部放电检测情况　　　　　　　　　　　　　（mV）

测点	有效值	周期峰值	与 50Hz 的相关性	与 100Hz 的相关性
1	40	40	0	0
2	40	40	0	0
3	32	32	0	0
4	32	32	0	0
5	200	800	4	15
6	180	500	4	15
7	140	450	4	15

3. 解体验证

解体检查发现，气室内有浓烈的臭鸡蛋气味，与气体成分分析一致；211 隔离开关 C 相传动轴侧绝缘挡板表面附着大量白色粉末，绝缘挡板左侧为带电部分，右侧为接地部分，连接三相联动连杆。拆解后发现，带电部分非常整洁，而接地部分则有粉末，解体检查情况分别如图 3-30～图 3-32 所示。

3.3.3.3　缺陷原因分析

绝缘子挡板是非固定式设计，当挡板与绝缘子分离时，挡板的均压效果将消失。

传动轴和绝缘子嵌件内槽采用如图 3-30 所示的连接方式，由于设计缺陷，并不能保证良好的电接触。当两者接触不良时，在绝缘子内槽金属部分感应出高电压，出现悬浮电位放电现象，从而产生 SF_6 分解产物，形成现场所听到的强烈的异响以及解体后所闻到的硫化物气味。

此次故障发生点与 2014 年 11 月 28 日 15 间隔出线 I 回故障完全一致，因此应属于产品设计不良问题引起的家族性缺陷。

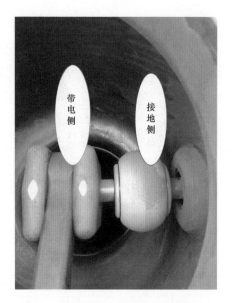

图 3-30　绝缘挡板表面有大量白色粉末

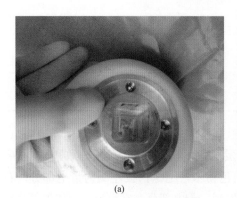

(a)

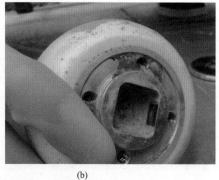

(b)

图 3-31　绝缘挡板导电侧及接地侧检查结果

（a）导电侧无粉末；（b）接地侧附着有粉末

图 3-32　与接地侧连接的传动轴上存在粉末

3.3.4 220kV GIS 4D35 线间隔避雷器 A 相超声波检测局部放电异常

3.3.4.1 案例经过

2018年9月30日，某500kV变电站220kV 4D35线避雷器运行中发出异响。针对这一情况，变电检修中心电气试验班工作人员立即前往现场对变电站220kV 4D35间隔开展全面的带电检测。

采用特高频、超声波、SF$_6$三种检测手段，检测到220kV GIS 220kV 4D35线避雷器A相内部存在局部放电信号，放电信号符合局部放电典例图谱特征。

3.3.4.2 检测分析方法

1. 初步诊断

（1）超声波局部放电检测。对220kV 4D35间隔进行超声波检测（测试位置见图3-33），发现4D35避雷器A相整体信号幅值均较大，罐体整体信号幅值均等，上部略大于下部，但底座处幅值最大，如图3-34所示。B相和C相相同位置幅值均小于A相，如图3-35和图3-36所示。

图 3-33 超声波检测位置

220kV 4D36线避雷器A相相同位置幅值也远小于4D35线A相，如图3-37所示。

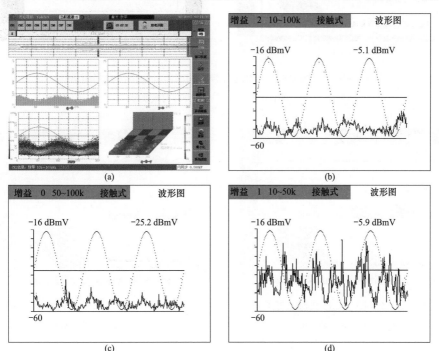

图 3-34 220kV 4D35 线避雷器 A 相底座处超声波检测图谱（一）

（a）综合诊断；（b）10～100k 时域波形；（c）50～100k 时域波形；（d）10～50k 时域波形

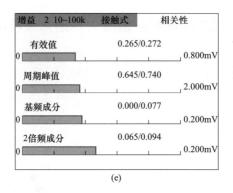

(e)

图 3-34　220kV 4D35 线避雷器 A 相底座处超声波检测图谱（二）

（e）连续图谱

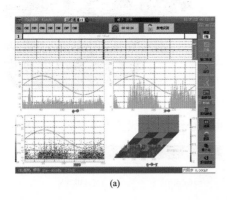

(a)

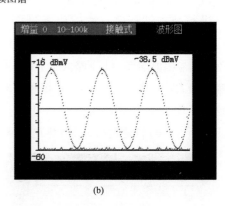

(b)

图 3-35　220kV 4D35 线避雷器 B 相底座处超声波检测图谱

（a）综合诊断；（b）10～100k 时域波形

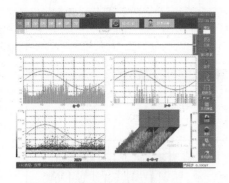

图 3-36　220kV 4D35 线避雷器 C 相
底座处超声波检测图谱

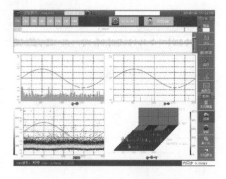

图 3-37　220kV 4D36 线避雷器 A 相
底座处超声波检测图谱

由超声波检测结果可以看出：220kV 4D35 线避雷器 A 相整体超声幅值偏大，底座处超声波信号最强。同一线路，B、C 两相相同位置超声波幅值均远小于 A 相，相邻线路 A 相相同位置超声波检测幅值也远小于该线路 A 相。判断超声波信号来自 220kV 4D35 线避雷器 A 相内部。该信号幅值较大，且一直存在，具备 180°对称关系。

（2）特高频局部放电检测。对 220kV 4D35 线避雷器进行特高频检测（检测位置见图 3-38），发现 A 相底座缝隙处幅值最大，如图 3-39 所示。B 相和 C 相相同位置幅值均小于 A 相，如图 3-40 和图 3-41 所示。空间背景特高频检测如图 3-42 所示。

图 3-38　特高频检测位置

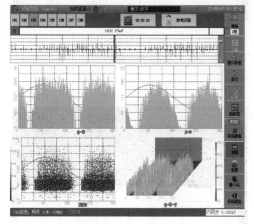

(a)

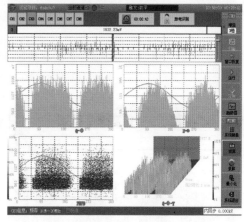

(b)

图 3-39　220kV 4D35 线避雷器 A 相底座缝隙处特高频检测图谱

（a）综合诊断 1；（b）综合诊断 2

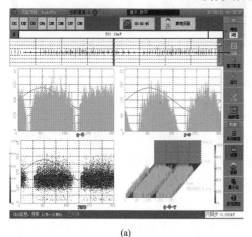

(a)

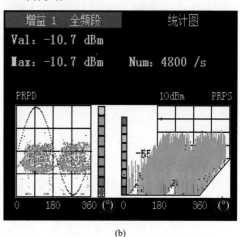

(b)

图 3-40　220kV 4D35 线避雷器 B 相底座缝隙处特高频检测图谱

（a）综合诊断；（b）PRPD/PRPS 图谱

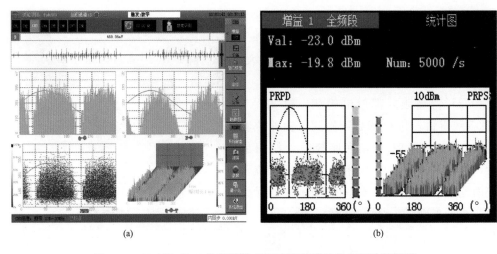

(a)　　　　　　　　　　　　　　　　(b)

图 3-41　220kV 4D35 线避雷器 C 相底座缝隙处特高频检测图谱

(a) 综合诊断；(b) PRPD/PRPS 图谱

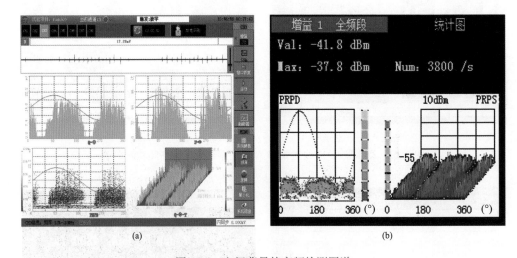

(a)　　　　　　　　　　　　　　　　(b)

图 3-42　空间背景特高频检测图谱

(a) 综合诊断；(b) PRPD/PRPS 图谱

　　可以看出：220kV 4D35 线避雷器 A 相底座缝隙处特高频信号最强，其余检测位置均能检测到与该信号波形、相位对应的特高频信号，但幅值均弱于该信号。判断所有测得特高频信号为同一信号，信号来自 220kV 4D35 线避雷器 A 相内部。该信号幅值较大，且一直存在，具备 180°对称关系。

　　(3) SF_6 气体成分分析报告。对 4D35 线避雷器气室进行 SF_6 气体成分分析，试验结果见表 3-12。

表 3-12 4D35 线避雷器气室 SF₆ 组分测试数据

相别	A	B	C
CO 浓度（μL/L）	13.4	6.9	7.3
SO₂ 浓度（μL/L）	100（仪器最大量程为 100）	0	0
H₂S 浓度（μL/L）	0	0	0
纯度（%）	99.99	99.99	99.99

由表 3-12 数据可以看出：4D35 线避雷器 A 相气室 SO_2 浓度为 100μL/L（超出仪器量程），不满足《输变电设备状态检修试验规程》（Q/GDW 1168—2013）中 SO_2 浓度不大于 1μL/L 的规定。

2. 解体验证

对避雷器进行了更换，更换后的避雷器返厂进行解体检查试验。

11 月 6 日，对故障避雷器进行了拆解。由于内部故障已经无法对避雷器施加电压，因此未能在拆解避雷器之前进行电气试验比对。

之后对避雷器进行拆解，将盆式绝缘子螺栓卸下，盆式绝缘子和导电杆整体拆出，盆式绝缘子表面无放电痕迹，导电杆无放电痕迹。将盆式绝缘子拆解之后，观察避雷器罐体内部，整个气室表面都附着着放电之后产生的分解物粉尘（见图 3-43）。此时摇动避雷器芯体，有明显晃动感觉，进一步拆解，将芯体紧固螺栓卸下后，屏蔽罩与均压罩整体被取出，说明紧固芯体的紧固螺母已经和绝缘杆脱离（见图 3-44）。

图 3-43 气室表面都附着粉尘

图 3-44 紧固螺母和绝缘杆脱离

将屏蔽罩与均压罩卸下后，明显能看到留在芯体上部的碟簧有放电的痕迹（见图 3-45），将紧固螺母拆出后其压接处有明显较多的放电分解产物粉尘（见图 3-46）。

至此可以判断避雷器响动的原因是内部放电引起，故障点是紧固螺母和碟簧接触处。

3.3.4.3 缺陷原因分析

根据现场带电检测数据分析及返厂解体结果可以得出：该台避雷器发生故障的

原因为紧固螺母未上紧，导致避雷器在带电运行一段时间后，紧固螺母与碟簧之间开始放电，并且放电量逐步增大，引起了避雷器振动，传导至外壳表现为避雷器内部有响声。如果继续运行很有可能发生 GIS 主绝缘击穿，造成设备事故，严重威胁电网安全稳定运行。

图 3-45　芯体上部的碟簧有放电痕迹

图 3-46　紧固螺母压接处有粉尘

3.3.5　500kV 套管螺钉松动导致悬浮电位放电

3.3.5.1　案例经过

2015 年 12 月 15、16、18 日，检测人员在某 500kV 变电站进行带电检测时发现 5041 间隔 A 相母线套管下部罐体超声波、特高频局部放电检测异常，局部放电定位结果表明其放电源位于母线套管下部罐体。根据现场检测图谱判断其局部放电类型为悬浮电位放电，放电强度较强，危害性较大。12 月 22 日进行解体检查，发现固定屏蔽筒与支撑绝缘件的螺栓存在松动现象，部件附近有大量放电产生的黑色粉末，对螺栓进行清理并紧固后投运，放电信号消失。

3.3.5.2　检测分析方法

1. 初步诊断

（1）超声波局部放电检测。检测人员对 5041 间隔进行超声波局部放电检测，在该间隔 A 相母线套管下部罐体与 5041-1 隔离开关气室均检测到了异常局部放电信号，现场设备如图 3-47 所示。

图 3-47　现场设备

超声波检测图谱如图 3-48 所示，空气背景中不存在异常信号，根据图谱特征连续模式中有效值和周期峰值较大，100Hz 相关性明显大于 50Hz 相关性，相位模式中出现两簇相对称的信号，初步判断设备内部存在悬浮电位放电缺陷。

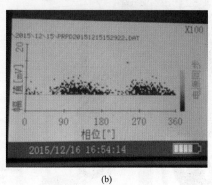

(a) (b)

图 3-48 超声波检测图谱

(a) 连续模式；(b) 相位模式

（2）特高频局部放电检测。此 HGIS 盆式绝缘子外部存在直径约为 3cm 的浇注绝缘孔，可以从此部位进行特高频局部放电检测，特高频局部放电检测结果显示，5041 间隔 A 相 5041-1 隔离开关气室两侧盆式绝缘子均检测到了明显的悬浮电位放电信号，检测信号特征与超声波检测一致。特高频检测图谱如图 3-49 所示（未加放大器）。

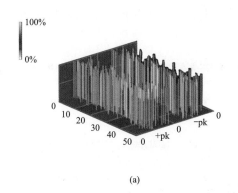
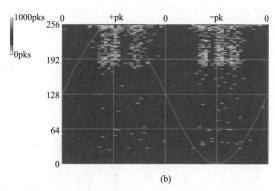

(a) (b)

图 3-49 特高频检测图谱

(a) PRPS 图谱；(b) PRPD 图谱

2. 定位分析

（1）特高频初步定位。一个特高频传感器放置在 5041-1 隔离开关与断路器间盆式绝缘子浇注孔处，另一个特高频传感器放置在 5041-1 隔离开关与套管下方气室间的盆式绝缘子浇注孔处。测试结果显示黄色传感器超前于绿色传感器 4.75ns，折算距离为 1.4m，现场利用皮卷尺测量电磁波传播实际距离为 1.49m。测试结果表明局部放电源位于黄色传感器附近或黄色传感器上方。传感器位置及特高频定位图谱如图3-50所示。

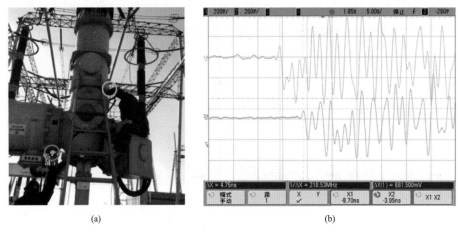

(a)　　　　　　　　　　　　　　　(b)

图3-50　传感器位置及特高频定位图谱

(a) 传感器位置；(b) 特高频定位图谱

（2）声电联合定位。检测人员将黄色特高频传感器固定不动，将红色、绿色超声波传感器放置在套管下方的气室外壳上，分别位于偏下和偏上的位置，进行时延定位。测试结果显示绿色超声波传感器超前于红色超声波传感器，而且绿色幅值为88.42mV大于红色幅值77.65mV，说明局部放电源更靠近绿色传感器，传感器位置及定位图谱如图3-51所示。由于套管底部感应电强烈，出于安全考虑，检测人员未继续将超声波传感器放置在更高的位置上检测。

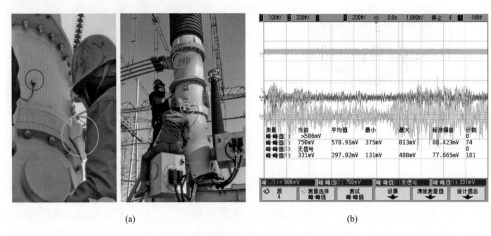

(a)　　　　　　　　　　　　　　　(b)

图3-51　传感器位置及声电联合定位图谱

(a) 传感器位置；(b) 声电联合定位图谱

3. 解体验证

12 月 22 日，根据停电和检修计划，会同设备生产厂家对 5041 间隔 A 相套管气室进行解体检查。解体位置为套管下部两个升高座间的法兰处，放电源定位位置如图 3-52 中圆圈标识所示。

拆下套管内屏蔽罩下部的端盖后，发现端盖与上部屏蔽罩贴合部位有大量放电产生的黑色粉末，如图 3-53 所示。

图 3-52　放电源定位位置及解体位置　　图 3-53　内屏蔽罩下部端盖处放电产生的粉末

拆除屏蔽罩端盖后，发现其与支撑绝缘件连接处紧固螺栓对应位置有 2 处放电痕迹，同时紧固螺栓及垫片表面也存在放电痕迹，已无金属光泽，屏蔽罩与支撑绝缘件间的紧固螺栓如图 3-54 所示。使用力矩扳手检查，发现套管中连接中间屏蔽筒和 4 个绝缘支撑件的 8 个 M12×30 的内六角螺栓中有 5 个松动。其他位置均未发现异常。

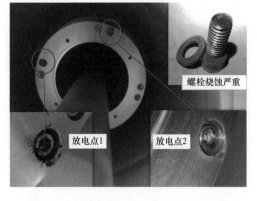

3.3.5.3　缺陷原因分析

此次利用带电检测手段发现 5041 间隔 A 相母线套管气室内部的严重悬 图 3-54　屏蔽罩与支撑绝缘件间的紧固螺栓

浮电位放电缺陷，是由于固定屏蔽筒与支撑绝缘件的螺栓松动所致。导致螺栓松动的可能原因：①设备出厂时未对螺栓紧固力矩进行检查；②螺栓未采取有效防松措施，在设备运行过程中由于电动力所产生的振动，导致紧固螺栓松动。

3.3.6　500kV GIS 气室超声波检测局部放电异常

3.3.6.1　案例经过

2016 年 5 月 8 日，在某 500kV 变电站带电检测中，发现在 500kV GIS 5043 断路器 A 相 TA2 侧与 5053 断路器 A 相 TA2 侧之间的 II 母（II段母线）A 相 U 型连接处存在异常超声波信号。特高频局部放电检测无异常信号。PD208 检测仪显示超声波信号幅值最大接近 300mV，具有较强的 50Hz 工频相关性，并且信号幅值变化较大，具有典型的颗粒放电特征，推断 GIS 母线罐体底部存在金属颗粒。经过一年的跟踪监测，异常超声波信号持续存在，根据检修计划，于 2017 年 4 月 24 日将 500kV GIS 设备 II 母停电解体，在超声波信号异常的罐体位置发现了较多的铝质金属颗粒，最长的颗粒长达 20mm。

3.3.6.2　检测分析方法

检测对象：某 500kV 变电站 500kV GIS 5043 断路器 A 相 TA2 侧与 5053 断路

图 3-55　被检测设备

器 A 相 TA2 侧之间的 II 母 A 相 U 型连接气室。被检测设备如图 3-55 所示。

1. 初步诊断

（1）超声波局部放电检测。在超声波测点处的 GIS 筒体上（见图 3-55），采用 T-90 超声波检测仪进行检测，连续模式、时域模式、脉冲模式及相位模式的测量结果如图 3-56 所示。

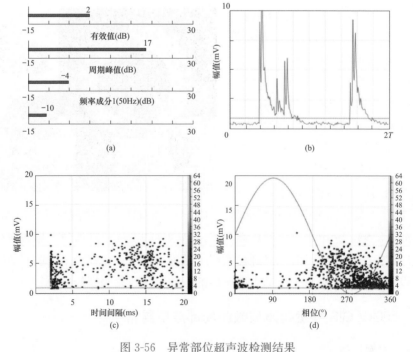

图 3-56　异常部位超声波检测结果

（a）超声波幅值；（b）波形图谱；（c）飞行图谱；（d）相位图谱

连续模式显示放电幅值为 17dB，瞬时放电幅值约为 20dB，放电信号的 50Hz 相关性较大且较稳定；原始波形显示每个工频周期内有一簇集中放电脉冲，这与 50Hz 相关性结果吻合；相位模式显示在各相位上均有放电，但在负半轴放电较为集中；飞行图谱特征不明显。相邻间隔同样位置无异常，相邻气室信号幅值较小，幅值最大处为罐体底部。

（2）特高局部放电频检测。在图 3-55 所示特高频测点处，采用 HQMDA-CF5 局部放电综合带电检测分析仪进行特高频局部放电检测，检测结果如图 3-57 和图 3-58 所示，图 3-57 为单个周期的局部放电波形，图 3-58 为特高频信号的三维图谱。

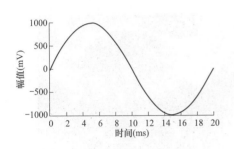

图 3-57 异常部位特高频测点的
单个周期局部放电波形

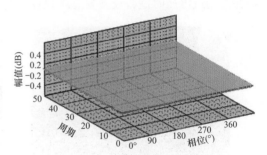

图 3-58 异常部位特高频测点
信号三维图谱

2. 定位分析

从 GIS 外壳接地处取得环流电流信号，环流相位与电压相位误差较小。超声波原始信号与环流相位关系如图 3-59 所示，图中可见超声波信号较多出现在环流

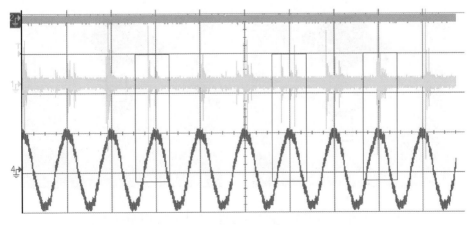

图 3-59 超声波原始信号和 A 相接地环流相位关系

的正半周处。根据放电的极性特性，可初步判断该缺陷靠近外壳接地一侧。

由于该处超声波信号分布区域较小，仅在罐体底部附近区域有信号，而且最底部信号最大，根据极性特征判断该缺陷位于外壳处。再结合超声波信号特征，初步推断该超声波信号是由掉在底部的金属颗粒产生的。经过试验研究发现，罐体底部的金属颗粒在电压作用下将顺着电场放电竖立，使电场产生畸变，如图3-60所示；同时，当金属颗粒上的电荷积累一定程度后，金属颗粒还会向高压电极运动，吸附到高压电极表面，如图3-61所示。金属颗粒在撞击外壳时将出现局部放电，产生超声波信号。由于金属颗粒的存在，外壳和高压电极之间的电场将发生畸变，由于SF_6气体碰撞系数较大，金属颗粒很可能引起外壳和高压电极之间闪络放电，尤其是在遭受过电压时危害设备安全，建议及时停电处理。

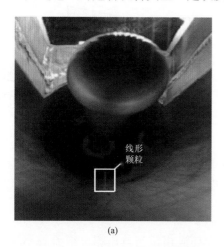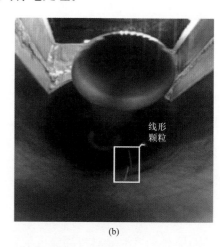

(a)　　　　　　　　　　(b)

图3-60　GIS中金属颗粒在电场作用下竖立

(a) 第1个颗粒竖立；(b) 第2个颗粒竖立

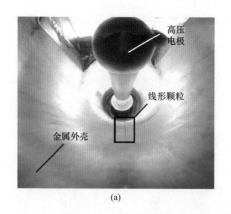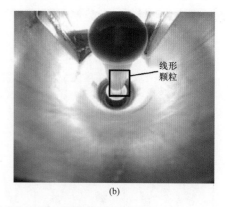

(a)　　　　　　　　　　(b)

图3-61　GIS中金属颗粒在电场作用下在外壳和高压电极之间运动

(a) 颗粒碰撞外壳；(b) 颗粒碰撞高压电极

3. 检测结论

该变电站 500kV GIS 5043 断路器 A 相 TA2 侧与 5053 断路器 A 相 TA2 侧之间的Ⅱ母 A 相 U 形连接处存在超声波信号异常，特高频局部放电检测未发现异常信号。超声波检测仪显示信号幅值较大接近 300mV，具有较强的 50Hz 工频相关性，并且信号幅值变化较大，具有典型的颗粒放电特征，推断 GIS 母线罐体底部存在金属颗粒。

4. 解体验证

2017 年 4 月 24 日，省检修公司对该段母线进行了停电检修，在母线罐体出现异常超声波信号处，发现很多微小异物，其中有几根铝质金属颗粒，如图 3-62 所示。金属颗粒与外壳之间长时间存在局部放电，使外壳上的漆皮颜色出现了变化。从缺陷处取出三根长度不一的金属颗粒，如图 3-63 所示，最长的铝质金属颗粒达到 20mm。从颗粒性状推测，铝质金属颗粒可能是安装时在拧螺栓过程中产生的，掉落在罐体底部，未清洁干净。设备运行时，金属颗粒在外壳与高压导体屏蔽罩之间运动，对设备运行安全将构成很大威胁。

 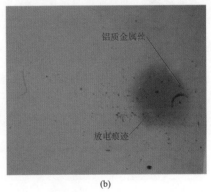

(a) (b)

图 3-62 GIS 解体后缺陷位置处的情况

（a）缺陷区域；（b）铝质金属丝及放电痕迹

图 3-63 GIS 缺陷位置处发现的铝质金属颗粒

3.3.7 某500kV变电站5051 B相断路器气室超声波局部放电异常

3.3.7.1 案例经过

针对某500kV变电站GIS开展超声波局部放电检测，发现500kV 5051 B相断路器气室存在持续性的超声波局部放电信号，根据异常信号最大值位置初步判断缺陷位于手孔处的屏蔽环附近，结合典型异常图谱分析，判断缺陷类型为悬浮电位放电缺陷。开盖检查发现断路器机构侧粒子捕捉器内部屏蔽环螺栓松动。

图3-64 某500kV变电站5051 B相
断路器及邻近气室测点位置

3.3.7.2 检测分析方法

该500kV变电站5051 B相断路器及邻近气室测点位置如图3-64所示。该设备为西安某公司生产的LW13A-550/Y 4000-63（G）型HGIS设备。

1. 初步诊断

（1）超声波局部放电检测。对该变电站5051 B相断路器气室位置进行测试，如图3-64所示，检测环境：温度26℃、相对湿度38％。AIA超声波局部放电测试仪测试结果见表3-13和表3-14。

表3-13　　　　　　　　5051 B相断路器及邻近气室局部放电检测数据　　　　　　　　(mV)

检测位置	检测值			
	有效值	周期峰值	50Hz相关性	100Hz相关性
背景	0.17	0.65	0	0
1	0.17	0.65	0	0
2	0.9	3.2	0.13	0.04
3	0.61	2.7	0.03	0.12
4	3.6	13.5	1.5	3.2
5	3.4	11.5	0.1	0.7
6	3.9	15	0.3	1.7
7	4	16	0.1	1
8	5.1	18	0.2	1.4
9	0.8	2.8	0.01	0.04
10	0.8	3.3	0.03	0.05
11	5.2	17	0.1	0.8
12	9.8	36	0.3	4.7

表 3-14　　　　　　　5051 B 相断路器及邻近气室局部放电检测图谱

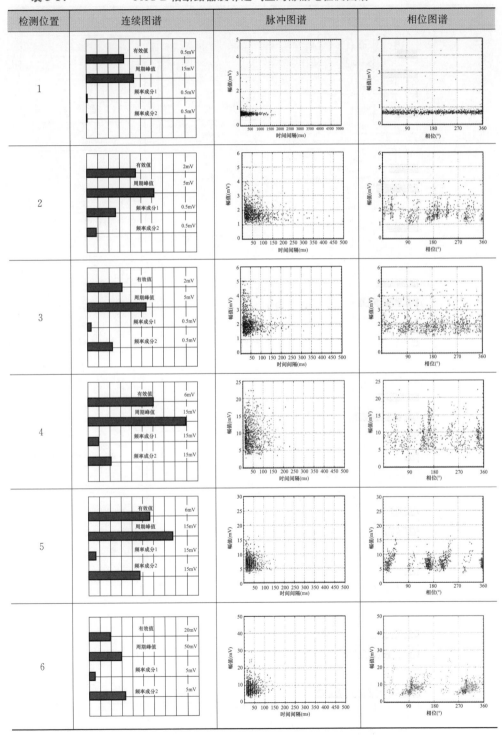

续表

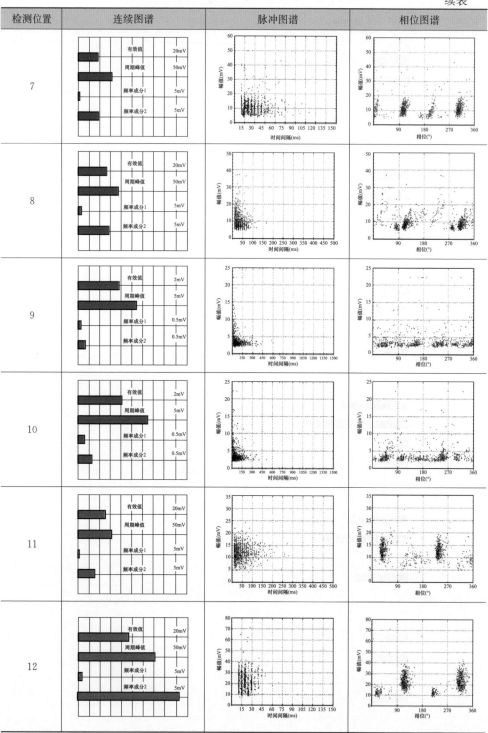

初步分析：异常信号存在明显的 100Hz 相关性，相位图谱呈现出两簇脉冲，判断缺陷为悬浮电位放电；根据典型图谱分析，缺陷类型为悬浮电位放电缺陷。测点 7、12 局部放电信号较强，且测点 12 信号最大，因此判断缺陷位于 5051 B 相断路器手孔附近位置处。

图 3-65　复测测点位置

（2）超声波局部放电检测复测。对该 500kV 变电站 5051 B 相断路器气室位置进行复测，测点位置如图 3-65 所示，AIA 超声波局部放电测试仪复测结果见表 3-15 和表 3-16 所示。

表 3-15　　　　　　　　　　5051 B 相断路器及邻近气室局部放电检测数据　　　　　　　　　（mV）

检测位置	检测值			
	有效值	周期峰值	50Hz 相关性	100Hz 相关性
背景	0.17	0.65	0	0
1	2.7	9	0.08	0.25
2	2.9	9.2	0.04	0.45
3	3.3	10.2	0.07	0.6
4	3.7	13	0.09	1.42
5	3.9	19	0.3	0.6
6	8	31	0.2	3.8
7	4.3	16	0.4	1.2
8	0.7	2.3	0.01	0.04
9	0.9	3	0.04	0.03

表 3-16　　　　　　　　　　5051 B 相断路器及邻近气室局部放电检测图谱

检测位置	连续图谱	脉冲图谱	相位图谱
1	有效值　6mV 周期峰值　15mV 频率成分1　15mV 频率成分2　15mV		

续表

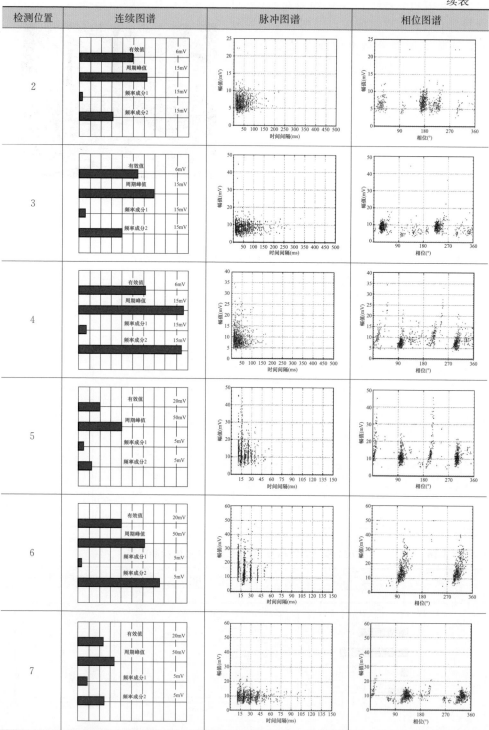

续表

检测位置	连续图谱	脉冲图谱	相位图谱
8	有效值 2mV 周期峰值 5mV 频率成分1 0.5mV 频率成分2 0.5mV		
9	有效值 2mV 周期峰值 5mV 频率成分1 0.5mV 频率成分2 0.5mV		

初步分析：异常信号存在明显的 100Hz 相关性，相位图谱呈现出两簇脉冲，判断缺陷为悬浮电位；根据典型图谱分析，缺陷类型为悬浮电位放电缺陷。测点 5、6 局部放电信号较强，且测点 6 信号最大，因此判断缺陷位于 5051 B 相断路器手孔处。

（3）特高频局部放电检测。综合利用 DMS 特高频局部放电测试仪对该气室及相邻气室进行验证测试，均未发现异常信号，测试结果见表 3-17。

表 3-17　　　　　　　　　5051 B 相断路器及相邻气室特高频检测结果

测点图示 （以单相为例）	

续表

检测位置	图谱文件
5051B 内置传感器	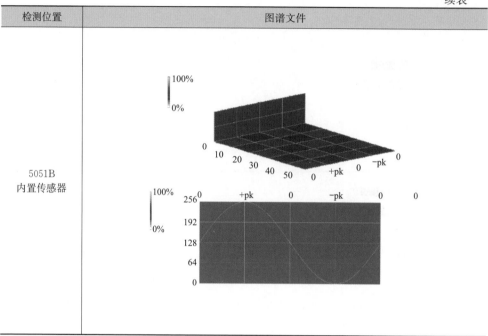

（4）SF_6 气体成分检测。利用 SF_6 电气设备气体综合检测仪对 5051 B 相断路器气室及相邻气室气体成分进行分析，未发现异常，检测结果见表 3-18。

表 3-18　　　　　5051 B 相断路器气室及相邻气室气体成分检测结果　　　　　（μL/L）

气室编号	标准值		实测值					
			A 相		B 相		C 相	
	SO_2	H_2S	SO_2	H_2S	SO_2	H_2S	SO_2	H_2S
5051 断路器	1	1	0	0	0	0	0	0
5051-1 隔离开关	1	1	0	0	0	0	0	0
5051-2 隔离开关	1	1	0	0	0	0	0	0

图 3-66　缺陷定位测点位置

2. 定位分析

（1）复测结果表明：缺陷位于 5051 B 相断路器手孔处。

在手孔处周围选取 5 个测点用于缺陷定位，位置选取如图 3-66 所示，验证结果见表 3-19 和表 3-20。

（2）初步分析：异常信号存在明显的 100Hz 相关性，相位图谱呈现出两簇脉冲，判断缺陷为悬浮电位；根据典型图谱分析，缺陷类型为悬浮电位放电缺陷。测点4局部放电信号较强，且测点4信号最大，因此判断缺陷位于5051 B相断路器手孔处检测点4处。

表 3-19   5051 B相断路器气室手孔处局部放电检测数据   (mV)

检测位置	检测值			
	有效值	周期峰值	50Hz相关性	100Hz相关性
背景	0.2	0.7	0	0
1	8	31	0.2	3.8
2	10	38	0.2	5.8
3	9.4	36	0.75	4.8
4	14	58	0.3	7.8
5	3.9	19	0.2	0.6

表 3-20   5051 B相断路器气室手孔处局部放电检测图谱

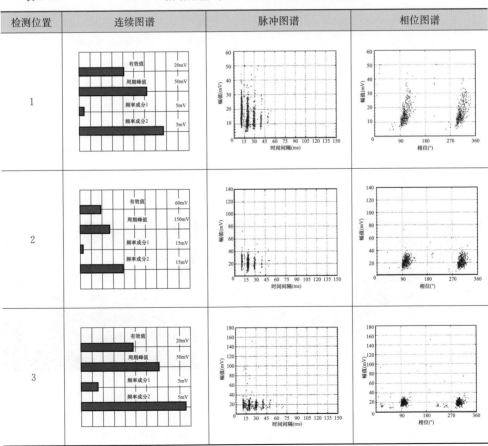

续表

检测位置	连续图谱	脉冲图谱	相位图谱
4	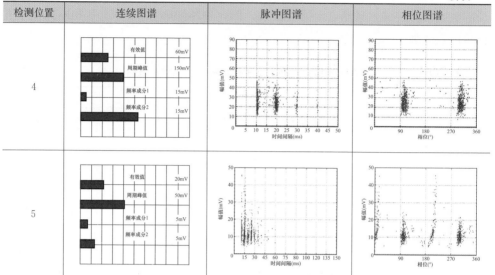		
5			

3. 解体验证

该站5051断路器为西安某公司生产的LW13A-500/Y4000-63（G）型HGIS产品，投运时间为2014年5月27日。通过超声波局部放电检测，发现5051 B相断路器机构侧粒子捕捉器处信号幅值超标，根据异常信号最大值位置，并结合典型放电图谱，初步判断是由于手孔处的屏蔽环螺栓松动造成的悬浮电位放电缺陷。对该气室气体组分及微水含量进行分析，未见异常。

安排该站全停并对该相断路器开盖进行解体检查，发现5051 B相断路器机构侧粒子捕捉器内部屏蔽环有一条螺栓松动，现场开盖验证结果如图3-67和图3-68所示。

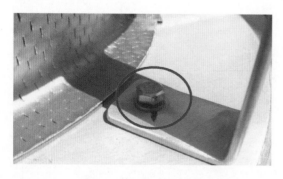

图3-67 屏蔽环螺栓松动

图3-68 断路器盖板内屏蔽环

此后，现场对松动螺栓进行紧固，并检查其他各螺栓紧固程度。处理后，断路器机械及电气试验合格，带电检测结果正常，未发现局部放电信号。

3.3.7.3 缺陷原因分析

5051B 相断路器气室 100Hz 相关性最大 7.8mV，50Hz 相关性小于 1mV，背景信号为 0mV，确定存在异常。依据《气体绝缘金属封闭开关设备带电超声波局部放电检测应用导则》（DL/T 1250—2013），判断缺陷为悬浮电位放电。信号水平的最大值在罐体表面周线方向的较大范围出现，经过多个测点定位，结合该气室内部结构图，判断缺陷位于手孔处金属屏蔽环附近。

综合多种检测手段判断 5051 B 相断路器气室存在悬浮电位放电缺陷，判断该缺陷可能由于手孔处的屏蔽环螺栓松动引起的。对该间隔进行复测，发现 5051 B 相断路器机构侧粒子捕捉器处局部放电信号依然超标，且气体组分未见异常。该站全停并对该相断路器开盖进行解体检查，发现断路器机构侧粒子捕捉器内部屏蔽环有一螺栓松动，与第一阶段超声波局部放电检测判断结论一致。

3.3.8 1000kV 5032 断路器 C 相粒子捕捉器螺钉松动缺陷

3.3.8.1 案例经过

某 1000kV 变电站 2 号主变压器 5031 断路器是西安某公司产品，于 2013 年 9 月投运。2015 年 5 月，超声波局部放电检测发现 5032 断路器 C 相气室超声波信号异常，信号幅值较大，依据图谱特征初步判断气室内部疑似存在机械振动情况。2016 年及 2017 年在对该变电站开展专项带电检测期间，对异常信号进行了诊断复测，异常信号持续存在，信号最大位置处在 5032 断路器 C 相气室底部粒子捕捉器位置检测情况如下。2018 年 4 月，在 5031 间隔停电检修期间，对 5032 断路器 C 相气室进行开罐检查，发现异常部位粒子捕捉器紧固螺栓松动，对螺栓重新紧固，送电后再次开展带电检测，异常消失。

3.3.8.2 检测分析方法

1. 初步诊断

2015 年 5 月，检测发现该变电站 5032 断路器 C 相气室超声波信号异常，超声波检测图谱如图 3-69 和图 3-70 所示。

背景信号峰值约 0.65mV，相位图谱分布均匀无脉冲集中现象；测点 1～5 峰值远大于背景值，且 100Hz 相关性大于 50Hz 相关性，测点 3 位于底部法兰正下方位置，其信号幅值最大，超过 250mV，相位图谱存在多簇"竖条状"脉冲集中现象，与典型的异常振动信号图谱相似。在 5032 断路器 C 相左右两侧电流互感器气室上方的盆式绝缘子处进行特高频局部放电检测，未见异常。

断路器结构如图 3-71 所示，发现异常最大区域为一采集金属碎屑用粒子捕捉器，其通过螺栓与底部法兰固定，初步分析可能因运行中粒子捕捉器松动产生异常的振动信号。

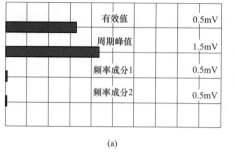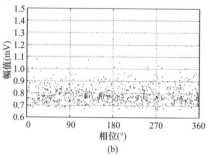

(a)

(b)

图 3-69　背景信号图谱

（a）连续图谱；（b）相位图谱

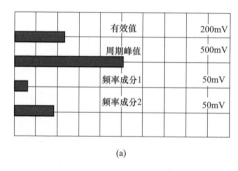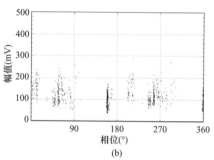

(a)

(b)

图 3-70　测点 3 信号图谱（2015 年 5 月）

（a）连续图谱；（b）相位图谱

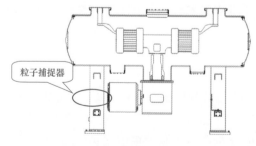

图 3-71　断路器结构示意图

针对该异常情况定期进行跟踪复测，数次复测均检测到较大的异常信号，且信号幅值不稳定，时而较大、时而稍小，2016 年 5 月检测图谱如图 3-72 所示。

由于信号幅值不稳定，检测当日信号最大幅值达 500mV，存在明显的 100Hz 相关性，相位图谱具有振动及悬浮电位放电综合特征。

2. 定位分析

对 5032 断路器 C 相进行超声波定位，其中靠近 50321 隔离开关一侧信号幅值较大且峰值抖动明显。为判断异常具体位置，在罐体不同位置依次进行了多点测量，测点布置如图 3-73 所示，异常图谱数据见表 3-21。

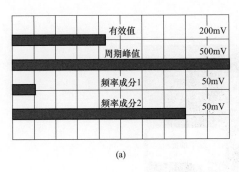
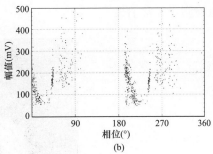

图 3-72 测点 3 信号图谱（2016 年 5 月）

（a）连续图谱；（b）相位图谱

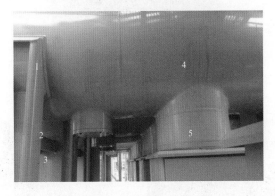

图 3-73 测点布置情况

表 3-21	异常图谱数据		(mV)
测点	周期峰值	50Hz 相关性	100Hz 相关性
1	54.0	0.30	1.50
2	77.0	0.90	3.60
3	255	2.50	9.00
4	37.5	0.15	0.53
5	43.5	0.45	1.60

由表 3-21 可知，测点 3 信号幅值最大，超过 250mV，远大于背景峰值，信号有 50Hz 及 100Hz 相关性，其中 100Hz 相关性较 50Hz 相关性大，初步怀疑设备缺陷位置位于 3 号检测点处。

3. 解体验证

2018 年 4 月 17 日，结合 503167 接地开关停电检修，对 5032 断路器 C 相气室进行了开罐检查，断路器气室内部结构如图 3-74 所示。打开断路器靠近 50311 隔离开关一侧的盖板，发现超声波信号异常区域的粒子捕捉器一颗紧固螺栓松动，现场紧固螺栓情况如图 3-75 所示。重新紧固螺栓，设备带电运行之后再次开展局部放电检测，异常消失。

图 3-74 断路器气室内部结构

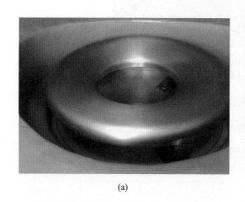

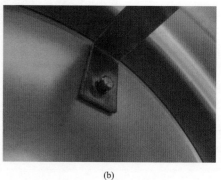

(a)   (b)

图 3-75 紧固螺栓松动情况

(a) 整体图；(b) 局部图

3.3.8.3 缺陷原因分析

分析认为粒子捕捉器紧固螺栓紧固不良，在设备长期运行中逐渐松动，产生异常振动，导致超声波信号异常。若螺栓进一步松动，则在电磁场作用下将可能形成悬浮电位，产生悬浮电位放电，严重威胁设备安全运行。

4

红外成像检测技术及典型案例分析

4.1 红外成像检测技术概述

4.1.1 红外温度测量原理

红外辐射是指电磁波谱中比微波波长短、比可见光波长长（$0.75\mu m < \lambda < 1000\mu m$）的电磁波，各电磁辐射频谱图如图 4-1 所示。一般习惯将红外光按照波长分为近红外（$0.75\sim2.5\mu m$）、中红外（$2.5\sim25\mu m$）和远红外（$25\sim1000\mu m$）三个波段。

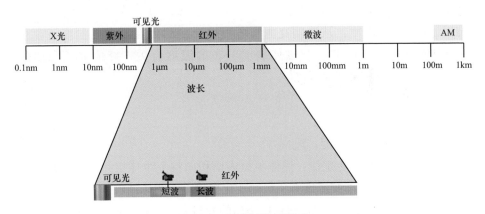

图 4-1 电磁辐射频谱图

红外线在大气中传播受到大气中的多原子极性分子（例如二氧化碳、臭氧、水蒸气等物质分子）的吸收而使辐射的能量衰减，但存在三个波长范围分别在 $1\sim2.5\mu m$、$3\sim5\mu m$、$8\sim14\mu m$ 的区域，吸收弱，红外线穿透能力强，称之为"大气窗口"；红外热成像检测技术，就是利用了"大气窗口"。短波窗口在 $1\sim5\mu m$ 之间，而长波窗口则是在 $8\sim14\mu m$ 之间。

物体红外辐射的基本规律普遍从一种简单的模型——黑体入手。所谓黑体，就是在任何情况下对一切波长的入射辐射吸收率都等于1的物体。黑体只是一种理想化的物体模型。但是黑体热辐射的基本规律是红外研究及应用的基础，它揭示了黑体发射的红外辐射随温度及波长而变化的定量关系。红外辐射主要有以下四个定律。

(1) 普朗克黑体辐射定律：是描述温度、波长和辐射功率之间的关系，是所有定量计算红外辐射的基础。单位表面积在波长附近单位波长间隔内向整个空间发射的辐射功率（简称为光谱辐射度）与波长、温度满足下列关系：

$$M_{\lambda b}(T) = \frac{C_1}{\lambda^5} \times \frac{1}{\exp(C_2/\lambda T) - 1} \tag{4-1}$$

式中　$M_{\lambda b}$——辐射功率，W；

　　　　λ——波长，μm；

　　　　T——物体的绝对温度，K；

　　　　C_1——第一辐射常数，$C_1 = 2\pi h c^2 = 3.7418 \times 10^{-16}$ W·m²；

　　　　C_2——第二辐射常数，$C_2 = hc/k = 1.4388 \times 10^{-2}$ m·K；

　　　　h——普朗克常数，$h = 6.6261 \times 10^{-34}$ J·s；

　　　　c——光速，$c \approx 3 \times 10^8$ m/s；

　　　　k——玻尔兹曼常数，$k = 1.3806 \times 10^{-23}$ J/K。

(2) 维恩位移定律：从普朗克曲线中可以看到黑体在不同的温度下辐射存在一个峰值波长，峰值波长与物体表面分布的温度有关，峰值波长与温度成反比。

$$\lambda = 2898/T \tag{4-2}$$

式中　λ——峰值波长，μm；

　　　　T——物体的绝对温度，K。

(3) 斯蒂芬-玻尔兹曼定律：黑体单位表面积向整个半球空间发射的所有波长的总辐射功率 $M_b(T)$ 随其温度有一定的变化规律。即物体的红外辐射功率与物体表面绝对温度的四次方成正比，与物体表面的发射率成正比。

$$M_b(T) = \int_0^\infty M_{\lambda b}(T) \mathrm{d}\lambda = \sigma T^4 \tag{4-3}$$

式中　T——物体的绝对温度，K；

　　　　λ——波长，μm；

　　　　σ——黑体辐射常数，$\sigma = \pi^4 C_1 / (15 C_2^4) = 5.6697 \times 10^{-8}$ W/(m²·K⁴)。

(4) 朗伯余弦定律：黑体在任意方向上的辐射强度与观测方向相对于辐射表面法线夹角的余弦成正比。因此，实际做红外检测时，应尽可能选择在被测表面法线方向进行。

4.1.2 实际物体的红外热辐射

实际的物体并不是黑体，它具有吸收、辐射、反射、穿透红外辐射的能力：吸收为物体获得并保存来自外界的辐射；辐射为物体自身发出的辐射；反射为物体弹回来自外界的辐射；透射为来自外界的辐射经过物体穿透出去。

但对大多数物体来说，红外辐射不能穿透，所以实际物体的辐射主要由自身辐射和反射环境辐射两部分组成。光滑表面的反射率较高，容易受环境影响（反光），粗糙表面的辐射率较高。

4.1.3 物体的辐射率

物体的辐射能力表述为辐射率（emissivity，简写为ε），它是描述物体辐射本领的参数。物体自身辐射量取决于物体自身的温度以及它的表面辐射率。

温度一样的物体，高辐射率物体的辐射要比低辐射率物体的辐射要多。例如，茶壶的可见光与红外热像图如图 4-2 所示，茶壶中装满热水，茶壶右边玻璃的表面辐射率比左边不锈钢的高，尽管两部分的温度相同，但右边的辐射量要比左边的大，用红外热像仪观看，右边看上去要比左边热。

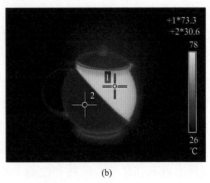

图 4-2　可见光与红外热像图

（a）可见关照片；（b）红外热像图

由于物体表面具有不同的材料、温度、表面光滑度、颜色等，其表面辐射率均不同。

在实际检测中，由于辐射率对测温影响很大，因此必须选择正确的辐射系数。尤其需要精确测量目标物体的真实温度时，必须了解物体辐射率的范围，否则，测出的温度与物体的实际温度将有较大的偏差。

4.1.4 仪器的组成及基本原理

电力设备运行状态的红外检测，其实质就是对设备（目标）发射的红外辐射进行探测及显示处理的过程。设备发射的红外辐射功率经过大气传输和衰减后，由检测仪器光学系统接收并聚焦在红外探测器上，并把目标的红外辐射信号功率转换成便于直接处理的电信号，经过放大处理，以数字或二维热像图的形式显示目标设备表面的温度值或温度场分布。红外热成像原理如图 4-3 所示。

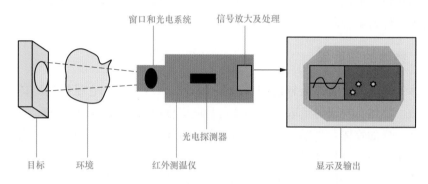

图 4-3　红外热成像原理图

红外热成像系统分为制冷型和非制冷型，受技术水平和材料的限制，早期的研究主要集中在制冷型产品上，服务于军事活动，其发展经历了三个阶段。

第一阶段是制冷型的单行扫描仪，由美国军方于 1947 年研制出来，其特点是采用单元素的探测器，成像质量较好；但扫描系统复杂，需要液氮制冷，制造和使用都不方便，严重制约了红外热成像技术的使用和推广。

第二个阶段是 20 世纪 50 年代中期，以第一台实时显示的红外热像仪诞生为标志，其特点是采用扫描型的焦平面探测器，有一定的信号处理功能，焦平面探测器的出现标志着其在尺寸、能耗和性能上都取得了质的飞跃。

第三阶段是从 20 世纪 90 年代末至今，随着微机电系统（micro-electro-mechanical system，EMES）技术的发展，大阵列焦平面探测器的出现，使得热像仪朝着以高分辨率、多波段、便携式和智能化为主的趋势发展，不仅能够高速处理数字信号，有的单机甚至能够实现多波段的探测与识别。可以说，经过几十年的发展，尤其是非制冷探测器的出现，使得红外热成像仪产品无论在成本、可靠性还是测量精度等方面，都取得了长足的进步。

按照《带电设备红外诊断应用规范》（DL/T 664—2016）的分类，红外热像仪可分为离线型红外热像仪、在线型红外热像仪、车载或机载型红外热像仪、SF_6 气体检漏红外热像仪。

离线型红外热像仪、在线型红外热像仪、车载或机载型红外热像仪为非制冷型焦平面探测器类型，反映的波长范围为 $7.5\sim14\mu m$，测量范围为 $-20\sim350℃$。

SF$_6$ 气体检漏红外热像仪为制冷型焦平面探测器类型，其波长范围为 $10.3\sim10.7\mu m$，中心波长 $10.55\mu m$，与其他红外热像仪原理不同之处是：SF$_6$ 气体对 $10.4\sim10.6\mu m$ 这个波段内的红外辐有较强的吸收性，在 $10.55\mu m$ 处达到吸收峰值，该特性导致 SF$_6$ 气体云团与周围环境在温度上产生微小的差异，这种差异反映在图像中就是云团形状的灰度突变区域，与未发生泄漏时的红外图像形成对比。SF$_6$ 气体泄漏红外成像原理如图 4-4 所示。

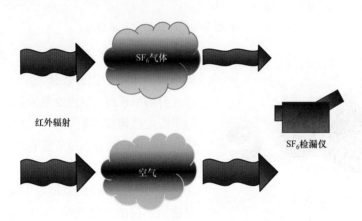

图 4-4　SF$_6$ 气体泄漏红外成像原理图

红外热像仪主要参数如下。

（1）温度分辨率：表示测温仪能够辨别被测目标最小温度变化的能力。温度分辨率的客观参数是噪声等效温差（NETD）。它是通过仪器的定量测量来计算出红外热像仪的温度分辨率，从而排除了测量过程的主观因素。温度分辨率定义为当信号与噪声之比等于 1 时的目标与背景之间的温差。

（2）空间分辨率：热像仪分辨物体空间几何形状细节的能力。它与所使用的红外探测器像元素面积大小、光学系统焦距、信号处理电路带宽等有关。一般也可用探测器元张角（DAS）或瞬时视场表示，视场角和瞬时视场的关系如图 4-5 所示。空间分辨率通常由像元间距（array pitch）除以镜头焦距（lens focallength）来评估。

现场常用的镜头度数有 $46°\times34°$、$25°\times19°$、$12°\times9°$、$7°\times5°$，$7°$、$12°$、$25°$镜头如图 4-6 所示。

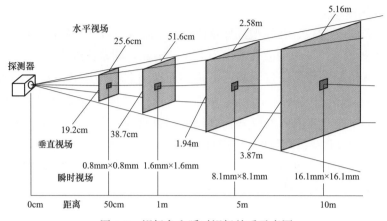

图 4-5　视场角和瞬时视场关系示意图

图 4-6　7°、12°、25°镜头

（3）红外像元数（像素）：表示探测器焦平面上单位探测元数量。

分辨率越高，成像效果越清晰。现在使用的手持式热像仪一般为 160×120、320×240、640×480 像素的非制冷型焦平面探测器。

（4）测温范围：热像仪在满足准确度的条件下可测量温度的范围，不同的温度范围要选用不同的红外波段。电网设备红外检测通常在 $-20 \sim 300℃$ 范围内。

（5）采样帧速率：采集两帧图像的时间间隔的倒数，单位为赫兹（Hz），宜不低于 25Hz。

4.2　红外热成像缺陷分析方法

4.2.1　缺陷类型的主要分类

4.2.1.1　从红外检测与诊断的角度分类

对于高压电气设备的发热故障，从红外检测与诊断的角度大体可分为两类，即外部故障和内部故障。

（1）外部故障是指裸露在设备外部各部位发生的故障（如长期暴露在大气环境中工作的裸露电气接头故障、设备表面污秽以及金属封装的设备箱体涡流过热等）。从设备的热像图中可直观地判断是否存在热故障，根据温度分布可准确地确定故障的部位及故障严重程度。

（2）内部故障则是指封闭在固体绝缘、油绝缘及设备壳体内部的各种故障。由于这类故障部位受到绝缘介质或设备壳体的阻挡，所以通常难以像外部故障那样从设备外部直接获得直观的有关故障信息。但是，根据电气设备的内部结构和运行工况，依据传热学理论，分析传导、对流和辐射三种热交换形式沿不同传热途径的传热规律（对于电气设备而言，多数情况下只考虑金属导电回路、绝缘油和气体介质等引起的传导和对流），并结合模拟试验、大量现场检测实例的统计分析和解体验证，也能够获得电气设备内部故障在设备外部显现的温度分布规律或热（像）特征，从而对设备内部故障的性质、部位及严重程度作出判断。

4.2.1.2　从高压电气设备发热故障产生的机理分类

从高压电气设备发热故障产生的机理来分，可分为以下五类。

1. 电阻损耗（铜损）增大缺陷

电力系统导电回路中的金属导体都存在相应的电阻，因此当通过负载电流时，必然有一部分电能按焦耳-楞次定律以热损耗的形式消耗掉。由此产生的发热功率为：

$$P = K_f I^2 R \tag{4-4}$$

式中　P——发热功率，W；

　　　K_f——附加损耗系数；

　　　I——通过的电荷电流，A；

　　　R——载流导体的直流电阻值，Ω。

K_f 表明在交流电路中计及趋肤效应和邻近效应时使电阻增大的系数。当导体的直径、导电系数和磁导率越大，通过的电流频率越高时，趋肤效应和邻近效应越显著，附加损耗系数 K_f 值也越大。因此，对于大截面积母线、多股绞线或空心导体，通常均可以认为 $K_f=1$，其影响往往可以忽略不计。

式（4-4）表明，如果在一定应力作用下使导体局部拉长、变细，或多股绞线断股，或因松股而增加表面层氧化，均会减少金属导体的导流截面积，从而增大导体自身局部电阻和电阻损耗的发热功率。

对于导电回路的导体连接部位而言，式（4-4）中的电阻值应该用连接部位的接触电阻 R_c 来代替，并且在 $K_f=1$ 的情况下改写成：

$$P = I^2 R_c \tag{4-5}$$

式中　P——发热功率，W；

　　　I——通过的电荷电流，A；

　　　R_c——接触电阻，Ω。

电力设备载流回路电气连接不良、松动或接触表面氧化会引起接触电阻增大，该连接部位与周围导体部位相比，就会产生更多的电阻损耗发热功率和更高的温升，从而造成局部过热。

2. 介质损耗增大缺陷

众所周知，除导电回路以外，由固体或液体（如油等）电介质构成的绝缘结构也是许多高压电气设备的重要组成部分。用作电器内部或载流导体电气绝缘的电介质材料在交变电压作用下引起的能量损耗，通常称为介质损耗。由此产生的损耗发热功率为：

$$P = U^2 \omega C \tan\delta \tag{4-6}$$

式中　P——发热功率，W；

　　　U——施加的电压，V；

　　　ω——交变电压的角频率；

　　　C——介质的等值电容，F；

　　$\tan\delta$——绝缘介质的介质损耗因数。

由于绝缘电介质损耗产生的发热功率与所施加工作电压的平方成正比，而与负载电流大小无关，因此称这种损耗发热为电压效应引起的发热即电压致热型发热故障。

式（4-6）表明，即使在正常状态下，电气设备内部和导体周围的绝缘介质在交变电压作用下也会有介质损耗发热。当绝缘介质的绝缘性能出现故障时，会引起绝缘的介质损耗（或绝缘介质损耗因数 $\tan\delta$）增大，导致介质损耗发热功率增加，设备运行温度升高。

介质损耗的微观本质是电介质在交变电压作用下产生两种损耗，一种是电导引起的损耗，另一种是由极性电介质中偶极子的周期性转向极化和夹层界面极化引起的极化损耗。

3. 铁磁损耗（铁损）增大缺陷

对于由绕组或磁回路组成的高压电气设备，由于铁心的磁滞、涡流而产生的电能损耗称为铁磁损耗或铁损。如果由于设备结构设计不合理、运行不正常，或者由于铁心材质不良，铁心片间绝缘受损，出现局部或多点短路，可分别引起回路磁滞、磁饱和或在铁心片间短路处产生短路环流，增大铁损并导致局部过热。另外，内部带铁心绕组的高压电气设备（如变压器和电抗器等）如果出现磁回路漏磁，还会在铁制箱体产生涡流发热。由于交变磁场的作用，电器内部或载流导体附近的非磁性导电材料制成的零部件有时也会产生涡流损耗，因而导致电能损耗增加和运行温度升高。

4. 电压分布异常和泄漏电流增大缺陷

有些高压电气设备（如避雷器和输电线路绝缘子等）在正常运行状态下都有一定的电压分布和泄漏电流，但是当出现故障时，将改变其分布电压 U_d 和泄漏电流

I_g 的大小，并导致其表面温度分布异常。此时的发热虽然仍属于电压效应发热，但发热功率是由分布电压与泄漏电流的乘积决定：

$$P = U_d I_g \qquad (4\text{-}7)$$

式中　P——发热功率，W；

　　U_d——分布电压，V；

　　I_g——泄漏电流，A。

5. 缺油及其他缺陷

油浸式高压电气设备由于渗漏或其他原因（如变压器套管未排气）而造成缺油或假油位，严重时可以引起油面放电，并导致表面温度分布异常。这种热特征除放电时引起发热外，通常是由于设备内部油位面上下介质（如空气和油）热容系数不同所致。

除了上述各种主要故障类型以外，还有由于设备冷却系统设计不合理、堵塞及散热条件差等引起的热故障。

4.2.2　常用的缺陷判断方法

4.2.2.1　表面温度判断法

表面温度判断法主要适用于电流致热型和电磁效应引起发热的设备。根据设备表面温度值，对照《高压交流开关设备和控制设备标准的共用技术要求》（GB/T 11022—2020）中高压开关设备和控制设备各种部件、材料及绝缘介质的温度和温升极限的有关规定，结合环境条件、负荷大小进行分析判断。

4.2.2.2　同类比较判断法

同类比较判断法根据同组三相设备、同相设备之间及同类设备之间对应部位的温差进行分析比较。对于电压致热型的设备，应结合图像特征判断法进行判断；对于电流致热型设备，应结合相对温差判断法进行判断。

4.2.2.3　图像特征判断法

图像特征判断法主要适用于电压致热型设备，根据同类设备的正常状态和异常状态的热像图，判断设备是否正常。注意应尽量排除各种干扰因素对图像的影响，必要时结合电气试验或化学分析的结果进行综合判断。

4.2.2.4　相对温差判断法

相对温差判断法主要适用于电流致热型设备，特别是小负载电流致热型设备。采用相对温差判断法可降低小负荷缺陷的漏判率。

4.2.2.5　档案分析判断法

档案分析判断法是分析同一设备不同时期的温度场分布，找出设备致热参数的变化，判断设备是否正常。

4.2.2.6 实时分析判断法

实时分析判断法是在一段时间内连续监测被测设备的温度变化，观察设备温度随负荷、时间等因素变化的方法。

4.2.3 GIS常见发热缺陷

4.2.3.1 外部发热缺陷

GIS外部发热缺陷大多由设备外壳的涡流和环流引起。GIS一次导体产生的交变磁场在外壳形成的闭合回路上由于电磁感应产生感应电流，即为涡流。GIS的一次导体与外壳的间距较小，存在着较强的电磁耦合效应。当一次导体中通过电流时，在外壳上便会产生感应电压，进而通过一定的闭合回路产生感应电流，该电流称为环流。环流、涡流引起的发热缺陷均为电流制热型缺陷，GIS外部发热缺陷主要有以下几种类型。

（1）盆式绝缘子螺栓发热。由于相间环流和相对地环流的存在，设备外壳有电流流过；同时由于安装工艺、接触面氧化等原因，盆式绝缘子螺栓处可能存在较大的接触电阻，因此在环流存在情况下出现发热缺陷。

（2）等电位连接片发热。为了消除GIS相间的感应电压差，在相间及相对地间设置了等电位连接片；但等电位连接片在改善电压分布的同时，也无法避免地在GIS设备外壳与相间导流排构成的回路中产生相间环流。运行数据显示，等电位连接片流过的电流远大于设备外壳流过的电流，因此在等电位连接片接触电阻较大的地方极易出现发热缺陷。

（3）套管底座发热。套管底座的发热主要由运行中一次电流产生的较大涡流引起。此外，套管底座大多位于三相分箱与三相共箱的过渡位置，此位置一方面离外壳接地点及等电位连接片远，另一方面与三相设备空间距离近，导致外壳电流电磁耦合较严重，也会使设备外壳的环流进一步加大。

4.2.3.2 内部发热缺陷

GIS在运行过程中，由于装配不当、振动或电动力等原因引起两个导电组件（如隔离开关触头、母线连接的滑动触头等）之间的电气连接接触不良，接触电阻变大，长期通流运行后将引起轻微的发热。内部导体温度的上升将使其电阻率变大，导致发热严重。随着温度升高，反作用效果越来越大，最终将导致导体熔化，引发GIS故障。

因红外线无法穿透GIS壳体，故测得的温度实际为GIS壳体温度。如果GIS内部电气连接组件过热，经过内部SF_6气体微弱的热传导，对应壳体处的温度变化将大幅减小。除非GIS内部热故障已经较为严重，否则红外热成像检测对于GIS设备内部热故障诊断的作用较为有限。

但实际检测经验也表明，开展红外热成像检测对于发现 GIS 内部严重接触不良缺陷是有一定工程意义的。考虑到 GIS 设备的结构，若通过横向比对发现温升明显升高，则应特别予以重视，并密切跟踪发热程度随负荷变化的情况。

4.3 现 场 检 测

4.3.1 现场检测环境要求

4.3.1.1 一般检测环境要求

（1）被检测设备处于带电运行或通电状态。

（2）尽量避开视线中的封闭遮挡物，如门和盖板等。

（3）环境温度宜不低于 0℃，相对湿度一般不大于 85％。

（4）白天天气以阴天、多云为佳。

（5）检测不宜在雷、雨、雾、雪等恶劣气象条件下进行，检测时风速一般不大于 5m/s。

（6）室外或白天检测时，要避开阳光直接照射或被摄物反射进入仪器镜头，在室内或晚上检测应避开灯光的直射，宜闭灯检测。

（7）检测电流致热型设备，一般应在不低于 30％的额定负荷下进行，很低负荷下检测应考虑低负荷率设备状态对测试结果及缺陷性质判断的影响。

4.3.1.2 精确检测环境要求

除满足一般检测的环境要求外，还应满足以下要求：

（1）风速一般不大于 1.5m/s。

（2）设备通电时间不小于 6h，最好在 24h 以上。

（3）检测期间天气为阴天、夜间或晴天日落 2h 后。

（4）被检测设备周围应具有均衡的背景辐射，应尽量避开附近热辐射源的干扰，某些设备被检测时还应避开人体热源等的红外辐射。

（5）避开强电磁场，防止强电磁场影响红外热像仪的正常工作。

4.3.1.3 待测设备要求

（1）待测设备处于运行状态。

（2）精确测温时，待测设备连续通电时间不小于 6h，最好在 24h 以上。

（3）待测设备上无其他外部作业。

（4）电流致热型设备最好在高峰负荷下进行检测；否则，一般应在不低于 30％的额定负荷下进行，同时应充分考虑小负载电流对测试结果的影响。

4.3.2　现场检测要点

4.3.2.1　调整焦距

　　红外图像存储后可以对图像参数进行调整，但是无法在图像存储后改变焦距。在一张已经保存了的图像上，焦距是不能改变的参数之一。当聚焦被测物体时，调节焦距至被测物件图像边缘非常清晰且轮廓分明，以确保温度测量精度。对焦效果对比如图 4-7 所示。

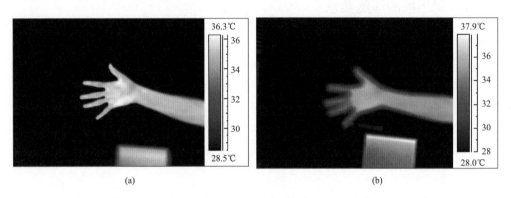

(a)　　　　　　　　　　　　　　(b)

图 4-7　对焦效果对比

（a）对焦清晰；（b）对焦不清晰

4.3.2.2　调整温标及温标跨度

　　观察目标时，合理调整温标及温标跨度，使被测设备图像明亮度、对比度达到最佳，得到最佳的红外成像图像质量；精确测温时，需手动调整温标及温标跨度，确保能够准确发现较小温差的缺陷。调节温标及温标跨度对比如图 4-8 所示。

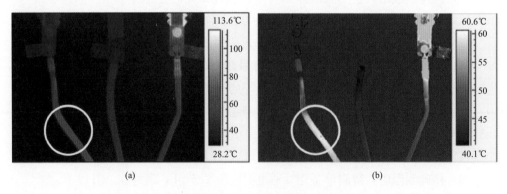

(a)　　　　　　　　　　　　　　(b)

图 4-8　调节温标及温标跨度对比图

（a）温标跨度合理；（b）温标跨度不合理

4.3.2.3 远离背景辐射

在室内或晚上检测应避开灯光的直射，宜闭灯检测，被检测设备周围应具有均衡的背景辐射，应尽量避开附近热辐射源的干扰。宜在阴天、多云的环境条件下进行红外检测，最好选择夜晚，在日落后 2h 进行检测，这样红外检测的效果相对要好得多。强光背景下的红外图谱如图 4-9 所示。

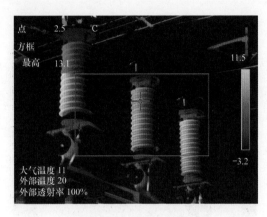

图 4-9　强光背景下红外图谱

4.4　典型案例分析

4.4.1　导电杆与静触头座接触受力不均引起的发热故障

4.4.1.1　案例经过

2015 年 6 月，在某 500kV 变电站带电检测中发现 220kV GIS 发热，位置在 201 间隔 A 相出线套管底部 GIS 罐体，发热处温度为 40℃，其他两相相同位置温度大致为 27℃，相间温差 13K，相对温差 62％。经特高频局部放电测试，无异常信号出现。

2016 年 3 月 1 日，对该处异常进行跟踪复核，发现该处发热处温度为 13.5℃，其他两相相同位置温度大致为 7.5℃，相间温差 6K，相对温差 89％。

2016 年 4 月 20 日，对该套管进行了解体检修，发现 201 断路器出线套管与静触头座连接不平衡，存在导体接触不良的情况；经处理后，发热和异常信号消失。

4.4.1.2　分析处理

2016 年 3 月 1 日晚间进行红外检测，220kV GIS 设备 201 出线间隔红外图谱如图 4-10 所示，A 相套管底部最高温度为 13.5℃，B、C 相的温度大致为 7.5℃，环境温度为 6.8℃，计算可知相间温差 6K，相对温差 89％。从图 4-10 可见，该段 GIS 管道在垂直拐弯内侧温度较高（为 13.2℃），接近套管部分 GIS 罐体温度为 11.1℃，靠近水平部分的 GIS 罐体温度也为 11.1℃。与 2015 年的测试数据相比，由于 2015 年测试时环境温度较高，且当时变电站 1 台主变压器检修；而 2016 年测试时环境温度较低，且 3 台主变压器均在运行，因此主变压器 201 间隔的负荷较轻，所以 2016 年红外检测所测得的相间温差较低，但是相对温差有所升高。

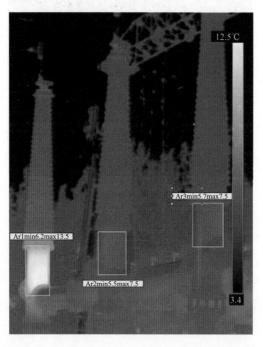

图 4-10　220kV GIS 设备 201 出线间隔红外图谱

4.4.1.3　验证情况

2016 年 4 月 20 日，结合停电计划对 201 间隔 A 相出线套管进行了解体检修。解体过程中，未发现气室内部有放电灼烧痕迹。套管气室内部情况如图 4-11 所示。

彻底解体 1 号主变压器 201 断路器出线套管气室后发现，在导电杆的尖端部分和静触头座均有明显的刮擦痕迹，刮痕为导电杆与气室内静触头座接触受力不均所致，静触头座与导电杆尖端的明显刮痕分别如图 4-12 和图 4-13 所示。

图 4-11　套管气室内部

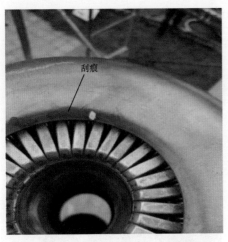

图 4-12　静触头座明显有刮痕　　　　图 4-13　导电杆尖端明显刮痕

经现场仔细检查分析，初步判断1号主变压器201断路器出线套管与静触头座连接不平衡，在安装之初即有两端高度不等的现象。随即通过测试，法兰盘下支架高度为前191mm、后198mm，高差为7mm，印证了这一判断。

4.4.2　GIS母线触头镀银层脱落引起的发热故障

4.4.2.1　案例经过

2016年8月24日，检测人员在对某220kV变电站118间隔××Ⅰ线GIS进行红外检测时，发现118-1隔离开关A相盆式绝缘子母线侧有明显发热，最高温度为41.2℃，C相温度为35.0℃，温差为6.2K，初步判断110kVⅠ母（Ⅰ段母线）的××Ⅰ线A相隔离开关静触头侧分支绝缘子下部电阻变大，引起温度异常。8月27日，对发热部位进行复测，确定110kV××Ⅰ线A相隔离开关Ⅰ段母线侧存在发热缺陷。

2016年8月30日，试验人员使用局部放电检测仪及气体成分测试仪进行相关检测，测试结果均合格，内部局部放电的可能被排除。

2016年10月27~30日，检修人员对主母线异常气室开盖解体，对该发热点进行直流电阻测量，同时对该段母线出线间隔同部位进行比对测量。经确认后，××Ⅰ线母线内上部出线口处A相接触电阻严重超标，回路接触电阻偏大，达到$351\mu\Omega$（标准值为$30\mu\Omega$）。现场更换电阻异常部位的导体，之后试验结果合格，缺陷消除。

4.4.2.2　分析处理

2016年8月24日，××Ⅰ线118-1隔离开关A相盆式绝缘子母线侧温度异常。红外精确测温图谱如图4-14所示。

从红外图谱中可以明显看出，B、C相盆式绝缘子上下气室温差较小，且相间

161

温差不大。A相发热明显，与C相之间的最大温差达到6.2℃，A相盆式绝缘子下部明显发热，与上部气室之间存在明显温差，确定异常位置为Ⅰ母××Ⅰ线A相隔离开关静触头侧分支绝缘子下部。

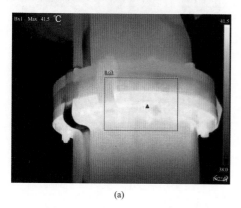 

(a)　　　　　　　　　　　　　　　(b)

图 4-14　　××Ⅰ线 118-1 隔离开关红外精确测温图谱

（a）红外图谱；（b）可见光照片

2016 年 8 月 30 日，为排除内部放电可能，试验人员对 110kV Ⅰ母气室及××Ⅰ线 118-1 隔离开关气室进行局部放电、微水和气体组分试验，试验结果正常。

110kV GIS 盆式绝缘子为环氧树脂式，故采用超声波与特高频两种检测方法对××Ⅰ线内部放电情况进行进一步检测；GIS 局部放电检测未见明显放电信号，判断内部并不存在放电情况。

2016 年 10 月 27 日，Ⅰ母停电，回收××Ⅰ线所在Ⅰ母气体。从母线手孔处测量电阻值，并查看导体情况。同时，对该母线气室内其余间隔也进行接触电阻测量排查。母线结构图如 4-15 所示。

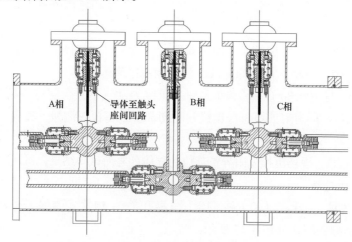

图 4-15　母线结构示意图

测量××Ⅰ线、3号主变压器、××Ⅱ线间隔母线筒内导体至触头座间回路电阻，解体前回路电阻测试具体测量结果见表4-1。

表 4-1 解体前回路电阻测试结果 （μΩ）

单个触头装配体	××Ⅰ线	3号主变压器	××Ⅱ线
A 相	351	15.05	22.82
B 相	33.72	21.32	27.91
C 相	21	26.76	14.65

生产厂家要求：单个触头装配体技术管理值不大于 $30\mu\Omega$（现场测试控制在120%之内）。从表4-1中可以发现，××Ⅰ线A相回路电阻异常，存在接触不良的情况，其余部位包括主母线回路均无异常。

4.4.2.3 验证情况

打开手孔，将母线端部至××Ⅰ线之间的内部导体拆解移出。测量旧触头之间的直流电阻为 $138.2\mu\Omega$。将其拆解，检查发热部位发现：①电阻异常部位的对应位置无白色粉尘，进一步确定异常部位无放电；②导电触头与梅花触头之间无错位，导电触头与梅花触头之间的烧蚀轻微，如图4-16和图4-17所示；③触头座（材质：铝镀银）表面已变色，与梅花触头（材质：铜镀银）接触部位烧蚀严重，触头座对应部位有较深的熔坑，如图4-18和图4-19所示。

导电触头与梅花触头接触位置烧蚀轻微，触头座与梅花触头接触位置烧蚀严重，且触头存在过热变色；因此判断烧损的起因位置在梅花触头与触头座接触处，导电触头烧损是由于触头过热而导致的导电触头表面烧熔（铝的熔点为660℃，紫铜的熔点为1083℃）。

通过观察接触区域镀银层，发现镀银层存在腐蚀或脱落的情况。产品运输过程中，部分镀银层被磨损掉，镀银层减少就会导致接触电阻增大，电阻增大后在运行电流作用下就会持续发热；长时间运行发热会使得弹簧弹性下降，进而会导致振动

图 4-16　导电触头（烧蚀轻微）

图 4-17　梅花触头与导电触头对接位置

图 4-18　触头座烧蚀严重　　　　图 4-19　触头座与触头接触位置有烧蚀的熔坑

增大，加大接触面磨损，形成恶性循环；经过长时间的发展，发热达到一定程度，热量不能得到有效扩散，就会产生金属软化和熔焊效应，进而造成了触头接触部位烧损。

4.4.3　GIS 母线触头接触面磨损引起发热故障

4.4.3.1　案例经过

　　2018 年 7 月 24 日，检测人员对某 220kV 变电站进行红外测温过程中，发现 110kV GIS 2 号主变压器 102 间隔 102-2 隔离开关气室 A 相横置绝缘子下方存在发热现象，温差为 3.6K，其余两相相同部位温差 1K 左右，判断该处存在过热缺陷。对该处进行特高频及超声波局部放电检测，结果无异常，红外图谱与可见光照片如图 4-20 所示。2018 年 11 月 13 日，更换 2 号主变压器间隔Ⅱ母 A 相"位置 A"竖直导体、绝缘台、梅花触头后，重新测量电阻合格后，恢复装配。2018 年 11 月 14 日，Ⅱ母恢复送电后，红外测温复测无异常。

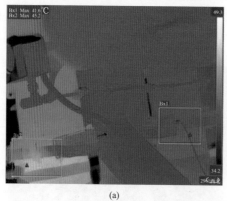 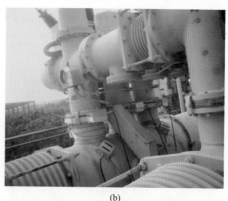

(a)　　　　　　　　　　　　(b)

图 4-20　102-2 隔离开关下方母线气室红外图谱及可见光照片

（a）红外图谱；（b）可见光照片

4.4.3.2 分析处理

2018 年 7 月 25 日 23 时左右，对变电站 110kV GIS 2 号主变压器 102 间隔 102-2 隔离开关气室 A 相横置绝缘子下方进行复测，温差为 5.4K；在排除阳光造成的干扰后，与其他间隔进行对比，其余两相相同部位温差 0.1K 左右，确诊此处存在过热缺陷。

4.4.3.3 验证情况

2018 年 10 月 11 日，测量母线端部至 102-2 隔离开关盆式绝缘子下方之间的内部导体之间的触头直流电阻为 A 相 152μΩ，B、C 相分别为 54、60μΩ。将其拆解，如图 4-21 所示，检查 A 相触头发现：①梅花触头弹簧无松动，导体插入深度足够，但导体触头有轻度烧蚀痕迹；②触头座较其他部位颜色更深，触头座对应部位有较深的熔坑，底部有黑色炭化粉末物质。

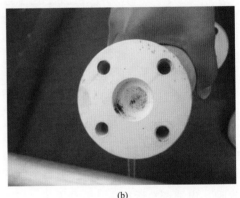

(a)　　　　　　　　　　　　　　　　　　　　(b)

图 4-21　现场拆解
(a) 触头正面；(b) 触头座底部

该 220kV 变电站 110kV GIS 2 号主变压器 102 间隔 102-2 隔离开关气室 A 相横置绝缘子下方存在接触不良现象，可能原因：110kV GIS 区域地面振动较大，长期运行，触头会加大接触面磨损，形成恶性循环；经过长时间的发展，发热达到一定程度，进而造成了触头接触部位烧损。

4.4.4　GIS 隔离开关安装不良引起 GIS 内部发热故障

4.4.4.1　案例经过

2019 年 8 月 27 日，某供电公司在红外精确测温过程中，发现某 220kV 变电站 212-1 隔离开关 B 相母线侧法兰盆、法兰盆下部母线筒顶部、隔离开关外壳，与正常相温差最大达到 4.5K，212 间隔断面及发热部位如图 4-22 所示。随即分别使用局部放电检测仪、SF_6气体微水测试仪、SF_6气体分解产物检测仪对 212-1 隔离开关、220kV Ⅰ母气室进行综合检测诊断分析，SF_6成分分析、特高频局部放电检测、超声波局部放电检测正常。使用钳型电流表测量跨接及接地排电流无异常，根据温差特征基本排除了由于罐体环流、涡流引起的发热。初步判定发热是由内部导体接头发热引起的。

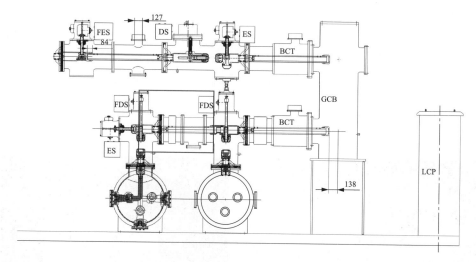

图 4-22　212 间隔断面及发热部位示意图

4.4.4.2　分析处理

8月28日，现场开展复测，测试结果和判断结论与前期一致。2019年8月28日晚，申请调整运行方式，将负荷由Ⅰ母倒至Ⅱ母。次日带电检测复测发热情况状况消失，温度恢复正常，进一步验证了发热是由于 212-1 隔离开关导电回路导体发热引起的，接地开关红外图谱及可见光照片如图 4-23 所示。

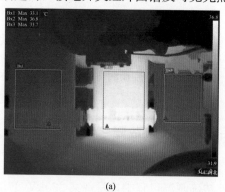

(a)

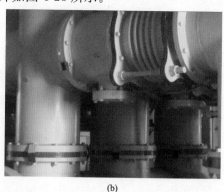

(b)

图 4-23　212-1 接地开关发热图谱及可见光照片

（a）红外图谱；（b）可见光照片

对 212-1 隔离开关间隔进行回路电阻试验，回路电阻试验数据见表 4-2。

表 4-2   回路电阻试验数据   ($\mu\Omega$)

序号	试验范围		回路电阻测量值	理论计算值
1	212 隔离开关（合闸）—母线接地开关	A 相	220	215
		B 相	630	
		C 相	225	
2	212 隔离开关（合闸）—母线导体	A 相	40/38/41	40
		B 相	667/1585/1598	
		C 相	38/38.2/40	
3	212 隔离开关静触头—母线导体	B 相	1599	22

4.4.4.3 验证情况

检查 A、C 相隔离开关静触头盆式绝缘子（母线侧）、屏蔽罩及梅花触指检查无异常。B 相隔离开关静触头盆式绝缘子（母线侧）触座屏蔽罩外观检查无异常，内部梅花触指存在炭化发黑现象，梅花触指内圈有不均匀烧蚀点，212-1 隔离开关母线侧触头座烧蚀情况如图 4-24 所示。拆开屏蔽罩，屏蔽罩内侧有一处明显放电点，梅花触指外侧也已炭化发黑，并有少量积炭，最下面 1 根（母线侧）梅花触指弹簧断裂脱落在屏蔽罩内（共 3 根），上面 2 根弹簧未断裂，212-1 隔离开关母线侧触头座断裂弹簧如图 4-25 所示，表面已有明显氧化现象。判断异常点位于 212-1 隔离开关 B 相静触头盆式绝缘子（母线侧）触座。

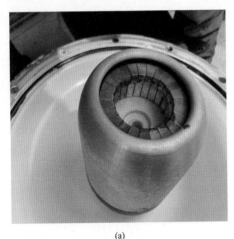
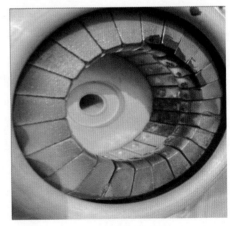

(a)   (b)

图 4-24   212-1 隔离开关母线侧触头座烧蚀情况

（a）整体图；（b）梅花触指烧蚀

根据红外热像检测、现场解体及试验，确定异常位置位于 212-1 隔离开关 B 相静触头盆式绝缘子（母线侧）触座，过热点在母线导体与盆式绝缘子触座的接触部位；形成原因为母线导体与触座接触电阻过大，造成温度升高，梅花触指弹簧断裂。分析原因为设备安装工艺不良，B相母线该位置无观察窗，在安装时母线导体基座未调整至水平位置，导致母线导体安装时发生倾斜，与梅花触指未完全压接，在运行电流的持续作用下，温升增高，红外热像检测异常。

 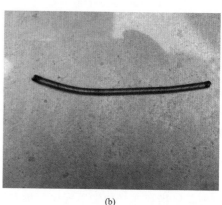

(a) (b)

图 4-25 212-1 隔离开关母线侧触头座弹簧

(a) 触头座；(b) 触头座弹簧

4.4.5 GIS 密封圈变形引起的 GIS 气室漏气故障

4.4.5.1 案例经过

2018 年 3 月 28 日，某 110kV 变电站 110kV××线（处于运行状态，停电处理后重新投运）1526 隔离开关气室压力低报警，检修人员赴现场检查发现该气室压力为 0.51MPa，对其补气至 0.54MPa。4 月 1 日，该气室又发气室压力低报警信号，气室压力为 0.5MPa。检修人员利用 SF_6 气体定性检漏仪进行检漏，发现 15260 接地开关侧盆式绝缘子法兰密封面疑似泄漏点，定性分析如图 4-26 所示。4 月 2 日，利用 SF_6 气体红外检漏仪对该气室进行泄漏点检查，发现在 15260 接地开关侧盆式绝缘子法兰密封面顶部存在大量雾状气体痕迹，且泄漏速度极快，初步确定该位置为气体泄漏点。4 月 8 日，对故障盆式绝缘子原有密封胶圈进行更换，并对盆式绝缘子法兰密封面进行打磨、清洗处理，对气室密封面以及螺栓四周涂抹防水密封胶。在随后的气室检查中未发现气体泄漏情况，至此故障处理完成。

4.4.5.2 分析处理

2018 年 4 月 2 日，检修人员利用 SF_6 气体红外检漏仪对该气室进行泄漏点检查，发现在 15260 接地开关侧盆式绝缘子法兰密封面顶部存在大量雾状气体痕迹，且泄漏速度极快，初步确定该位置为气体泄漏点。红外检漏仪检漏画面如图 4-27 所示（图中圆圈标示处为泄漏气体显示）。

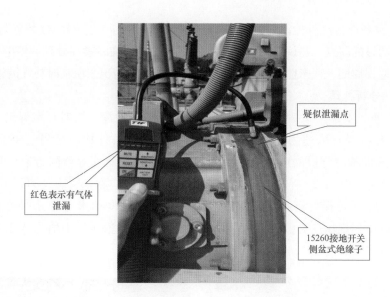

图 4-26   定性分析

4.4.5.3   验证情况

拆开故障盆式绝缘子 15260 接地开关侧密封面后，发现该侧盆式绝缘子表面未发现开裂、破损、径向沟槽等异常现象，壳体法兰密封面无明显破损、径向沟槽等异常现象，盆式绝缘子外圈铸铝件密封面涂有密封胶；15260 接地开关静触头最低相下方密封圈上存在少量疑似铜粉的金属粉末，如图 4-28 所示，在取出该侧密封胶圈后发现该密封胶圈存在一定形变，导致法兰面紧固后密封圈与密封面之间存在间隙引起漏气。

图 4-27   红外检漏仪检漏画面

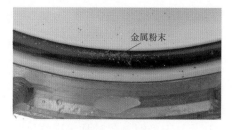

图 4-28   故障盆式绝缘子 15260 接地开关侧密封圈上的金属粉末

4.4.6   法兰螺栓紧固力度不均匀引起的 SF$_6$ 漏气故障

4.4.6.1   案例经过

2016 年 1 月 23 日，试验人员应用 GF306 SF$_6$ 气体泄漏成像仪对某 220kV 变电站 GIS 设备进行红外检漏，发现 220kV 东母 B 相电压互感器防爆装置与法兰连接处存在明显的漏点，建议对漏气部位更换密封胶垫或临时紧固处理。停电处理前，采取缩短巡视周期、严密监测 SF$_6$ 气体压力并根据压力情况采取临时补气措施。

4.4.6.2 分析处理

2016 年 1 月 23 日，对 220kV GIS 设备进行红外检漏，当时环境温度−15℃，相对湿度为 18%，风速为 1.2m/s，现场环境和气象条件均满足测量要求。在对 220kV GIS 设备进行检漏时发现，220kV 东母 B 相电压互感器附近有气体飘散，红外检漏图谱如图 4-29 所示，随后对该设备进行精确检测，明确观测到 B 相电压互感器防爆装置连接处有持续漏气。当场选取合适角度拍摄可见光照片和视频，SF$_6$ 密度继电器现场压力值为 0.45MPa，接近报警值（额定压力值为 0.5MPa，报警值为 0.44MPa）。

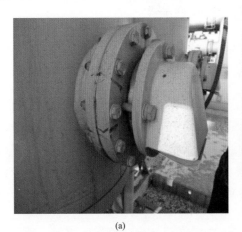 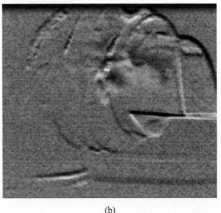

(a)   (b)

图 4-29　现场 GIS B 相电压互感器检漏图谱

（a）可见光照片；（b）现场红外检漏图谱

经红外检漏，发现 220kV 东母 B 相电压互感器漏气点位于 B 相电压互感器防爆装置与罐体法兰连接处。判断属于一般漏气缺陷，漏气原因可能是气温骤降（夜间达−20℃）使胶垫收缩。建议尽快消缺，处理前采取严密监测 SF$_6$ 气体压力并根据压力情况及时补气的技术措施，同时对漏气部位螺栓进行均匀紧固。

4.4.6.3 验证情况

2016 年 3 月 21 日，220kV 东母电压互感器间隔设备停电检修，联系厂家对 B 相电压互感器防爆装置与罐体法兰连接处密封胶垫进行更换，将 B 相电压互感器 SF$_6$ 气体排出，更换密封胶垫后对电压互感器抽真空至 133Pa 并保持 2h，补充气体至额定压力，开展 SF$_6$ 气体湿度和检漏试验，湿度测试结果为 21μL/L，试验数据合格，红外检漏未发现漏点。通过解体检查分析，造成此次漏气的主要原因为：

防爆装置安装时法兰螺栓紧固力度不均匀,胶垫局部压缩量不足,在气温骤降时胶垫收缩发生漏气故障。

4.4.7 GIS盆式绝缘子断裂引起的GIS漏气故障

4.4.7.1 案例经过

2017年2月20日,对某220kV变电站进行例行巡视时,发现110kV××Ⅱ线182断路器间隔(处于冷备用状态,处理完毕后改为备用线,于2018年1月投运)1826隔离开关气室压力表压力值为0.1MPa,即标准大气压,表明该气室气体已完全泄漏。

4.4.7.2 分析处理

2月21日,班组利用SF_6气体检漏成像仪对该气室进行泄漏点检查,发现线路侧18260接地开关处有大量雾状气体痕迹,可判定为泄漏点,其泄漏速度极快。发现问题后,检修部门联系厂家咨询了处理意见,对110kV××Ⅱ线18260接地开关进行更换,并更换密封圈,缺陷消除。红外检漏仪检漏画面如图4-30所示(图中圆圈标示处为泄漏气体显示)。

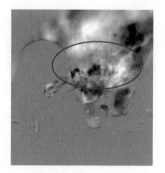

4.4.7.3 验证情况

2018年4月8日,检修试验人员对110kV×××线1526隔离开关气室进行开罐检查。2月25日,检修人员在厂家技术人员配合下对110kV××Ⅱ线18260接地开关进行更换,对拆除的18260接地开关进行检查发现,在接地开关靠设备侧盆式绝缘子面上一螺孔处发现明显裂纹,且为贯穿型裂纹。接地开关内侧如图4-31所示。

图4-30 红外检漏仪检漏画面(铁色背景)

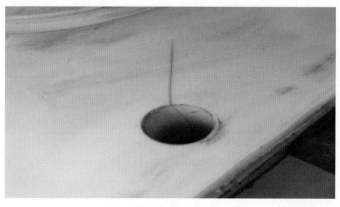

图4-31 接地开关内侧

SF₆气体检测技术及典型案例分析

5.1 SF₆气体状态检测技术概述

5.1.1 SF₆气体基本特性

5.1.1.1 SF₆气体的物理化学特性

六氟化硫气体的化学分子式为 SF_6，常温常压下是一种无色、无味、无毒、不可燃也不助燃的气体，其在常温 20℃、标准大气压下的密度为 6.16g/L，约为空气的 5.1 倍。

1. 分子结构

在 SF_6 分子中，6 个氟原子围绕着 1 个中心硫原子呈正八面体排列，如图 5-1 所示。SF_6 的分子结构决定了 SF_6 气体具有独特的物理化学性质和电气性能。

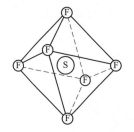

图 5-1 SF₆分子结构
示意图

2. 物化特性

（1）SF_6 气体在水中的溶解度低，随着温度的升高而降低；虽然难溶于水，却易溶于变压器油和某些有机溶剂中。

（2）SF_6 气体的导热系数比空气小，但其定压比热为空气的 3.4 倍，因此其对流散热能力比空气好得多，故其综合表面散热能力比空气更优越。

（3）SF_6 分子呈正八面体结构，键合距离小、键合能量高，温度低于 150℃时，SF_6 气体呈化学惰性。

当温度高于 1000K 时，高纯度的 SF_6 气体才发生热离解，使不同的硫-氟键合物变成单质的硫和氟或其离子。用差热分析法发现，达到 500～600℃时，绝大多数金属可与 SF_6 气体反应，生成各类金属氟化物。

5.1.1.2　SF₆气体的电气特性

由于氟原子的高电负性及 SF₆ 分子的大质量，使得 SF₆ 具有优异的电气性能。SF₆ 气体为电负性气体，氟原子是极强的电负性元素，形成的 SF₆ 分子保持着较强的电负性，具有极强的吸收电子能力。另外，SF₆ 分子量大、分子直径大，因而具有电子捕获的截面大、正负离子复合概率高的特点，因此，SF₆ 气体的绝缘强度高、灭弧性能优异。

1. 绝缘性能

在 25℃、标准大气压下，SF₆ 气体的介电常数为 1.002，当气体压力上升至 2MPa 时，其介电常数值上升 6%。

在均匀电场中，SF₆ 气体的绝缘强度约为空气的 2.5～3 倍。气压为 294.2kPa 时，SF₆ 气体的绝缘强度与变压器油大致相当。SF₆ 气体的击穿电压与频率无关，是超高频设备的理想绝缘介质。

2. 灭弧性能

与空气和绝缘油的灭弧原理不同，SF₆ 气体主要依靠自身的强电负性和热化特性灭弧。SF₆ 分子容易吸收自由电子形成负离子，与放电产生的正离子结合，造成带电粒子迅速减少，提高了气隙的击穿电压，快速恢复绝缘强度，从而使电弧熄灭。SF₆ 气体的灭弧能力约为空气的 100 倍。

5.1.1.3　SF₆气体状态参数

1. 状态参数临界值

气体被液化的最高温度为临界温度，在临界温度下气体液化所需的最低压力为临界压力。SF₆ 气体的临界温度为 45.6℃，临界压力为 3.84MPa。SF₆ 气体在常温下容易液化，环境温度越低，其液化所需的压力也越低。

SF₆ 气体的沸点温度为-63.8℃，也称升华温度或汽化温度，其物理含义是：在该温度、大气压力条件下，SF₆ 气体可不经液体状态，直接转变为固体。

SF₆ 气体的熔点为-50.8℃，其物理含义为：SF₆ 气体的固态与液态相互转化的起始温度，固态 SF₆ 气体转换为液体的最低温度，液态 SF₆ 气体转化为固体的最高温度。

2. 状态参数曲线

通常情况下，大多数气体视为理想气体，采用理想气体状态方程可计算出气体状态变化各参数间的关系。由于 SF₆ 气体分子量大、分子间作用力强，理想气体状态方程的计算结果偏差较大。

为便于工程应用，通常把 SF₆ 气体状态变化的温度、压力和密度间的关系绘成状态参数特性曲线供使用者查阅，如图 5-2 所示，电气设备常用的温度为-50～100℃，压力范围为 200～1000kPa，通常只取其工作部分。

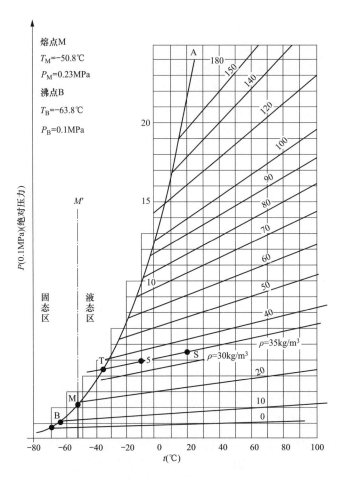

图 5-2 SF₆ 气体状态参数特性曲线

3. 基本特性参数

总结 SF₆ 气体的基本特性参数，与空气的主要成分氮气（N_2）的特性参数进行对比，见表 5-1。

表 5-1   SF₆ 气体与 N₂ 的基本特性参数对比

特性	SF₆	N₂
分子量	146	28
分子直径（m）	4.56×10^{-10}	3.04×10^{-10}
密度（气体，0.1MPa，25℃）（g/L）	6.25	1.25
介电常数（气体，0.101MPa，25℃）	1.002026	1.00058
导热系数（0.1MPa，0℃）[W/（m·K）]	0.01206	0.0087

特性	SF₆	N₂
定压比热（0.1MPa，25℃）[J/（kg·K）]	665.18	1038
临界温度（℃）	45.6	−146.8
熔点（℃）	−50.8	−209.9
升华点（℃）	−63.8	−195.8

5.1.1.4　SF₆气体的影响及管理

1. 对环境的影响

SF₆近似惰性气体，它在水中的溶解度非常低，对地表及地下水均没有危害，不会在生态循环中积累，因此SF₆气体不会严重危害生态系统。SF₆气体对同温层的臭氧没有破坏作用，与其他温室气体相比，SF₆气体的温室效应作用仅占1‰，可见SF₆气体对温室效应的影响较小。

SF₆气体的分解产物不会大量释放到大气中。当设备使用寿命结束时，SF₆气体可被处理成自然界中存在的中性产物，对当地环境无不利影响。SF₆气体分解产物不能直接排放或丢弃到环境中。

电气设备中使用的SF₆气体对全球环境和生态系统的影响较小，但仍需对电气设备的SF₆气体加强维护和管理，将其对环境的影响降至最小。

2. 对人身健康的影响

纯净的SF₆气体是无毒无害的，原则上吸入20%氧气和80%纯净的SF₆混合气体没有不良反应，建议工作环境中的SF₆气体含量应低于1000μL/L（此值与毒性无关，而是对大气中非自然存在的无毒、无害气体所规定的极限值）。在此条件下，对每周工作5天、每天工作8小时的运行人员是安全的。

（1）使用SF₆气体的预防措施。

1）由于SF₆气体的密度大约是空气的5倍，因此大量释放在工作环境中的SF₆气体会聚集在低凹的区域，造成此区域内氧气的含量下降。如果氧气的含量低于16%，在此区域内工作的人员会产生窒息。特别是那些低于地面、通风不良或没有通风设备的区域，如电缆输送管、电缆沟、检查坑和排水系统。依靠空气流动和通风设备，工作环境中的SF₆气体含量在一段时间后会降低到允许的水平。

2）设备中的SF₆气体压力高于大气压力，在设备处理时，要特别注意预防工作人员在机械故障中受到伤害。

3）压缩的SF₆气体若被迅速释放，在突然扩散中气体温度会迅速降低，可能降低到0℃以下，进行设备充气时，需要采取保护措施，防止工作人员可能被喷射出来的低温气体冻伤。

（2）运行设备中SF_6气体分解产物的毒性。SF_6电气设备中由于放电和热分解产生有毒的分解产物。接触分解产物后，眼、鼻、喉区会出现发红、发痒和轻度疼痛等炎症反应，及伴有皮肤瘙痒等现象，反应程度因个人体质而异。

（3）SF_6气体泄漏对健康的影响。正常情况下，SF_6气体是密封在设备中的，有毒的分解产物会被吸附剂吸附，或吸附在设备内壁，泄漏会使SF_6气体分解产物进入工作环境，对工作人员的人身安全产生危害。

工作人员处理设备的SF_6气体泄漏，及接触设备中产生的SF_6气体分解产物时，应采取安全防护措施。

3. 设备中SF_6气体管理

在电气设备充气前须确认SF_6气体质量合格，每批次具有出厂质量检测报告，每瓶具有出厂合格证。在电气设备充气前必须进行抽样复检，抽样复检要符合《工业六氟化硫》（GB/T 12022—2014）的有关规定。

室内的SF_6设备应安装通风换气设施，运行人员经常出入的室内设备场所每班至少换气15min，换气量应达3～5倍的空间体积，抽风口应安置在室内下部。对工作人员不经常出入的设备场所，在进入前应先通风15min。

运行设备如发现气压表表压下降，应分析原因，必要时对设备进行全面检漏，若发现有漏气点应及时处理。

4. SF_6气体容器的管理

存放SF_6气瓶时，要有防晒、防潮的遮盖措施。储存气瓶的场所必须宽敞，通风良好，且不准靠近热源及有油污的地方。气瓶安全帽、防振圈要齐全。气瓶要分类存放、注明明显标志。存放气瓶要竖放、固定、标志向外，运输时可卧放。使用后的SF_6气瓶若留存余气，应关紧阀门、盖紧瓶帽。

5.1.2 设备中SF_6气体质量要求

5.1.2.1 SF_6气体中的杂质来源

运行电气设备中的SF_6气体含有若干种杂质，其中部分来自SF_6新气（在合成制备过程中残存的杂质和在加压充装过程中混入的杂质），部分来自设备运行和故障过程中。表5-2列出了设备中SF_6气体的主要杂质及其来源。

表5-2　　　　　　　　　设备中SF_6气体的主要杂质及其来源

使用状态	杂质产生的原因	可能产生的杂质
SF_6新气	制备过程中产生	空气（Air），矿物油（Oil），H_2O，CF_4；可水解氟化物，HF，氟烷烃

使用状态	杂质产生的原因	可能产生的杂质
检修和运行维护	泄漏和吸附能力差	Air，Oil，H_2O
开关设备操作	电弧放电	H_2O，CF_4，HF，SO_2，SOF_2，SOF_4，SO_2F_2，SF_4，AlF_3，CuF_2，WO_3
	机械磨损	金属粉尘，微粒
内部电弧放电（故障）	材料的熔化和分解	Air，H_2O，CF_4，HF，SO_2，SOF_2，SOF_4，SO_2F_2，SF_4金属粉尘，微粒，AlF_3，CuF_2，WO_3，FeF_3
设备绝缘缺陷	局部放电：电晕和火花	HF，SO_2，SOF_2，SOF_4，SO_2F_2

1. SF_6 新气

SF_6 新气可能因提纯工艺和充装等因素造成质量问题，使气体中含有空气（Air）、矿物油（Oil）、H_2O、CF_4、可水解氟化物、HF、氟烷烃等杂质。

2. 检修和运行维护

对设备进行充气和抽真空时，SF_6 气体中可能混入空气和水蒸气；设备的内表面或绝缘材料可能释放水分到 SF_6 气体中，气体处理设备（真空泵和压缩机）中的油也可能进入到 SF_6 气体中。

3. 开关设备操作

开关设备操作时，由于高温电弧的存在，导致形成 SF_6 气体分解产物、电极金属和有机材料的蒸发物或其他杂质；同时，这些产物间发生化学反应形成杂质。分解产物的量取决于设备结构、设备开断次数和吸附剂的使用情况。操作中触头接触摩擦还会产生微粒和金属粉尘。

4. 故障设备内部电弧放电

设备内部发生故障时，可能产生电弧放电。在故障设备中检测到的杂质与经常开断的设备中产生的杂质类似，区别在于杂质的数量。当杂质含量较大时，存在潜在的毒性。另外，金属材料在高温下会产生金属蒸汽，可能形成较多的反应物。

5. 设备绝缘缺陷

设备由于绝缘缺陷存在局部放电时，会导致 SF_6 气体分解，产生如 SF_5、SF_4 和 F_2，这些杂质再与 O_2 和 H_2O 发生反应，形成 SF_6 气体分解产物，主要有 SO_2、SOF_2、SOF_4、SO_2F_2 和 HF 等。

5.1.2.2 SF₆ 气体质量规范

1. SF_6 气体制备方法

工业上，普遍采用的 SF_6 气体制备方法是单质硫与过量的气态氟直接化合：

$$S + 3F_2 \longrightarrow SF_6 + Q(放热) \tag{5-1}$$

近年来，对无水 HF 电解产生硫或含硫化合物的合成方法进行了探索：

$$MF + S + Cl_2 \longrightarrow MCl + SF_6 \qquad\qquad (5-2)$$

$$MF_2 + S + Cl_2 \longrightarrow MCl_2 + SF_6 \qquad\qquad (5-3)$$

2. SF_6 新气验收的抽检率

现有标准对 SF_6 新气验收的抽检要求见表5-3。各标准在规定用户验收和抽检数量上是不尽相同的，按照验收从严的原则，电力行业执行《运行中变压器用六氟化硫质量标准》（DL/T 941—2021）的规定。

表 5-3 SF_6 新气验收的抽检要求

标准	每批气瓶数	抽检最少气瓶数
《六氟化硫电气设备中气体管理和检测导则》（GB/T 8905—2012）《工业六氟化硫》（GB/T 12022—2014）	1	1
	2～40	2
	41～70	3
	71 以上	4
《运行中变压器用六氟化硫质量标准》（DL/T 941—2021）	1～3	1
	4～6	2
	7～10	3
	11～20	4
	21 以上	5
《电力设备预防性试验规程》（DL/T 596—2021）	每批产品30%的抽检率	

3. SF_6 新气质量指标

国际电工委员会（IEC）和各国制定了 SF_6 新气（包括再生气体）质量标准，见表5-4，我国按《六氟化硫电气设备中气体管理和检测导则》（GB/T 8905—2012）的规定执行。

表 5-4 SF_6 新气质量标准

分析项目	IEC	GB/T 8905—2012	美国 ASTMP-71	日本旭硝子公司
空气（$N_2 + O_2$）（%）	<0.05	≤0.04	≤0.05	<0.05
四氟化碳（CF_4）（%）	<0.05	≤0.04	≤0.05	<0.05
湿度（H_2O）（$\mu L/L$）	<15（$-36℃$）	≤5（$-49.7℃$）	—	<8
酸度（以 HF 计）（$\mu L/L$）	<0.3	≤0.2	≤0.3	<0.3
可水解氟化物（以 HF 计）（$\mu L/L$）	<0.1	≤0.1	—	<5
矿物油（$\mu L/L$）	<10	≤4	<5	<5
纯度（SF_6）（%）	>99.7（液态时测试）	≥99.9	99.8	>99.8
毒性试验	无毒	无毒	无毒	无毒

4. 投运前和交接时的 SF_6 气体质量指标

《六氟化硫电气设备中气体管理和检测导则》（GB/T 8905—2012）中给出了设备投运前和交接时的 SF_6 气体分析项目及质量指标，见表 5-5。

表 5-5　　　　　　　　投运前和交接时的 SF_6 气体分析项目及质量指标

序号	分析项目	周期	单位	指标
1	气体泄漏率	投运前	%/年	≤0.5
2	湿度（20℃）	投运前	μL/L	灭弧室≤150 非灭弧室≤250
3	酸度（以 HF 计）	必要时	%（质量比）	≤0.000 03
4	CF_4	必要时	%（质量比）	≤0.05
5	空气（N_2+O_2）	必要时	%（质量比）	≤0.05
6	可水解氟化物（以 HF 计）	必要时	%（质量比）	≤0.0001
7	矿物油	必要时	%（质量比）	≤0.001
8	气体分解产物	必要时		<5μL/L，或（SO_2+SOF_2） <2μL/L、HF<2μL/L

5. 运行中的 SF_6 气体质量指标

《六氟化硫电气设备中气体管理和检测导则》（GB/T 8905—2012）中给出了运行中设备的 SF_6 气体分析项目及质量指标，见表 5-6。

表 5-6　　　　　　　　运行中 SF_6 气体分析项目及质量指标

序号	分析项目	周期	单位	指标
1	气体泄漏率	必要时	%/年	≤0.5
2	湿度（20℃）	1～3 年/次； 必要时	μL/L	灭弧室≤300 非灭弧隔室≤500
3	酸度（以 HF 计）	必要时	%（质量比）	≤0.000 03
4	CF_4	必要时	%（质量比）	≤0.1
5	空气（N_2+O_2）	必要时	%（质量比）	≤0.2
6	可水解氟化物（以 HF 计）	必要时	%（质量比）	≤0.000 1
7	矿物油	必要时	%（质量比）	≤0.001
8	气体分解产物	必要时	注意设备中的分解产物变化增量	

5.1.3　SF₆ 气体检测分析方法

SF_6 气体分析应使用气态样品，包括实验室分析和现场检测方法，并分析检测技术现状及其发展方向。

5.1.3.1　实验室分析方法

SF_6 气体的实验室分析，开展 SF_6 新气和运行设备采集的 SF_6 气体样品检测分析。

1. SF₆ 新气

按照《工业六氟化硫》（GB/T 12022—2014）的推荐，SF₆ 新气的实验室分析方法见表 5-7。

表 5-7   GB/T 12022 推荐的 SF₆ 新气实验室分析方法

分析项目	分析方法	参考标准
空气（N_2＋O_2）	气相色谱法	《六氟化硫气体中空气、四氟化碳、六氟乙烷和八氟丙烷的测定 气相色谱法》（DL/T 920—2019）
CF_4		
湿度（H_2O）	电解法	《气体分析 微量水分的测定 第1部分：电解法》（GB/T 5832.1—2016）
酸度（以 HF 计）	理化分析、滴定法	《六氟化硫气体酸度测定法》（DL/T 916—2005）
可水解氟化物（以 HF 计）	氟离子电极法	《六氟化硫气体中可水解氟化物含量测定法》（DL/T 918—2005）
矿物油	红外光谱分析法	《六氟化硫气体中矿物油含量测定法（红外光谱分析法）》（DL/T 919—2005）
纯度（SF₆）	质量法	《工业六氟化硫》（GB/T 12022—2014）
毒性试验	生物试验方法	《六氟化硫气体毒性生物试验方法》（DL/T 921—2005）

2. 运行中 SF₆ 气体

由于 SF₆ 气体样品中水分容易被采样容器的内壁吸附，湿度的分析建议现场直接从设备中取样测试，不推荐采集样品进行实验室分析。按照《六氟化硫电气设备中气体管理和检测导则》（GB/T 8905—2012），运行设备中 SF₆ 气体的推荐实验室分析方法见表 5-8。

表 5-8   GB/T 8905 推荐的运行中 SF₆ 气体实验室分析方法

分析项目	分析方法（设备）
空气（O_2＋N_2）	气相色谱法（带热导检测器的气相色谱仪 GC-TCD）
CF_4	气相色谱法（带热导检测器的气相色谱仪 GC-TCD）
	红外吸收光谱法（红外分光光谱仪）
矿物油	红外吸收光谱法（红外分光光谱仪）
	气相色谱法（带氢火焰检测器的气相色谱仪 GC-FID）
气体分解物（SO_2、SOF_2、SO_2F_2、SOF_4、HF 等）	气相色谱法（带热导、火焰光度检测器的气相色谱仪 GC-TCD＋FPD）
	离子交换色谱法（离子色谱仪）
	红外吸收光谱法（红外分光光谱仪）

5.1.3.2 现场检测方法

对运行设备中 SF₆ 气体进行现场实测、现场分析是快速、简便的气体检测方法，按照图 5-3 所示 SF₆ 气体的现场分析流程，对设备中 SF₆ 气体进行重复使用或现场回收。

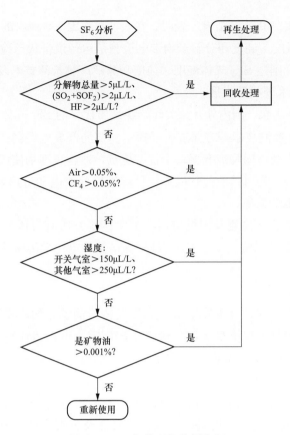

图 5-3 SF₆ 气体现场分析流程

参考《六氟化硫电气设备中气体管理和检测导则》（GB/T 8905—2012）要求，采用的 SF₆ 气体现场检测方法见表 5-9。对所有的现场分析仪器，操作人员应当认真阅读其使用说明书并注意分析仪器的精度和可靠性。

表 5-9   GB/T 8905 推荐的运行中 SF₆ 气体现场检测方法

检测项目		检测方法（设备）
气体分解产物	SO_2、SOF_2、SO_2F_2	电化学传感器
		气相色谱法（带热导检测器的便携式气相色谱仪 GC-TCD）
		气体检测管法
	HF	气体检测管法
空气和 CF_4		气相色谱法（带热导检测器的便携式气相色谱仪 GC-TCD）
湿度		电解法
		冷凝露点法
		电阻电容法
		气体检测管法
油		气体检测管法

大量的现场实测和运行结果已表明,在表 5-8 和表 5-9 列出的 SF_6 气体检测技术中,SF_6 气体湿度、纯度和分解产物带电检测是运行设备状态检测与评价的有效手段,本章将展开阐述 SF_6 气体湿度、纯度和分解产物检测技术及其应用。

5.1.3.3 检测技术现状及发展

20 世纪 70 年代起,国内外开始关注绝缘性质优异的 SF_6 气体,对 SF_6 气体分解机理、SF_6 气体检测技术等方面进行了探索。与局部放电检测方法相比,SF_6 气体检测方法具有不受电磁噪声和振动干扰的优点,适合于现场使用,除了能检测设备的局部放电缺陷,还可检测过热故障;且随着局部放电和过热缺陷的持续,SF_6 分解气体的量将逐渐累积。

开展 SF_6 气体状态检测及现场应用,主要检测方法有气体检测管法、气相色谱法(GC)、色谱-质谱法(GC-MS)、红外光谱法、电化学传感器法、离子迁移谱(IMS)等。

1. 现有检测技术

(1) 气体检测管法。日本较早采用 SF_6 气体检测管,如本光明理化工业株式会社,该公司目前是世界上最大的检测管生产厂家,可初步检测 SF_6 气体中的水分、SO_2、H_2S、HF 等分解产物。在国内,北京市劳动保护科学研究所研发的 SF_6 气体检测管在我国电力系统中广泛应用。

(2) 气相色谱法。气相色谱法是目前国内外用于分析 SF_6 气体纯度、分解产物的常用方法,也是《电气设备中六氟化硫气体及其混合物再利用规范》(IEC 60480—2019)和《电子工业用气体 六氟化硫》(GB/T 18867—2014)共同推荐的 SF_6 气体检测方法。

采用气相色谱法检测 SF_6 气体,几种常见 SF_6 气体组分的保留时间和最低检测限见表 5-10。其中,SF_4 和 SOF_2 的保留时间非常接近,气相色谱技术无法区分这两种物质;SO_2F_2 和 SF_6 的出峰时间接近,不太适合高灵敏度检测。

表 5-10　　　　　　　　常见 SF_6 气体组分的保留时间和最低检测限

气体组分	保留时间(min)	检测限(%,体积比)
CF_4	3.1	10^{-3}
CO_2	4.6	2×10^{-3}
SF_6	5.7	3×10^{-3}
SO_2F_2	7.6	3×10^{-3}
SOF_4	8.2	3×10^{-3}
SOF_2	11.2	3×10^{-3}
SF_4	11.2	3×10^{-3}
HF	16.5	3×10^{-3}

气体组分	保留时间（min）	检测限（%，体积比）
SO₂	24.5	4×10^{-3}
S₂F₁₀	60	5×10^{-3}

为增加检测灵敏度，可采用气相色谱与质谱联用技术分析 SF₆ 气体分解产物。采用色谱柱进行组分分离，采用质谱进行定性和定量，可提高 SOF₂、SO₂F₂、SOF₄、CF₄ 及 COS 和 Si（CH₃）₂F₂ 等组分检测的灵敏度。

目前，采用氦离子化检测器（PDD）可有效提高气相色谱法的检测精度，PDD 用于分析 SF₆ 气体中的痕量物质，对某些组分的灵敏度可达 ppb（10^{-9}）级。

（3）红外光谱法。红外技术已被研究人员用于分析 SF₆ 气体分解产物，为监测变化过程中的一次分解产物和二次分解产物提供了独特的优势，许多瞬态生成物如 SF₄ 可用红外检测技术检测。但是，由于 SF₆ 吸收峰的干扰，定量检测 SF₆ 分解产物制约了红外检测方法。

近年来，傅里叶变换红外分析技术已被应用于检测 SF₆ 气体组分，德国 WIKA 公司的 SF₆ 气体实验室研发的红外光谱仪及定量分析软件，能对 13 种 SF₆ 气体分解产物进行定量分析，国内电力相关科研机构正逐步应用。

（4）电化学传感器法。加拿大 DPD 公司率先生产了基于电化学传感器原理的 SF₆ 气体分解产物检测仪，采用特制 ECD 电子捕获探测器，能够对 SO₂＋SOF₂ 的混合气体含量进行快速的现场检测，为运行设备中 SF₆ 气体状态检测提供了有效手段。

近几年来，国内基于电化学传感器原理的 SF₆ 气体分解产物检测仪厂家已超过 20 家，生产的 SF₆ 气体分解产物检测仪能够检测 SO₂、H₂S、CO 三种组分；经过对仪器性能的改进优化，仪器的检测限能达到 $0.1 \mu L/L$。

（5）其他检测技术。国内外科研机构对 SF₆ 气体的其他检测方法也开展了研究，包括动态离子检测仪、气相色谱-红外光谱联用仪等，均取得了一定成果。

国外研究表明，核磁共振技术可用于检测 SF₆、S₂F₂、SF₄、WF₆、HF、SOF₂、SO₂F₂、CF₄、SiF₄、Si（CH₃）₂F₂ 和 COF₂ 等组分，分解产物随着时间的演变及其与水分的再次反应也可用核磁共振检测。由于该项技术的专业性和高成本，其并未在电力系统中得以应用。

2. 检测技术的发展方向

（1）取样技术的优化。由于 SF₆ 气体分解产物具有腐蚀性，且采样容器对 SF₆ 气体有吸附性，从现场进行取样到实验室进行分析时，需采用内涂氟防吸附的采样容器避免气体样品的组分消失或反应；不锈钢取样容器取得了较满意的效果。

（2）检测技术的深化。在 SF₆ 气体的现有检测技术中，检测结果受多种因素的制约，主要体现为：①分解产物含量较低，仅氟硫化物能被检测到；②被检测到的分解产物较活跃，不能稳定的存在于普通的环境中；③SF_6气体分解产物的定性和定量取决于采用的检测技术及从放电到检测的时间；④某种检测技术难以适应所有组分的检测。

目前，国内科研单位引进了众多高精尖检测手段，为SF_6气体检测分析注入了新鲜血液，但因为各种检测手段研究时间尚短，未经充分研究便投入到现场应用，相关检测标准和规程更存在空白。如色谱-质谱联用技术，虽然能完成近20种SF_6气体杂质的定性分析，但其检测限过高，对于低含量气体组分难以检测；对于红外光谱仪，虽然配置SF_6气体组分的定量分析软件，但其定量准确性较差。这些都制约了精密仪器及其方法的应用，阻碍了检测方法的标准和规程制定。

由此，需对SF_6气体的高精度检测方法进行深入研究，优化仪器的气路和检测系统性能，提高仪器检测SF_6气体的精度，满足运行设备中SF_6气体分解产物$1\mu L/L$的检测下限，制定操作规程和执行标准，指导现场检测。

（3）检测技术的联合应用。大量的现场检测和试验研究均表明，单个检测手段存在着一定的局限性：电化学传感器方法可用于检测SF_6气体中的SO_2、H_2S和CO组分，却难以检测出SOF_2和SO_2F_2等组分；气相色谱法检测的组分增加，但需提供各组分的标准气体（简称标气）；气质谱联用仪可对未知物进行定性，但其定量不能与气相色谱仪相比；红外光谱仪可检测HF气体，但检测范围具有局限性，不能检测SF_6气体中的H_2S等组分。若能将这些检测方法进行有机结合，相互补充应用，可实现SF_6气体中大多数气体组分的有效检测，可见有必要研究各种检测技术的联用。

（4）在线检测技术应用。运行设备中SF_6气体的湿度、纯度和分解产物等参数，对于设备状态判断具有重要意义。SF_6气体分解产物具有较大活性，检测结果受吸附剂、环境条件的影响较大，带电检测的周期间隔可能错失设备缺陷产生的分解产物等关键变量，取样装置会对检测结果产生影响和损耗（吸附）。加快智能电网建设，研究SF_6气体在线检测技术是必然发展趋势。

5.1.4 应用情况

SF_6气体状态检测技术主要应用于设备中气体质量的监督管理、运行设备状态检测及评价、设备故障定位等方面。

5.1.4.1 设备中气体质量监督管理

设备中SF_6气体质量监督管理涉及SF_6新气、交接和投运前气体、运行设备气体的质量管理，使设备中SF_6气体的质量指标满足现有标准要求，具有足够的绝缘强度，确保设备和电网安全运行。

5.1.4.2　运行设备状态检测及评价

对运行设备开展 SF_6 气体状态带电检测，由于其受外界环境干扰小，可快速、准确实现设备缺陷或故障的预判和定位，是保障 SF_6 气体绝缘设备安全运行的有效检测手段。

开展 SF_6 气体湿度、纯度和分解产物等带电检测，可及时、有效检测出设备中 SF_6 气体水分超标、纯度不足及内部存在局部放电和过热等潜伏性缺陷，为运行设备状态检测及评价提供重要参量。

5.1.4.3　设备故障定位

SF_6 气体分解产物检测技术对于设备故障判断有重要意义，在 GIS 设备故障定位中得到了广泛应用。

正常运行设备中一般不存在 SO_2、SOF_2、H_2S 等硫化合物类分解产物；事故后，若在某气室检测到含量较大的该类型分解产物，则可确定该气室发生了故障。

正常运行 GIS 设备的 SF_6 气体中带有一定含量的 CO、CO_2、CF_4、C_3F_8 等碳化物，相邻气室内该类型杂质含量应相当，若某气室检测到的碳化物含量明显大于其他气室的杂质含量，则可确定该气室为故障气室。

5.2　SF₆ 气体湿度检测技术

设备在充气和抽真空时可能混入水蒸气，水分也可能从设备的内部表面或绝缘材料释放到 SF_6 气体，气体处理设备（真空泵和压缩机）中的油也可能进入到 SF_6 气体中，从而影响运行设备的 SF_6 气体湿度，需定期开展 SF_6 气体湿度带电检测。

5.2.1　SF₆气体湿度检测基本知识

5.2.1.1　湿度测量方法

根据电力行业标准《六氟化硫电气设备中绝缘气体湿度测量方法》（DL/T 506—2018）的推荐，SF_6 气体湿度的常用检测方法有电解法、冷凝露点法和阻容法，在运行设备中均应用较多。采用导入式采样方法，取样点须设置在足以获得设备中代表性气体的位置并就近取样，将湿度检测仪器与待测电气设备按图 5-4 所示用气体管路连接。

1．电解法

（1）检测原理。采用库仑法测量气体中微量水分，定量基础为法拉第电解定律。气体通过仪器时气体中的水被电解，产生稳定的电解电流，通过测量该电流大小来测定气体的湿度。

用涂有磷酸的两个电极（如铂和铑）形成一个电解池，在两个电极之间施加一直流电压，气体中的水分被电解池内作为吸湿剂的五氧化二磷（P_2O_5）膜层连续吸收，生成磷酸，并被电解为氢和氧，同时 P_2O_5 得以再生，检测到的电解电流正比于 SF_6 气体中水分含量。该方法精度较高，适合低水分测量，但其干燥时间长，流量要求准确。

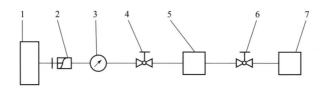

图 5-4　SF_6 气体湿度检测气路连接示意图

1—待测电气设备；2—气路接口（接设备与仪器）；3—压力表；
4—仪器气体入口阀门；5—湿度计；6—仪器气体出口阀门（可选）；7—尾气收集

（2）检测仪。电解法湿度仪增加了"旁通"气路，用好旁通对快速准确地测量是至关重要的。通常取样口、接头、管道内壁都会吸附一定量水分，因此取样时最先流出的部分气体的含水量较高，这些水分若全部进入电解池，会被吸湿性极强的 P_2O_5 膜吸收；而电解速度是有限的，则导致吸收—电解平衡受到破坏，使电解池受潮，需要较长的时间重新建立平衡，从而降低测量工作的效率，也增加了被测气体的消耗。旁通可使这部分气体绝大部分不经电解池而被排掉，从而保护了电解池。

进行湿度测试时，应先使测试流量较小，开大旁通流量，待估计气体湿度值稳定后，再逐步增加测试流量，同时密切注意仪器示值，不使示值发生较大的突变。如此操作可使仪器始终保持近似的吸收—电解平衡，直到测试流量达到规定值，此时可减小甚至关闭旁通流量，以减少被测气体消耗。由此，既可快速准确地得到测量结果，也节约了被测气体。

2. 冷凝露点法

（1）检测原理。冷凝露点法通过测量气体在冷却镜面产生结霜（露）时的温度（称为露点），对应的饱和水蒸气压为气体湿度的质量比，直接测量得到露点温度，据此换算出微水值。此方法根据露点的定义测量，精度较高，稳定性好。

（2）检测仪。露点仪用冷堆制冷，用激光监测相平衡状态，用温度传感器直接测量镜面温度得到露点，检测准确度较高，但其易受到各种干扰因素的影响。

1）低湿度的影响。对于露点仪来说，湿度越低越难测量，不仅需要较大的制冷功率和较长的制冷时间，且因低湿度气体中水蒸气含量少，仪器的冷镜面上需收集到足够多的水分子才能建立气相平衡的稳定霜层。在这种情况下，仪器会指示已结露，示值会以极慢的速度上升，有时会使测试人员误以为已达稳定状态而读数，因而造成较大的测试误差。另外，正常情况下的露点仪示值变化呈阻尼振荡趋于稳定，应仔细观察测量过程中仪器读数变化，区分测量是否准确。

　　某些露点仪增加了低湿度测量时的快速稳定装置，若当镜面温度降到预先设定值仍未结露，则仪器自动向测量室注入一小股湿气，使镜面快速结露，缩短建立平衡时间。通过估计待测气体的湿度来确定预设温度，可有效缩短测量时间。但该功能的使用也受到诸多因素的制约，在某些情况下反而会产生振荡，使测量失败，此时须使该功能退出运行。

　　2）温度的影响。由于露点仪是通过冷却镜面使水蒸气凝露来测量气体湿度的，环境温度的高低必然影响其制冷效果。对于大多数测量下限为$-60℃$的露点仪，在炎热的夏季环境测量湿度较低的气体时，有可能出现仪器的制冷量达不到要求的情况，即镜面温度已无法再下降，始终不能结露。在这种情况下，根据理论分析，可采用提高测量室内的气体压力升高露点，利用换算的方法得到湿度测量值。但实际使用时，大多数情况下仪器示值会反复振荡，不能得到稳定值。由于压力升高后，SF_6气体液化温度随之上升，测量过程中SF_6气体在镜面上液化，从而干扰测量。可见，湿度测量应避开高温天气。

　　3）SF_6气体凝华的影响。测量低湿度SF_6气体特别是SF_6新气时，应注意控制降温范围，不使镜面温度低于$-63.8℃$。因该温度是SF_6气体的升华点，如镜面温度低于该值，SF_6气体会在镜面上固化，该固化物和水蒸气凝结成霜，可能会形成一种混合物，在温度上升到高于其升华点后并不消失，从而对测量结果造成较大的负误差。在典型的湿度测量中，读数可能偏低$5℃$左右。

　　4）盐类的影响。用露点仪测量湿度，应避免盐类进入露点仪的取样管和测量室，如海边地区空气中的盐分、操作人员的汗水等。因为每种盐溶液有特定的蒸气压，若盐类溶解于镜面的露中，则会改变两相的平衡状态，造成湿度测量误差。

　　3. 阻容法

　　（1）检测原理。当被测气体通过湿敏传感器时，气体湿度的变化引起传感器电阻、电容量的改变，根据输出阻抗值的变化得到气体湿度值。该方法的检测精度取决于湿敏传感器的性能。

　　（2）检测仪。阻容式湿度仪根据湿敏元件吸湿后电阻、电容的变化量计算出微水值，常用的湿敏元件有氧化铝和高分子薄膜两种。当水分进入微孔后，使其具有导电性，电极之间产生电流/电压，利用标准湿度发生器产生定量水分来标定电压—露点温度关系，根据标定的曲线测量湿度。该类仪器测量范围宽、响应速度快，需利用标准湿度发生器得到人工标定曲线，该曲线会随时间漂移，需经常校准确保测量准确度。氧化铝湿敏元件是非线性元件，需多点标定才能保证在其测量范围内的每一段都具有相应的准确性；高分子薄膜湿敏元件可看作线性元件，理论上只需两点标定。

5.2.1.2 湿度检测系统的要求

1. 湿度检测仪

在环境温度 5～35℃ 范围内，使用的湿度仪应达到以下要求。

(1) 电解式湿度仪：测量范围应满足 1～1000μL/L；引用误差在 1～30μL/L 范围内应不超过±10%，在 30～1000μL/L 范围内应不超过±5%。

(2) 露点湿度仪：在环境温度为 20℃ 时，测量露点温度范围应满足 0～−60℃，其测量误差不超过±0.6℃。

(3) 阻容式湿度仪：测量露点范围应满足 0～−60℃，测量误差应不超过±2.0℃。

(4) 湿度仪应定期检定及校准：周期为 1 年。

2. 气路系统

(1) 检测气体管路应使用不锈钢管、铜管或聚四氟乙烯管，壁厚不小于 1mm，内径为 2～4mm，管路内壁应光滑、清洁，确保气体管路的密封性。

(2) 气体管路连接用接头应使用金属材料，内垫宜用聚四氟乙烯垫片；接头应清洁，无焊剂和油脂等污染物。

(3) 湿度仪的气体出口应配有 5m 以上的排气管，防止大气中的水分影响测量结果，避免测试人员受到 SF_6 气体的侵害。

3. 检测环境条件

(1) 检测的环境温度为 5～35℃，相对湿度应不大于 85%。

(2) 推荐在常压下测量；在湿度仪允许前提下，可在设备压力下测量湿度，检测结果需换算到常压下的湿度值。

5.2.1.3 检测注意事项

(1) 测量时缓慢开启气路阀门，调节气体压力和流量；测量过程中保持气体流量的稳定，并随时检测被测设备的气体压力，防止设备压力异常下降。

(2) 测量完毕后，用干燥氮气（N_2）吹扫仪器 15～20min 后，关闭仪器，封好仪器气路进、出口备用。

(3) 在安全措施可靠的条件下，可在设备带电状况下进行 SF_6 气体湿度检测。

5.2.2 SF_6 气体湿度检测结果的换算和分析

SF_6 气体湿度检测结果用体积比表示，单位为 μL/L。由于环境温度对设备中气体湿度有明显的影响，测量结果应折算到 20℃ 时的数值；根据现有标准提出的 SF_6 气体湿度控制指标，对设备中 SF_6 气体湿度检测结果进行分析。

5.2.2.1 检测结果换算

1. 湿度测量单位间的换算

测量 SF_6 气体湿度时，可用多种测量单位描述，如体积比、露点、饱和水蒸气压、质量比、绝对湿度、相对湿度。用检测到的露点可进行测量单位之间的换算，以下介绍其计算公式。

（1）气体湿度的体积比：

$$V_r = e_d/p_t \times 10^6 \tag{5-4}$$

式中　V_r——体积比，$\mu L/L$；

e_d——在测量露点下的饱和水蒸气压，Pa；

p_t——测量系统的总压力，Pa。

（2）气体湿度的质量比：

$$W_r = V_r \times M_w/M_t \tag{5-5}$$

式中　W_r——质量比，$\mu g/g$；

M_w——水蒸气的相对分子质量；

M_t——被测气体的相对分子质量。

（3）气体的相对湿度：

$$U = e_d/e_s \times 100\% \tag{5-6}$$

式中　U——相对湿度，%；

e_s——测量温度下水的饱和水蒸气压，Pa。

（4）气体的绝对湿度：

$$d_v = 2195 e_d/T_a \tag{5-7}$$

式中　d_v——绝对湿度，g/L；

T_a——气体样品温度，K。

（5）饱和水蒸气压：

$$SVP_0 = SVP_a \times \frac{p_0}{p_a} \tag{5-8}$$

式中　SVP_0——测量压力下的饱和水蒸气压，Pa；

SVP_a——大气压力下的饱和水蒸气压，Pa；

p_0——设备中的绝对工作压力，Pa；

p_a——大气压力，Pa。

2. 湿度检测结果的温度折算

SF₆气体湿度检测结果的温度折算可参考《六氟化硫电气设备中绝缘气体湿度测量方法》（DL/T 506—2018）附录C推荐的六氟化硫气体湿度测量结果的温度折算表，表中数据给出了环境温度下湿度测量结果折算到20℃的湿度值，单位为$\mu L/L$。若由实测值不能从表中直接查到折算值，可采用加权求值法（线性插值法）计算折算值，计算公式为：

$$V_{Y(t)} = V_{Y(0)} + [V_{Y(1)} - V_{Y(0)}]/10 \times [V_{X(t)} - V_{X(0)}] \tag{5-9}$$

或：

$$V_{Y(t)} = V_{Y(1)} - [V_{Y(1)} - V_{Y(0)}]/10 \times [V_{X(1)} - V_{X(t)}] \qquad (5\text{-}10)$$

式中　$V_{Y(t)}$——测试温度下的实测值换算至 20℃ 下的湿度值；

　　　　$V_{X(t)}$——测试温度下的实测湿度值；

$V_{X(0)}$、$V_{X(1)}$——同一环境温度下与实测值最接近的整数值；

$V_{Y(0)}$、$V_{Y(1)}$——$V_{X(0)}$、$V_{X(1)}$换算至 20℃ 下的湿度值（查表结果）。

同时，也可采用《六氟化硫电气设备中绝缘气体湿度测量方法》（DL/T 506—2018）推荐的其他经验折算算法，消除环境温度对 SF_6 气体湿度检测结果的影响。

5.2.2.2　检测结果分析

1. 控制指标

参考《六氟化硫电气设备中气体管理和检测导则》（GB/T 8905—2012）和《电力设备预防性试验规程》（DL/T 596—2021）等标准及相关规程对运行设备中 SF_6 气体湿度检测的要求，结合表 5-5 和表 5-6 中有关湿度的指标，电气设备内的 SF_6 气体湿度控制指标见表 5-11。

表 5-11　　　　　　　　　　电气设备内的 SF_6 气体湿度控制指标

气室类型	灭弧气室（μL/L）	非灭弧气室（μL/L）	检测周期
交接验收值	≤150	≤250	110kV（66kV）及以上：3 年；35kV 及以下：4 年
运行注意值	≤300	≤500	

注　测量时周围空气温度为 20℃，大气压力为 101.325kPa。

2. 结果分析

开展 SF_6 气体湿度检测，能有效发现电气设备内部是否存在水分超标及受潮、未装吸附剂等缺陷。设备中 SF_6 气体湿度超标的主要原因如下。

（1）SF_6 新气的水分不合格。SF_6 气体生产厂家未把关出厂检测，或 SF_6 气体的运输过程和存放环境不符合要求，或 SF_6 气体存储时间过长。

（2）充气过程带入的水分。设备充气时，工作人员未按有关规程和检修工艺要求进行操作，如充气时 SF_6 气瓶未倒立放置，管路、接口不干燥或装配时暴露在空气中的时间过长等，导致水分进入。

（3）绝缘件带入的水分。设备生产厂家在装配前对绝缘未做干燥处理或干燥处理不合格；解体检修设备时，绝缘件暴露在空气中的时间过长而受潮。

（4）吸附剂带入的水分。吸附剂对 SF_6 气体中水分和各种主要分解产物都具有较好的吸附能力，如果吸附剂活化处理时间短，没有彻底干燥，安装时暴露在空气中时间过长而受潮，可能带入大量水分。若设备安装过程中忘记放置吸附剂，随着运行时间增加，导致设备中 SF_6 气体水分持续增加超标，通过检测 SF_6 气体湿度较易发现设备中忘装吸附剂或吸附剂失效等缺陷。

（5）透过密封件渗入的水分。设备中 SF$_6$ 气体压力比外界大气压高 4～5 倍，外界的水分压力比设备内部高。水分子呈 V 形结构，其等效分子直径仅为 SF$_6$ 分子的 0.7 倍，渗透力极强，在内外巨大压差作用下，大气中的水分会逐渐通过密封件渗入到设备中的 SF$_6$ 气体。

（6）设备泄漏点渗入的水分。设备的充气口、管路接头、法兰处、铝铸件砂孔等均为泄漏点，是水分渗入设备内部的通道。空气中的水蒸气逐渐渗透到设备内部是一个持续的过程，时间越长，渗入的水分就越多，使得 SF$_6$ 气体湿度超标。

若检测到设备中 SF$_6$ 气体湿度超标，应对设备中 SF$_6$ 气体进行换气处理，加强设备换气后的 SF$_6$ 气体湿度监测，确保设备运行状态正常。

5.3　SF$_6$ 气体纯度检测技术

设备在充气和抽真空时可能混入空气，其他气体也可能从设备的内部表面或从绝缘材料释放到 SF$_6$ 气体，气体处理设备（真空泵和压缩机）中的油也可能进入到 SF$_6$ 气体中，从而影响运行设备的 SF$_6$ 气体纯度，需定期开展 SF$_6$ 气体纯度带电检测。

5.3.1　SF$_6$ 气体纯度检测方法及注意事项

SF$_6$ 气体纯度的主要检测方法有热导传感器法、气相色谱法、红外光谱法、声速测量原理、高压击穿法和电子捕捉原理等，应用较多的有热导传感器法、气相色谱法和红外光谱法。

5.3.1.1　热导传感器法

1. 检测原理

利用 SF$_6$ 气体通过电化学传感器后，根据传感器电信号值的变化，进行 SF$_6$ 气体含量的定性和定量测试，典型应用是热导传感器。该方法检测快速，操作简单，在现场应用较广，但传感器使用寿命有限。

纯净气体混入杂质气体后，或混合气体中的某个气体组分的含量发生变化，必然会引起混合气体的导热系数发生变化，通过检测气体导热系数的变化，便可准确计算出两种气体的混合比例，由此实现对 SF$_6$ 气体含量的检测。

2. 检测仪器及检测流程

目前，SF$_6$ 气体纯度检测仪大多数采用热导传感器，其结构如图 5-5 所示，主要由参考池和测量池组成，未安装进样器和色谱柱。

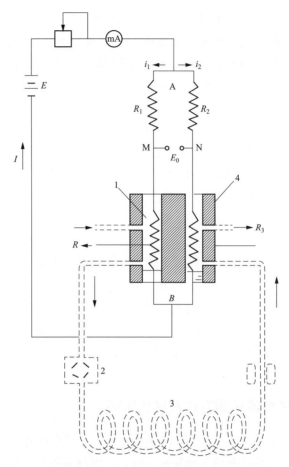

图 5-5　检测 SF_6 气体纯度的热导传感器结构示意图

1—参考池；2—进样器；3—色谱柱；4—测量池

传感器内置电阻，该电阻中经过电流时，像电热器起到加热作用，热量可通过电阻周围的气体传导出去，使电阻的温度降低。该电阻同时是热敏元件，温度的变化使电阻值发生变化，使电桥失衡，在信号输出端产生电压差，输出的电压值与电阻周围气体的导热系数成对应关系，从而检测气体样品中的 SF_6 气体纯度。

与其他 SF_6 气体纯度检测方法相比，热导传感器法的优势在于：

(1) 检测范围宽，最高检测纯度可达 100%；

(2) 系统集成度高，工作稳定性好；

(3) 使用单纯的热导传感器，检测装置结构简单，使用维护方便。

5.3.1.2　气相色谱法

1. 检测原理

以惰性气体（载气）为流动相，以固体吸附剂或涂渍有固定液的固体载体为固定相的柱色谱分离技术，配合热导检测器（TCD），检测出被测气体中的空气和 CF_4 含量，从而得到 SF_6 气体纯度。

该检测方法的特点为：①检测范围广，定量准确；②检测时间长，检测耗气量少；③对 C_2F_6、硫酰类物质等组分分离效果差。

2. 检测仪器及检测流程

（1）仪器构成。气相色谱仪由气路系统、进样系统、分离系统、温控系统和检测记录系统等构成：气相色谱仪的气路有单柱、双柱双气路两种，前者比较简单，后者可补偿因固定液流失、温度变动所造成的影响，因而基线比较稳定；进样系统包括进样装置和汽化室，气体样品可注射进样，也可用定量阀进样；色谱柱是色谱仪分离系统的核心部分，试样中各组分在色谱柱中进行分离，色谱柱主要有填充柱和毛细管柱两类；检测器将经色谱柱分离后顺序流出的化学组分的信息转变为便于记录的电信号，然后对被分离物质的组成和含量进行鉴定和测量。

（2）性能要求。通用性强或专用性好；响应范围宽，可用于常量和痕量分析；稳定性好，噪声低；死体积小，响应快；线性范围宽，便于定量；操作简便耐用。

（3）仪器分类。按其原理与检测特性，气相色谱检测器可分为浓度型检测器、质量型检测器；通用型检测器、选择性检测器；破坏性检测器、非破坏性检测器等。

（4）检测流程。气相色谱仪检测 SF_6 气体纯度的流程如图 5-6 所示。载气由高压钢瓶中输出，经减压阀降压到所需压力后，通过净化干燥管使载气净化，再经稳压阀和转子流量计后，以稳定的压力、恒定的速度流经汽化室与汽化的样品混合，样品气体被带入色谱柱中进行分离。分离后的各组分随着载气进入检测器，载气放空。检测器将物质的浓度或质量的变化转变为一定的电信号，经放大后在记录仪上记录下来，得到色谱峰曲线。根据图谱曲线上得到的每个峰的保留时间，可进行定性分析；根据峰面积或峰高大小，可进行定量分析。

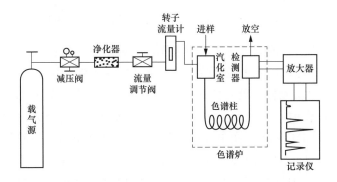

图 5-6　气相色谱仪检测 SF_6 气体纯度流程图

5.3.1.3 红外光谱法

1. 检测原理

当用频率连续变化的红外光照射被分析的试样时，若该物质的分子中某个基团的振动频率与照射红外线相同就会产生共振，则此物质就能吸收这种红外光，分子振动或转动引起偶极矩的净变化，使振-转能级从基态跃迁到激发态。因此，用不同频率的红外光依次通过测定分子时，就会出现不同强弱的吸收现象。红外光谱具有较高的特征性，每种化合物都具有特征的红外光谱，用它可进行物质的结构分析和定量测定。通常用透光率 $T\%$ 作为纵坐标，波长 λ 或波数 $1/\lambda$ 作为横坐标，或用峰数、峰位、峰形、峰强描述。

利用 SF_6 气体在特定波段的红外光吸收特性，对 SF_6 气体进行定量检测，可检测出 SF_6 气体的含量。

该检测方法的特点有：①可靠性高，与其他气体不存在交叉反应；②受环境影响小，反应迅速，使用寿命长；③检测时间长，耗气量大，成本较高。

2. 检测仪器及检测流程

红外光谱仪主要有色散型和干涉型红外光谱仪（即傅里叶变换红外光谱仪）两种，通常用色散型红外光谱仪检测 SF_6 气体纯度，色散型红外光谱仪检测 SF_6 气体纯度的流程如图 5-7 所示。

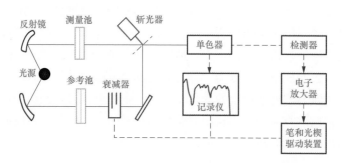

图 5-7　色散型红外光谱仪检测 SF_6 气体纯度流程图

光源发出的辐射被分为等强度的两束光，一束通过测量池（样品池），一束通过参考池。通过参考池的光束经衰减器（也称光楔或光梳）与通过测量池的光束会合于斩光器（也称切光器）处，使两光束交替进入单色器（现一般用光栅）色散之后，同样交替投射到检测器上进行检测。单色器的转动与光谱仪记录装置图谱图纸横坐标方向相关联。横坐标的位置表明了单色器的某一波长（波数）的位置。若样品对某一波数的红外光有吸收，则两光束的强度便不平衡，参比光路的强度比较大。因此检测器产生一个交变的信号，该信号经放大、整流后负反馈于连接衰减器的同步电动机，该电动机使衰减器更多地遮挡参比光束，使之强度减弱，直至两光束又恢复强度相等。此时交变信号为零，不再有反馈信号。此即光学零位平衡原理。移动衰减器的电动机同步地联动记录装置的记录笔，沿图谱图纸的纵坐标方向移动，因此纵坐标表示样品的吸收程度。单色器转动的全过程就得到一张完整的红外光图谱。

5.3.1.4　检测注意事项

（1）在现场检测运行设备中 SF_6 气体纯度，应采用导入式采样法就近取样，检测结果用体积比表示，单位为％。

（2）测量时应缓慢开启气路阀门，调节气体压力和流量，检测过程中保持气体流量的稳定，防止气体压力的突变，以免造成仪器损坏。

（3）纯度仪需定期进行检定和校准，周期一般为半年或1年，根据具体情况而定。

（4）在安全措施可靠的条件下，可在设备带电状况下进行 SF_6 气体纯度检测。

（5）目前，SF_6 气体纯度带电检测仅作为运行设备的诊断性检测手段；使得 SF_6 气体纯度不足的原因较多，若检测到设备中气体纯度不足，需结合其他带电检测手段进行综合诊断，建议加强设备监护。

5.3.2　SF₆气体纯度检测结果分析

1. 控制指标

结合《六氟化硫电气设备中气体管理和检测导则》（GB/T 8905—2012）、《电力设备预防性试验规程》（DL/T 596—2021）和《输变电设备状态检修试验规程》（DL/T 393—2010）等标准及相关规程对运行设备中 SF_6 气体检测的指标要求，电气设备内的 SF_6 气体纯度控制指标见表 5-12。

表 5-12　　　　　　　电气设备内的 SF₆ 气体纯度控制指标

项目	纯度指标（％，体积比）	检测周期
SF₆ 新气	≥99.9	（1）解体检修后；
运行注意值	≥97	（2）诊断性检测

设备内 SF_6 气体纯度较低时，影响 SF_6 气体的绝缘和灭弧性能，可能导致设备发生放电、断路器开断失败等事故，因此提出了运行设备中 SF_6 气体纯度的检测指标及评价标准，见表 5-13。

表 5-13　　　　　　　SF₆ 气体纯度检测指标及评价标准

检测指标（％，体积比）		评价结果
≥97	正常	执行状态检修周期
95～97	跟踪	缩短检测周期，跟踪检测
<95	处理	综合诊断，建议加强监护

2. 结果分析

开展 SF_6 气体纯度带电检测，能及时发现电气设备中 SF_6 气体纯度不足缺陷，而可能造成 SF_6 气体纯度不足的主要原因如下。

（1） SF_6 新气纯度不合格。 SF_6 气体生产过程或出厂检测未达到标准要求，及 SF_6 气体的运输过程和存放环境不符合要求， SF_6 气体存储时间过长等。

（2）充气过程带入的杂质。设备充气时，工作人员未按有关规程和检修工艺要求进行操作，如设备真空度不够，气体管路材质、管路和接口密封性不符合要求等，导致杂质进入 SF_6 气体。

（3）绝缘件吸附的杂质。设备生产厂家在装配前对绝缘未做干燥处理或干燥处理不合格；解体检修设备时，绝缘件暴露在空气中的时间过长。

（4）设备内部缺陷产生的杂质。设备运行中，若发生了局部放电、过热等潜伏性缺陷或故障时，会产生硫化物、碳化物等 SF_6 气体分解产物，从而导致设备中 SF_6 气体纯度不足。

5.4　SF_6 气体分解产物检测技术

现场运行实践表明，与局部放电检测、交流耐压等电气试验方法相比，对于设备部件异常放电或发热、绝缘沿面缺陷、灭弧室内零部件的异常烧蚀等潜伏性故障诊断，及在事故后 GIS 内部故障定位等方面， SF_6 气体分解产物检测方法具有受外界环境干扰小、灵敏度高、准确性好等优势，成为运行设备状态监测和故障诊断的有效手段。

5.4.1　SF_6 气体分解机理

对于正常运行的 SF_6 电气设备，因 SF_6 气体的高复合性（复合率达 99.9% 以上），非灭弧气室中应无分解产物，对于产生电弧的断路器室，因其分合速度快， SF_6 气体具有良好的灭弧功能，及吸附剂的吸附作用，正常运行设备中不存在明显的 SF_6 气体分解产物。

设备长期带电运行或处在放电作用下， SF_6 气体易分解产生 SF_4、SF_2 和 S_2F_2 等多种低氟硫化物。若 SF_6 不含杂质，随着温度降低，分解气体可快速复合还原为 SF_6。因实际应用的设备中 SF_6 含有微量的空气、水分和矿物油等杂质，上述低氟硫化物性质较活泼，易与氧气、水分等再反应，生成相应的固体和气体分解产物。

5.4.1.1　设备缺陷的 SF_6 气体分解机理

SF_6 电气设备发生缺陷或故障时，因故障区域的放电能量及高温产生大量的 SF_6 气体分解产物，放电下的 SF_6 气体分解与还原过程如图 1-5 所示，相关介绍详见 1.2.4.3 SF$_6$ 气体分解产物检测。

1. 放电缺陷

电弧放电下，SF$_6$ 气体分解产物与氧气和水反应，生成 SOF$_2$、SOF$_4$、SO$_2$F$_2$、SO$_2$、HF 和金属氟化物等。

$$SF_4 + H_2O \longrightarrow SOF_2 + HF \tag{5-11}$$

$$SF_4 + O_- \longrightarrow SOF_4 \tag{5-12}$$

$$SOF_4 + H_2O \longrightarrow SO_2F_2 + HF \tag{5-13}$$

$$SOF_2 + H_2O \longrightarrow SO_2 + HF \tag{5-14}$$

火花放电中，大量发生式（5-11）～式（5-14）的反应，生成 SOF$_2$、SO$_2$F$_2$ 和 SO$_2$，与电弧放电相比，SO$_2$F$_2$/SOF$_2$ 比值有所增加，能够检测到 S$_2$F$_{10}$ 或 S$_2$OF$_{10}$ 组分。

电晕放电下的 SF$_6$ 气体反应与火花放电类似，主要生成 SOF$_2$ 和 SO$_2$F$_2$，SO$_2$F$_2$/SOF$_2$ 比值较前两种放电下的比值更高。

不同放电类型产生的 SF$_6$ 气体分解产物 SOF$_2$ 与 SO$_2$F$_2$ 生成量的比较，见表 5-14。

表 5-14　　　　不同放电下的 SOF$_2$ 与 SO$_2$F$_2$ 生成量比较

放电类型	放电时间和操作次数	SO$_2$F$_2$（μL/L）	SOF$_2$（μL/L）	SO$_2$F$_2$/SOF$_2$（比值）
电晕放电（10～15pC）	260h	15	35	0.43
火花放电 170kV 隔离开关开断电容性放电	200 次	5	97	0.05
	400 次	21	146	0.14
245kV 断路器开断电弧放电	31.5kA，5 次	<50	3390	<0.01
	18.9kA，5 次	<50	1560	<0.03

2. 过热缺陷

试验研究表明，在 200℃ 左右时，加热的绝缘材料和 SF$_6$ 气体性质活跃，甚至某些绝缘材料在此温度下已开始分解，相互发生反应；主要的固体绝缘材料有氧化铝、二氧化硅和环氧树脂的添加物等。

绝缘材料被加热后，可与 SF$_6$ 气体发生反应，主要有绝缘材料（C$_x$H$_y$）、聚四氟乙烯（TVFE，含有 CF$_2$）和石墨（C）等发生的化学反应，例如：

$$C_xH_y + SF_6 \longrightarrow CF_4 + H_2S \tag{5-15}$$

SF$_6$ 气体还与 Al$_2$O$_3$ 发生反应：

$$2Al_2O_3 + 2SF_6 \longrightarrow 4AlF_3 + 2SO_2 + O_2 \tag{5-16}$$

SF$_6$ 气体与绝缘材料间的相互作用可用两个步骤进行描述：①绝缘材料被高温热解，裂解产物为 CH$_4$、CO$_2$ 等；②涉及 SF$_6$ 气体及其分解产物间的气相反应，

197

伴随着电弧熄灭过程中所产生的挥发性物质。这些分解产物与硅材料绝缘子反应，将氧氟化物转换为 HF。因绝缘材料能吸收水分，挥发性物质含有大量的水分与 SF_4 反应生成 SOF_2，长期在绝缘子表面发生与水的反应，致使放电后几个小时内缓慢产生 SOF_2。

当 HF 分子遇到硅填充物，发生化学反应，SO_2 含量增加伴随着 SOF_2 信号的降低。同时，硫氧氟化物对 SF_6 电气设备内部零部件会产生侵蚀破坏，尤其对含 Si、Al 物质的零部件侵蚀较严重。全氟化碳中的 C 原子与 SF_6 气体的 F 原子反应主要形成惰性全氟化碳化合物。

由此，在异常发热工况下，主要生成 SO_2、HF、H_2S、CF_4 SOF_2 和 SO_2F_2 等气体和固体分解产物。

5.4.1.2　设备缺陷的 SF_6 气体分解产物

1.电弧放电

在大电流电弧下，试验电流为 1kA～50kA，电极材料主要为铜、铝和钨等，产生的主要分解产物是 SOF_2、SOF_4、SO_2F_2、SO_2、HF 和 CF_4 气体组分，电弧放电产生的 SF_6 气体分解产物分布如图 5-8 所示。其中，SOF_2 含量与电弧能量呈线性关系增长，在环氧盆式绝缘子的电弧试验中检测到了 CF_4 组分，其他试验检测到了微量的 SOF_4、SO_2、CO_2、H_2S、HF 和 WF_6 组分。

2.局部放电

对电晕和局部放电下，采用针—板结构，放电材料有低碳钢、聚乙烯、铝和尼龙，产生的分解产物主要有 SOF_2、SOF_2、SOF_4 和 SF_4 等，局部放电产生的 SF_6 气体分解产物分布如图 5-9 所示；与图 5-11 相比，SO_2F_2/SOF_2 比值增加，SOF_4 含量增加。试验中发现，低能量放电主要产生 SO_2F_2，随着放电能量增加，生成 SOF_2。

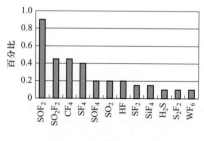

图 5-8　电弧放电产生的
SF_6 气体分解产物分布

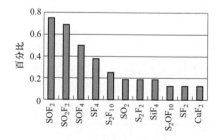

图 5-9　局部放电产生的
SF_6 气体分解产物分布

3.异常过热

SF_6 气体在设备运行温度下的热和化学稳定性是重要特性，因为它会影响设备的长期可靠性和老化性能。与放电分解产物相比，热分解产物引起的关注较少，主要针对 SF₆ 气体中绝缘材料受热进行了试验研究。环氧、聚乙烯、特氟龙和酚醛等高分子材料常被用作开关设备固体绝缘材料，如 GIS 盆式绝缘子填充环氧材料。材料加热产生 SO_2、SO_2F_2、CO 和 SOF_2 等特征组分，异常发热产生的 SF₆ 气体分解产物分布如图 5-10 所示，与电弧、局部放电产生的分解产物有明显的差异，热分解产生的 SO_2 和 HF 气体含量较高。

4. 特征分解产物

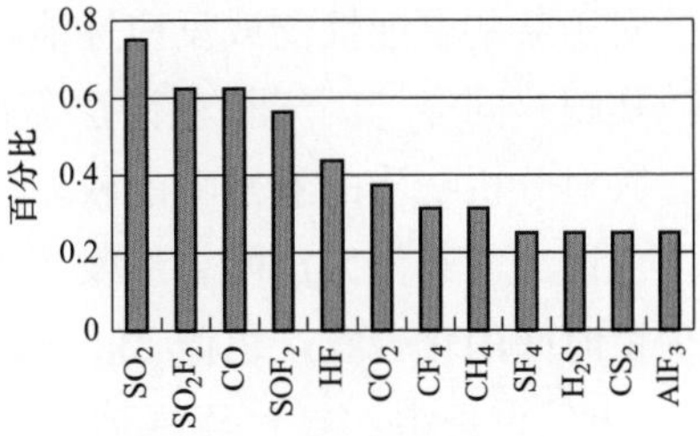

（1）在电弧放电作用下，产生的 SF₆ 气体分解产物主要有 SOF_2、SO_2、H_2S 及 HF 等。

（2）在火花放电中，形成的 SF₆ 气体分解产物主要是 SOF_2、SO_2F_2、SO_2、H_2S 及 HF 等，但与电弧作用下生成物之间的比值有所变化。

图 5-10 异常发热产生的
SF₆ 气体分解产物分布

（3）电晕放电产生的主要 SF₆ 气体分解产物为：SOF_2、SO_2F_2、SO_2 及 HF 等。

（4）在放电和热分解过程中，及水分作用下，SF₆ 气体分解产物为 SOF_2、SO_2F_2、SO_2、HF 等；当故障涉及固体绝缘材料时，还会产生 CF_4、H_2S、CO 及 CO_2 等。

（5）SO_2 和 H_2S 为主要检测对象。因 SOF_2、SOF_4 与 SOF_2 等分解产物属于中间态产物，在运行设备检测到这几种分解产物的含量较少。SF₆ 电气设备故障时产生的分解产物主要为 SO_2、H_2S 和 HF，由于 HF 气体的活跃性及其强腐蚀性，尚缺乏 HF 气体的有效检测技术。由此，以 SO_2 和 H_2S 气体组分作为判断被检测设备是否存在故障的特征分解产物，可准确、快速诊断设备内部缺陷和待测设备的潜伏性故障。

5.4.2 SF₆气体分解产物检测方法

设备中 SF₆ 气体分解产物的检测方法有气相色谱法、色谱-质谱联用法、离子色谱分析法、红外光谱法、检测管法、化学分析法和传感器法等，不同方法的检测原理、技术条件和适用范围各异；其中，气相色谱法、红外光谱法、检测管法和电化学传感器法的应用较广，提供了 SF₆ 气体分解产物检测技术的应用基础。

5.4.2.1 气相色谱法

1. 检测原理

气相色谱是以惰性气体（载气）为流动相，以固体吸附剂或涂渍有固定液的固体载体为固定相的柱色谱分离技术，配合热导检测器（TCD）、火焰光度检测器

（FPD）、电子捕获检测器（ECD）、氢火焰离子化检测器（FID）和氦离子化检测器（PDD）等，可对气体样品中的硫化物、含卤素化合物和电负性化合物等物质灵敏响应；检测精度较高，主要用于实验室测试分析。由载气把样品带入色谱柱，利用样品中各组分在色谱柱中的气相和固定相间的不同分配系数进行分离，通过检测器进行检测。

对于某些腐蚀性能或反应性能较强的物质（如 HF 气体）的分析，气相色谱法难以实现；同样，因气相色谱法需由标准物质进行定量，在缺乏标准物质的前提下，其对分析物质的鉴别功能较差。

色谱法与其他方法配合可发挥更大的作用，色谱-质谱联用可有效分离具有相同保留时间的化合物，色谱-红外联用可解决同分异构体的定性。

《电气设备中六氟化硫气体及其混合物再利用规范》（IEC 60480—2019）和《六氟化硫电气设备中气体管理和检测导则》（GB/T 8905—2012）中提出了 SF_6 气体现场分析方法，提出采用配置 TCD 的气相色谱仪检测 SF_6 气体中的 SO_2、SOF_2、空气和 CF_4 等杂质成分。目前，研制的便携式色相色谱仪（GC-TCD）可实现 SF_6 气体绝缘设备内空气、CF_4 等组分的现场测试。

2. 气相色谱仪

气相色谱仪由气路、进样、分离、温控、检测和数据处理等系统组成。目前用于设备中 SF_6 气体分解产物的气相色谱仪主要有 TCD 与 FPD 并联和双 PDD 并联两种检测器配置。

（1）TCD 与 FPD 并联。采用 TCD 与 FPD 并联的色谱分析流程如图 5-11 所示，由六通阀进样，被测气体样品进入 TCD 和 FPD 进行检测分析。

采用 TCD 与 FPD 并联的色谱流程，气相色谱仪的检测分析条件及相应参数设置见表 5-12。

利用 TCD 与 FPD 并联配置的色谱仪对 SF_6 气体进行检测分析，检测到的典型色谱图谱如图 5-12 所示，检测组分及其保留时间见表 5-16。TCD 检测 Air、CO_2、CF_4 和 C_3F_8，FPD 检测 H_2S、SOF_2 和 SO_2。

（2）双 PDD 并联。采用双 PDD 并联的色谱分析流程如图 5-13 所示，采用六通阀进样，被测气体样品进入两个 PDD 进行检测分析。

采用双 PDD 检测器并联的色谱流程，气相色谱仪的检测分析条件及相应参数设置，见表 5-17。

利用双 PDD 并联配置的气相色谱仪对 SF_6 气体进行检测分析，检测到的典型色谱图谱如图 5-14 所示，检测组分及其保留时间见表 5-18，PDD1 检测 O_2、N_2、CO、CF_4、CO_2 和 C_2F_6，PDD2 检测 SO_2F_2、H_2S、C_3F_8、COS、SOF_2、SO_2 和 CS_2。

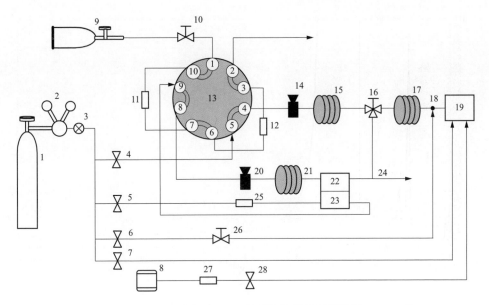

图 5-11   TCD 与 FPD 并联的色谱分析流程图

1—载气瓶（H₂）；2—减压阀；3—稳压阀；4—B 路稳流阀（FPD 通道）；5—参比气稳流阀；6—补
气稳流阀；7—燃气稳流阀；8—空气泵；9—样品气气源；10—样品气截止阀；11—A 路定量管；
12—B 路定量管；13—十通进样阀；14—B 路手动进样口；15—B 路色谱柱 1；16—三通阀门；
17—B 路色谱柱 2；18—三通接头；19—FPD 检测器；20—A 路手动进样口；21—A 路色谱柱；
22—TCD 测量臂；23—TCD 参考臂；24—废气放空三通接头；25—缓冲管；26—补气截止阀；
27—净化管；28—空补气稳流阀

表 5-15   TCD 与 FPD 并联的色谱分析条件及参数设置

检测器	分析条件	参数设置
TCD	柱箱温度	50℃
	检测器温度	55℃
	桥流	150mA
	A 路通道载气流量	30mL/min
	色谱柱	Porapak QS 柱 4m
FPD	柱箱温度	50℃
	检测器温度	160℃
	B 路通道载气流量	30mL/min
	氢气流量	30mL/min
	空气流量	60mL/min
	色谱柱	Porapak QS 柱 2m

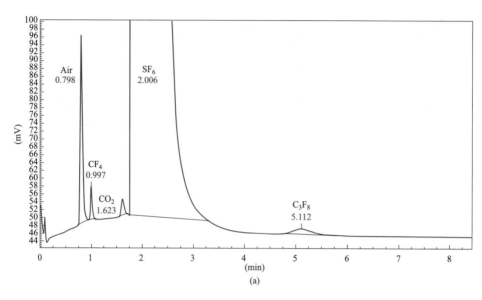

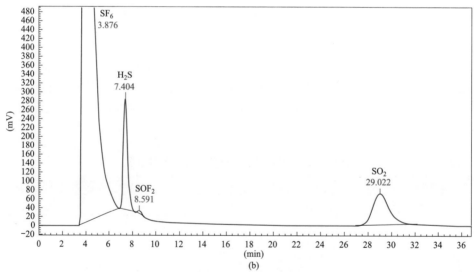

图 5-12　TCD 与 FPD 并联分析的典型色谱图谱

（a）TCD 色谱图谱；（b）FPD 色谱图谱

（3）性能要求。从运行设备中采集 SF_6 气体样品用气相色谱仪进行实验室检测分析时，应采用不与试验样品发生反应和吸附的容器采集样品。

根据色谱仪检测要求，载气可选择氦气（He）或氢气（H_2），应为高纯气体（纯度不小于 99.999%）；燃气选用高纯 H_2（纯度不小于 99.999%），助燃气采用纯净无油空气，驱动气采用 N_2、He 或压缩空气。气相色谱仪检测精度应满足

表 5-19 要求。

表 5-16   **TCD 与 FPD 并联的检测组分及保留时间**

检测器	检测组分	保留时间（min）
TCD	Air	0.80
	CF_4	0.99
	CO_2	1.62
	SF_6	2.01
	C_3F_8	5.11
FPD	SF_6	3.88
	H_2S	7.40
	SOF_2	8.60
	SO_2	29.02

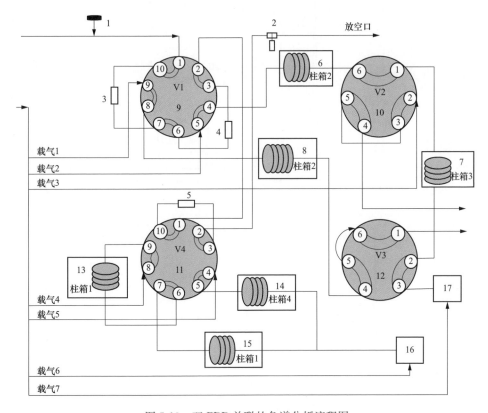

图 5-13 双 PDD 并联的色谱分析流程图

1—针型阀；2—压力传感器；3—定量管1；4—定量管2；5—定量管3；6—色谱柱1；7—色谱柱2；
8—色谱柱3；9—十通阀1；10—六通阀1；11—十通阀2；12—六通阀2；13—色谱柱4；
14—色谱柱5；15—色谱柱6；16—PDD1；17—PDD2

表 5-17 双 PDD 色谱分析流程的分析条件及参数设置

分析条件	参数设置
柱箱 1 温度	50℃
柱箱 2 温度	120℃
柱箱 3 温度	60℃
柱箱 4 温度	70℃
PDD 温度	150℃
载气流量	30mL/min
色谱柱 1	TekayA 柱 2m
色谱柱 2	TekayB 柱 2m
色谱柱 3	TekayC 柱 2m
色谱柱 4	TekayD 柱 4m
色谱柱 5	TekayE 柱 4m
色谱柱 6	Permant 柱 2m

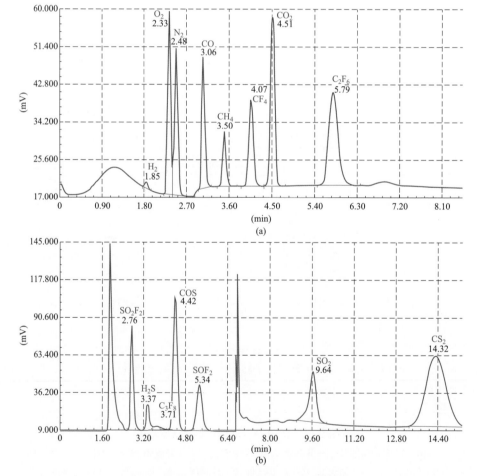

图 5-14 双 PDD 并联分析的典型色谱图谱

(a) PDD1 色谱图谱；(b) PDD2 色谱图谱

3. 检测流程

(1) 检测前准备工作。打开载气阀门，接通主机电源，连接色谱仪主机与工作站；调节合适的载气流量，设置色谱仪工作参数、检测器温度和色谱柱温度等；待温度稳定后，观察色谱工作站显示基线，确定色谱仪性能处于稳定备用状态。

表 5-18   双 PDD 并联的检测组分及保留时间

检测器	检测组分	保留时间（min）
PDD1	O$_2$	2.33
	N$_2$	2.48
	CO	3.06
	CF$_4$	4.07
	CO$_2$	4.51
	C$_2$F$_6$	5.79
PDD2	SO$_2$F$_2$	2.76
	H$_2$S	3.37
	C$_3$F$_8$	3.71
	COS	4.42
	SOF$_2$	5.34
	SO$_2$	9.61
	CS$_2$	14.32

表 5-19   气相色谱仪检测精度   （μL/L）

气体组分	检测精度
SO$_2$、H$_2$S、SO$_2$F$_2$、SOF$_2$	1
CO、CF$_4$、CO$_2$、C$_2$F$_6$、C$_3$F$_8$	50

(2) 色谱仪标定。采用外标法，在色谱仪工作条件下，用标气对检测分析的SF$_6$气体分解产物组分进样标定。

(3) 气体进样。将色谱仪进样阀置于取样位置，连接气体样品（设备阀门或采气装置）与色谱仪取样口；按照色谱仪使用条件，打开设备阀门，控制流量，冲洗定量管及取样气体管路后，关断气体样品。

(4) 检测分析。在气相色谱仪稳定工作状态下，按色谱仪说明书进行测试，待仪器响应稳定，记录色谱响应值。

(5) 检测完毕后，关闭进样阀门和色谱仪电源。若在现场检测，恢复设备至检测前状态。用 SF$_6$ 气体检漏仪进行检漏，如发生气体泄漏，应及时维护处理。

4. 检测数据处理

气相色谱仪采用双 PDD 配置时，响应输出的色谱峰与组分含量成线性，直接用标气进行外标定量。若采用 TCD 与 PDD 并联的色谱分析流程，检测结果需进行数据处理。

（1）气相色谱仪 TCD 检测结果计算采用外标定量法，各组分含量计算式为：

$$C_i = \frac{A_i}{A_s} \times C_s \tag{5-17}$$

式中　C_i——试样中被测组分 i 的含量，$\mu L/L$；

　　　A_i——试样中被测组分 i 的峰面积，$\mu V \cdot s$；

　　　C_s——标气中被测组分 i 的含量，$\mu L/L$；

　　　A_s——标气中被测组分 i 的峰面积，$\mu V \cdot s$。

（2）气相色谱仪 FPD 检测器检测组分结果采用外标定量法，计算式为：

$$C_i = \frac{\sqrt{A_i}}{\sqrt{A_s}} \times C_s \tag{5-18}$$

式中　C_i——试样中被测组分 i 的含量，$\mu L/L$；

　　　A_i——试样中被测组分 i 的峰面积，$\mu V \cdot s$；

　　　C_s——标气中被测组分 i 的含量，$\mu L/L$；

　　　A_s——标气中被测组分 i 的峰面积，$\mu V \cdot s$。

5.4.2.2　红外光谱法

1. 检测原理

红外光谱法可用于检测 SF_6 气体及其分解产物含量。与 SF_6 气体纯度检测原理类似，利用一束红外光穿过样品气体时，由于样品气体对红外光的吸收，红外光的吸收量与该气体浓度之间呈线性关系。透过的光与发射的光的比值对波长的函数构成了样品物质的红外吸收光谱，特定气体的红外吸收光谱将在该气体的吸收波长处表现出尖峰。

红外光谱的特征性和化学键的振动是密切相关的，凡是能用于鉴定原子基团存在并有较高强度的吸收峰，称之为特征峰，对应的频率称之为特征频率，该基团其他的振动形式的吸收峰，习惯上把这些相互依存而又相互可以佐证的吸收峰称之为相关峰。由于在中红外光谱范围内，几乎自然界的所有气体都有吸收效应（包括 SF_6 及其分解产物），故采用红外宽谱光源的吸收光谱技术可以有效测量 SF_6 气体分解产物含量。

2. 红外光谱仪

采用傅里叶红外光谱仪检测设备中 SF_6 气体分解产物，其根据光的相干性原理设计，因此是一种干涉型光谱仪，主要由光源（硅碳棒，高压汞灯）、干涉仪、检测器、计算机和记录系统组成。大多数傅里叶红外光谱仪使用了迈克尔逊（michelson）干涉仪，将两束光程差按一定速度变化的复色红外光相互干涉，形成干涉光，再与样品作用。实验测量的原始光图谱是光源的干涉图，通过计算机对干涉图进行快速傅里叶变换计算，得到以波长或波数为函数的光图谱。

傅里叶红外光谱仪的结构如图 5-15 所示，光源发出的光被分束器（类似半透半反镜）分为两束，一束经反射到达动镜，另一束经透射到达定镜。两束光分别经定镜和动镜反射再回到分束器，动镜以一恒定速度做直线运动，经分束器分束后的两束光形成光程差，产生干涉。干涉光在分束器会合后通过样品池，通过样品后含有样品信息的干涉光到达检测器，通过傅里叶变换对信号进行处理，得到透过率或吸光度随波数或波长的红外吸收光图谱。

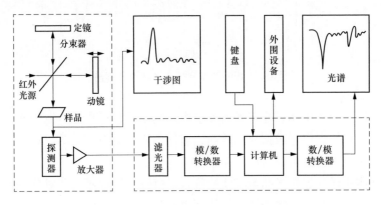

图 5-15　傅里叶红外光谱仪结构示意图

红外光谱仪具有高分辨率和快速响应两个特点。实际测量中，应该对整个红外光谱进行多次测量并求平均以减少噪声干扰。光图谱须具有足够的分辨率，能分辨出吸收频带，进而对气体组分进行定性和定量。不同的气体成分有其特定的红外吸收波长，SF$_6$ 气体及其分解产物的特征峰见表 5-20，分解产物的红外光图谱如图 5-16 所示。

表 5-20　　　　　　　　　SF$_6$ 气体及其分解产物的特征峰　　　　　　　　　（cm^{-1}）

气体	特征峰
SO$_2$F$_2$	1501、1269、885
C$_3$F$_8$	1249、1116
C$_2$F$_6$	1348、1261、1208、1153、1006、732
CF$_4$	1278
SOF$_2$	1339、808、746
SF$_4$	872、730
SO$_2$	1371、1350、1151、1134
SF$_6$	946

红外光谱法存在的问题是：SF$_6$ 及其部分分解气体的吸收峰十分接近，发生交叉干扰，须使用标气得到参考图谱对分析结果进行校正；红外光源强度低，检测器灵敏度低，造成其定量精度不高。

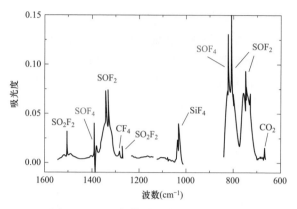

图 5-16　SF_6 气体分解产物红外光图谱

3. 检测流程

（1）检测前准备工作。连接光谱仪主机与真空泵、进样端、氮气吹扫系统的管路；连接主机与数据终端数据线；接通光谱仪主机及真空泵电源，对气体池进行抽真空；确认仪器工作正常，备用。

（2）气体进样。连接样品至气体池管路，打开气体池阀门，对管路和气体池抽真空；打开样品气阀门，缓慢调节气体池进气阀门，按红外光谱仪说明书控制气体池压力，冲洗气体池 3 次。

关闭真空泵阀门，缓慢旋开气体池进气阀门调节气体池压力至约 0.1MPa，关闭气体池出真空阀门。

（3）检测分析。在红外光谱仪稳定工作状态下，按仪器说明书进行操作，对气体样品进行扫描输出图谱，利用仪器内置软件计算被检测气体含量。

（4）检测完毕后，关闭真空泵阀门，断开气体池与真空泵连接管，切断真空泵电源和仪器电源。

5.4.2.3　检测管法

1. 检测原理

被测气体与检测管内填充的化学试剂发生反应生成特定的化合物，引起指示剂颜色的变化，根据颜色变化指示的长度得到被测气体中所测组分的含量。

检测管可用来检测 SF_6 气体分解产物中 SO_2、HF、H_2S、CO、CO_2 和矿物油等杂质的含量，测量原理是应用化学反应与物理吸附效应的干式微量气体分析法，即"化学气体色层分离（析）法"。其中，HF 因具有强腐蚀性，使其现场检测手段受到较大限制，大多用气体检测管测量其含量变化。图 5-17 所示为 SO_2 气体检测管（量程为 $10\mu L/L$）测量故障气体时呈现的填料变色。

现场检测时，可直接利用设备压力给气体检测管进样，在设定时间内以标定的流速流过检测管，根据管内颜色变化的长度得到所测气体浓度。气体检测管测量范围大、操作简便、分析快速、适应性较好，且具有携带方便、不需维护等特点，在开关设备 SF₆ 气体分解产物的现场检测中得到了广泛应用。但气体检测管的检测精度较低，受环境因素影响较大，且不同气体间易发生交叉干扰等现象，由此仅推荐其用于 SF₆ 气体分解产物含量的粗测。

图 5-17　SO₂ 气体检测管填料变色

2. 检测流程

采用气体检测管检测 SF₆ 气体分解产物时，可通过采集装置直接检测设备中 SF₆ 气体，或用采样容器取气进行检测。

（1）采集装置检测方法。

1）用气体管路接口连接气体采集装置与设备取气阀门，按检测管使用说明书要求连接气体采集装置与气体检测管。

2）打开设备取气阀门，按照检测管使用说明书，通过气体采集装置调节气体流量，先冲洗气体管路约 30s 后开始检测；达到检测时间后，关闭设备阀门，取下检测管。

3）从检测管色柱所指示的刻度上，读取被测气体中所测组分指示刻度的最大值。

4）现场检测完毕后，恢复设备至检测前状态。用 SF₆ 气体检漏仪进行检漏，如发生气体泄漏，应及时维护处理。

（2）采样容器取样检测方法。

1）气体取样。

a. 按图 5-18 所示连接气体采样容器取样系统。

b. 关闭针型阀门，旋转三通阀，使采样容器与真空泵接通，启动真空泵对取样系统抽真空，至取样系统中的真空压力表降为 -0.1MPa。

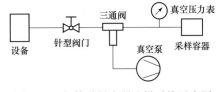

c. 维持 1min，观察真空压力表指示，确定取样系统密封性能是否良好。

图 5-18　气体采样容器取样系统示意图

d. 打开设备取气阀门，调节针型阀门，旋转三通阀，将采样容器与设备接通，使设备中的气体充入采样容器中，充气压力不宜超过 0.2MPa。

e. 重复步骤 b～d，用设备中的气体冲洗采样容器 2～3 次后开始取样，取样完毕后依次关闭采样容器的进气口、针型阀门和设备阀门，取下采样容器，贴上标签。

2) 按照采样器使用说明书，将气体检测管与气体采样容器和采样器连接，按照检测管使用说明书要求对采样容器中的气体进行检测，达到检测时间后，取下检测管，关闭采样容器的出气口。

3) 从检测管色柱所指示的刻度上，读取被测气体中所测组分指示刻度的最大值。

4) 现场检测完毕后，恢复设备至检测前状态。用 SF$_6$ 气体检漏仪进行检漏，如发生气体泄漏，应及时维护处理。

5.4.2.4 电化学传感器法

1. 检测原理

电化学传感器技术利用被测气体在高温催化剂作用下发生的化学反应，改变传感器输出的电信号，从而确定被测气体成分及其含量。电化学传感器具有较好的选择性和灵敏度，被广泛应用于 SF$_6$ 气体分解产物的现场检测。

目前，已投入商业运行的传感器可检测出 SO$_2$、H$_2$S 和 CO 等气体组分，尚缺乏检测 CF$_4$ 等其他组分的传感器，基本满足 SF$_6$ 气体分解产物现场检测的需求；具有检测速度快、效率高、数据处理简单、易实现联网或在线监测等优势，但应用中需解决传感器在不同气体之间的交叉干扰问题，分析仪器的温漂（零漂）特性和寿命衰减趋势，校准仪器的测量准确度和重现性等性能指标，确保 SF$_6$ 气体分解产物检测结果的可靠性和有效性。

2. 检测仪器

采用电化学传感器原理的 SF$_6$ 气体分解产物检测仪已被广泛应用于运行设备的 SF$_6$ 气体带电检测，对检测仪的主要技术要求有：

（1）采用电化学传感器原理，能同时检测设备中 SF$_6$ 气体分解产物的 SO$_2$、H$_2$S 和 CO 组分的含量；

（2）对 SO$_2$ 和 H$_2$S 气体的检测量程应不低于 $100\mu L/L$，CO 气体的检测量程应不低于 $500\mu L/L$；

（3）检测时所需气体流量应不大于 $300mL/min$，响应时间应不大于 $60s$；

（4）检测仪接口能连接设备的取气阀门，且能承受设备内部的气体压力；

（5）应在检验合格报告有效期内使用，需每年进行检验；

（6）根据性能指标不同，检测仪可分为 A 类和 B 类，A 类检测仪通常用于通过检测设备中 SF$_6$ 气体分解产物判断设备是否存在潜伏性故障，B 类检测仪通常用于检测设备故障后的气体分解产物。

对于仪器厂家生产的仪器和运行单位使用的仪器，需开展型式试验、交接试验和周期性检定，主要性能指标为仪器的准确度和重复性。

1) 准确度用测量误差表示，应满足表 5-21 的要求。

2) 重复性允许误差应满足表 5-22 的要求。

表 5-21　　　　　　　SF₆ 气体分解产物检测仪的最大测量误差

检测仪类别	试验类型	检测组分	检测范围（μL/L）	最大测量误差
A 类	型式试验、交接试验	SO₂ 和 H₂S	0～10	±0.5μL/L
			10～100	±5%
		CO	0～50	±2μL/L
			50～500	±4%
	周期性检定	SO₂ 和 H₂S	0～10	±1μL/L
			10～100	±10%
		CO	0～50	±3μL/L
			50～500	±6%
B 类	型式试验、交接试验和周期性检定	SO₂ 和 H₂S	0～10	±3μL/L
			10～100	±30%

表 5-22　　　　　　SF₆ 气体分解产物检测仪的重复性允许误差

检测仪类别	检测组分	检测范围（μL/L）	允许误差
A 类	SO₂ 和 H₂S	0～10	0.2μL/L
		10～100	2%
	CO	0～50	1.5μL/L
		50～500	3%
B 类	SO₂ 和 H₂S	0～10	3μL/L
		10～100	30%

3. 检测流程

电化学传感器法的分解产物检测仪广泛用于现场检测，实验室检测参考以下流程：

（1）检测前，应检查检测仪电量，若电量不足应及时充电。用高纯 SF₆ 气体冲洗检测仪，直至仪器示值稳定在零点漂移值以下，对有软件置零功能的仪器进行清零。

（2）用气体管路接口连接检测仪与设备，采用导入式取样方法就近检测 SF₆ 气体分解产物的组分及其含量。检测用气体管路不宜超过 5m，保证接头匹配、密封性好，不得发生气体泄漏现象。

（3）按照检测仪操作使用说明书调节气体流量进行检测，根据取样气体管路的长度，先用设备中气体充分吹扫取样管路中的气体。检测过程中应保持检测流量的稳定，并随时注意观察设备气体压力，防止气体压力异常下降。

（4）根据检测仪操作使用说明书的要求判定检测结束时间，记录检测结果。重复检测两次。

（5）检测过程中，若检测到 SO_2 或 H_2S 气体含量大于 $10\mu L/L$ 时，应在本次检测结束后立即用 SF_6 新气对检测仪进行吹扫，直至仪器示值为零。

（6）检测完毕后，关闭设备的取气阀门，恢复设备至检测前状态。用 SF_6 气体检漏仪进行检漏，如发生气体泄漏，应及时维护处理。

（7）检测工作结束后，按照检测仪操作使用说明书对检测仪进行维护。

5.4.2.5　检测注意事项

（1）检测结果用体积比表示，单位为 $\mu L/L$；取两次有效检测结果的算术平均值作为最终检测结果，所得结果应保留小数点后 1 位有效数字。

（2）检测时，应认真检查气体管路、检测仪器与设备的连接，防止气体泄漏，必要时检测人员应佩戴安全防护用具。

（3）测量时缓慢开启气路阀门，调节气体压力和流量。测量过程中保持气体流量的稳定，并随时检测被测设备的气体压力，防止设备压力异常下降。

（4）色谱仪开机前应先打开载气阀门，再开主机；关闭色谱仪时，先关主机，后关载气阀门，以避免损坏检测器。

（5）定期对气体采集装置的流量计进行校准，确保检测结果的准确度；用采样容器取样检测前，应先检查采样器是否漏气，如有漏气现象，应及时维护处理；气体检测管应在有效期内使用。

（6）在安全措施可靠的前提下，在设备带电状况下进行 SF_6 气体分解产物检测。

（7）检测仪器的尾部排气应回收处理。

5.4.3　检测结果的数据分析

5.4.3.1　控制指标

为加强对 SF_6 电气设备的监督与管理，指导运行设备中 SF_6 气体分解产物的现场检测，《SF_6 气体分解产物检测技术现场应用导则》（Q/GDW 1896—2013）提出了 SF_6 气体分解产物的检测周期和检测指标。

在安全措施可靠的条件下，可在设备带电状况下进行 SF_6 气体分解产物检测，不同电压等级设备的 SF_6 气体分解产物检测周期见表 5-23。

运行设备中 SF_6 气体分解产物的检测指标和评价结果见表 5-24。若设备中 SF_6 气体分解产物 SO_2 或 H_2S 含量出现异常，应结合 SF_6 气体分解产物的 CO、CF_4 含量及其他状态参量变化、设备电气特性、运行工况等，对设备状态进行综合诊断。

表 5-23　　　　　不同电压等级设备的 SF₆ 气体分解产物检测周期

标称电压（kV）	检测周期	备注
750、1000	（1）新安装和解体检修后投运 3 个月内检测 1 次； （2）交接验收耐压试验前后； （3）正常运行每 1 年检测 1 次； （4）诊断性检测	诊断性检测： （1）发生短路故障、断路器跳闸时； （2）设备遭受过电压严重冲击时，如雷击等； （3）设备有异常声响、强烈电磁振动响声时
330～500	（1）新安装和解体检修后投运 1 年内检测 1 次； （2）交接验收耐压试验前后； （3）正常运行每 3 年检测 1 次； （4）诊断性检测	
66～220	（1）与状态检修周期一致； （2）交接验收耐压试验前后； （3）诊断性检测	
≤35	诊断性检测	

表 5-24　　　　　SF₆ 气体分解产物的检测指标和评价结果

气体组分	检测指标（μL/L）		评价结果
SO₂	≤1	正常值	正常
	1～5*	注意值	缩短检测周期
	5～10*	警示值	跟踪检测，综合诊断
	＞10	警示值	综合诊断
H₂S	≤1	正常值	正常
	1～2*	注意值	缩短检测周期
	2～5*	警示值	跟踪检测，综合诊断
	＞5	警示值	综合诊断

注　1. 灭弧气室的检测时间应在设备正常开断额定电流及以下电流 48h 后。
　　2. CO 和 CF₄ 作为辅助指标，与初值（交接验收值）比较，跟踪其增量变化，若变化显著，应进行综合诊断。
＊　不大于该值。

5.4.3.2　检测结果分析

1. 设备放电缺陷的特征分解产物

SF₆ 电气设备内部出现的局部放电，体现为悬浮电位（零件松动）放电、零件间放电、绝缘物表面放电等设备潜在缺陷，这种放电以仅造成导体间的绝缘局部短（路桥）接而不形成导电通道为限，主要因设备受潮、零件松动、表面尖端、制造工艺差和运输过程维护不当而造成的。开关设备发生气体间隙局部放电故障的能量较小，通常会使 SF₆ 气体分解，产生微量的 SO₂、HF 和 H₂S 等气体。

SF₆ 电气设备由于内部绝缘缺陷导致导电金属对地放电及气体中的导电颗粒杂质引起对地放电时，释放能量较大，表现为电晕、火花或电弧放电，故障区域的SF₆ 气体、金属触头和固体绝缘材料分解产生大量的 SO₂、SOF₂、H₂S、HF、金属氟化物等。

在电弧作用下，SF_6 气体的稳定性分解产物主要是 SOF_2，在火花放电中，SOF_2 也是主要分解物，但 SO_2F_2/SOF_2 比值有所增加，还可检测到 S_2F_{10} 和 S_2OF_{10}，分解产物含量的顺序为 $SOF_2 > SOF_4 > SiF_4 > SO_2F_2 > SO_2$；在电晕放电中，主要分解物仍是 SOF_2，但 SO_2F_2/SOF_2 比火花放电中的比值高。

2. 设备过热缺陷的特征分解产物

SF_6 开关设备因导电杆连接的接触不良，使导体接触电阻增大，导致故障点温度过高。当温度超过 $500°C$，SF_6 气体发生分解，温度达到 $600°C$ 时，金属导体开始熔化，并引起支撑绝缘子材料分解。试验表明，在高气压、温度高于 $190°C$ 下，固体绝缘材料会与 SF_6 气体发生反应，当温度更高时绝缘材料甚至直接分解，此类故障主要生成 SO_2、HF、H_2S 和 SO_2F_2 等分解产物。

设备发生内部故障时，SF_6 气体分解产物还有 CF_4、SF_4 和 SOF_2 等物质；由于设备气室中存在水分和氧气，这些物质会再次反应生成稳定的 SO_2 和 HF 等。大量的模拟试验表明，SF_6 分解产物与材料加热温度、压强和时间紧密相关；随气体压力增加，SF_6 气体分解的初始温度降低，若受热温度上升，气体分解产物的含量随之增加。

因此，在放电和热分解过程中及水分作用下，SF_6 气体分解产物主要为 SO_2、SOF_2、SO_2F_2 和 HF，当故障涉及固体绝缘材料时，还会产生 CF_4、H_2S、CO 和 CO_2。

5.5 典型案例分析

5.5.1 110kV GIS 多个气室 SF_6 气体湿度缺陷

5.5.1.1 案例经过

2018 年 7 月，在某变电站进行 110kV GIS 设备带电测试 SF_6 气体湿度工作中，测得 5 个气室湿度异常；与 2015 年首检数据相比，增长较大，超过或即将超过相关标准规定。对这 5 个气室进行 SF_6 气体湿度跟踪测试，发现部分气室湿度仍有增大趋势。12 月 22 日对这 5 个气室进行开罐处理，母线气室加装了吸附剂、断路器气室更换了吸附剂，处理完毕后 SF_6 湿度检测合格。

5.5.1.2 检测分析方法

2018 年 7 月 26 日，试验人员在进行带电测试时测得 101 断路器气室、102 断路器气室、152 断路器气室、3M 2 号气室、1M 2 号气室 SF_6 气体湿度分别为 257.9、308、259.4、558、568μL/L，超过或即将超过相关标准规定，SF_6 气体分解产物测试均合格。

每两个星期对这 5 个气室进行一次 SF$_6$ 气体湿度测试。跟踪测试 5 个月发现，3M 2 号气室、1M 2 号气室 SF$_6$ 气体湿度始终超标并有增大趋势，101 断路器气室、102 断路器气室、152 断路器气室 SF$_6$ 气体湿度有所降低，维持在 $200\mu L/L$ 左右，具体数据见表 5-25。

表 5-25　　　　　　　　　　SF$_6$ 气体湿度检测记录　　　　　　　　　　$(\mu L/L)$

测试时间	101 断路器气室	102 断路器气室	3M 2 号气室	1M 2 号气室	152 断路器气室
2015 年首检	90	247	43	460	147
2018/7/26	257.9	308*	558*	568*	259.4
2018/7/27	252.5	354.9*	577.4*	552.2*	263.5
2018/8/15	280.6	204.9	637.1*	618.7*	331.8*
2018/8/30	202.3	193.6	525*	549.1*	302.7*
2018/9/7	303*	405.9*	700.4*	702.8*	379.8*
2018/9/19	259.3	337.3*	675.5*	635.3*	233.2
2018/9/29	179.2	256.2	725.2*	715.1*	225.1
2018/10/15	152.4	235.1	641.6*	591.4*	189.1
2018/11/3	156.7	236.4	794*	730.1*	194.5
2018/11/15	152.2	184	560.5*	606.1*	172.3
2018/11/30	161.8	216.8	709*	713*	201.4

* 超标。

2018 年 12 月 22 日，对 101 断路器气室、102 断路器气室、152 断路器气室、3M 2 号气室、1M 2 号气室进行开罐检查处理。在打开 1M 2 号、3M 2 号气室的所有手孔盖板后，发现气室内无吸附剂，未见明显异物及放电痕迹，手孔封板上均未设置吸附剂安装设施，如图 5-19 所示。

在打开 152 断路器气室、101 断路器气室、102 断路器气室后对气室内部进行了详细的检查，发现气室内盖板带有吸附剂，如图 5-20 所示，未见明显异物和放电痕迹。

图 5-19　母线气室手孔盖板

5.5.1.3　缺陷原因分析

（1）母线气室 SF$_6$ 气体湿度超标原因分析。根据《气体绝缘金属封闭开关设备选用导则》（DL/T 728—2013）第 6.15.1 条规定，每个隔室应装有适当的吸附剂装置。在翻阅安装使用说明书等资料后发现，该气室在设计阶段就未按照相关规程要求

图 5-20 断路器气室带吸附剂的盖板

配备吸附剂。

设备投运后无补气记录，虽然设备安装后现场进行了抽真空等工艺流程，但 SF_6 气体在设备运行过程中会分解出水分，正是由于气室内部无吸附剂，导致气室内 SF_6 气体湿度超标。

（2）断路器气室 SF_6 气体湿度超标原因分析。断路器气室为厂内组装，该气室在现场未打开过。该气室 SF_6 气体湿度超标可能由以下原因引起：

1）断路器气室内吸附剂安装好后，未及时抽真空，导致吸附剂吸附了气室内本应该抽真空带出的水分、吸附能力降低，导致湿度超标。

2）断路器气室内吸附剂安装好后，未按照相关规程要求抽真空，导致气室内的水分未及时被抽出，伴随着 SF_6 气体在设备运行过程中会分解出水分，导致气室内 SF_6 气体湿度逐步增加。

3）吸附剂质量不合格。吸附剂在使用前为真空包装，若真空包装破损，应按照正常流程活化处理，不能直接使用。

5.5.2 110kV 电压互感器间隔 SF_6 气体湿度缺陷

5.5.2.1 案例经过

2015 年 7 月 15 日，试验人员对某 110kV 变电站进行全站带电检测，通过 SF_6 气体湿度检测发现 110kV 2 号电压互感器间隔 SF_6 气体湿度超标缺陷。随即，试验人员对该设备进行跟踪分析，发现该缺陷有加重趋势，立即制订大修方案，上报技改大修项目。8 月 20 日，检修人员对该设备进行停电处理，处理后跟踪复测，缺陷消除。

5.5.2.2 检测分析方法

2015 年 7 月 15 日，试验人员带电检测发现 110kV 2 号电压互感器间隔 SF_6 气体湿度超标缺陷，测得 SF_6 气体湿度为 741.0μL/L。

随后试验人员定期对该设备进行跟踪复测，110kV 2 号电压互感器间隔历次 SF_6 气体湿度检测数据见表 5-26 所示。

表 5-26 110kV 2 号电压互感器间隔历次 SF_6 气体湿度检测数据 (μL/L)

测试时间	2015/7/15	2015/10/12	2016/1/11	2016/4/22	2016/7/10
SF_6 气体湿度	741.0	812.9	897.2	950.7	1080.6

检测结果表明 10kVⅡ母电压互感器气室内部 SF_6 气体湿度超标，依据《输变

电设备状态检修试验规程》（DL/T 393—2010）表95的规定，无电弧分解物隔室（GIS开关设备、电流互感器、电磁式电压互感器）运行中注意值为500μL/L，判定该缺陷为严重缺陷。

2016年8月20日，检修人员结合2号主变压器更换项目，对2号电压互感器间隔进行SF$_6$气体更换大修。大修时，对2号电压互感器间隔SF$_6$气体进行回收，抽真空后重新充入合格的SF$_6$气体。大修后SF$_6$气体湿度检测数据见表5-27所示。

表5-27 大修后SF$_6$气体湿度检测数据 （μL/L）

测试时间	2016/8/20	2016/9/20
SF$_6$气体湿度	15.25	20.25

5.5.2.3 缺陷原因分析

此次利用带电检测手段发现110kV 2号电压互感器气室内部SF$_6$气体湿度严重超标，分析原因可能有如下几点。

（1）SF$_6$新气的含水量不合格：①制气厂对新气检测不合格；②运输过程和存放环境不符合要求；③储存时间过长。

（2）电压互感器充入SF$_6$时带入水分：充气时，工作人员未按照有关规程和检修工艺要求操作进行操作，如充气时气瓶为倒置。

（3）绝缘件带入水分：厂家在装配前对绝缘未做干燥处理不合格。

（4）透过密封件带入水分：在SF$_6$电压互感器中SF$_6$气体的压力比外界高5倍，但外界的水分压力比内部高。

（5）电压互感器的泄漏点渗入的水分：充气口、管路接头、法兰处渗漏、铝铸件砂孔等泄漏点，是水分渗入气室内部的通道，空气中的水蒸气逐渐渗透到设备的内部。

5.5.3 500kV HGIS多个气室SF$_6$气体湿度缺陷

5.5.3.1 案例经过

在对某500kV变电站500kV HGIS进行带电检测时，发现22个气室SF$_6$气体湿度超标（不小于500μL/L），均为电流互感器隔离开关（GP2、GP3）气室。根据设备厂家气体处理工艺以及湿度超标处理经验，通过抽真空来降低气室内SF$_6$气体湿度；同时考虑到吸附在零部件内部的水分通过与高纯氮气结合，在回收氮气时可以将水分带出，通过多次高纯氮气的回收，达到置换水分的目的。

5.5.3.2 检测分析方法

2015年5月6日，对变电站500kV HGIS用SF$_6$气体综合检测仪进行现场测试，测试结果表明有22个气室SF$_6$气体湿度超标（不小于500μL/L）、17个气室

SF_6 气体湿度异常（不小于 $250\mu L/L$），气体分解产物测试结果全部正常。500kV HGIS 湿度检测结果见表 5-28。

表 5-28　　　　　　　　　　　500kV HGIS 湿度检测结果　　　　　　　　　　　$(\mu L/L)$

气室名称	SF₆气体湿度			气室名称	SF₆气体湿度		
	A 相	B 相	C 相		A 相	B 相	C 相
5013-GP4（套管）	172	145	160	5022-GP4（套管）	150	165	178
5013-GP2（2 隔离开关、电流互感器）	332	593	1048	5022-GP2（2 隔离开关、电流互感器）	143	157	110
5013-GP1（断路器）	39	6	10	5022-GP1（断路器）	19	39	9
5013-GP3（1 隔离开关、电流互感器）	363	543	587	5022-GP3（1 隔离开关、电流互感器）	561	408	589
5013-GP5（套管）	154	175	155	5022-GP5（套管）	173	180	165
5012-GP2（2 隔离开关、电流互感器）	285	690	746	5021-GP2（2 隔离开关、电流互感器）	573	439	271
5012-GP1（断路器）	7	10	15	5021-GP1（断路器）	19	6	9
5012-GP3（1 隔离开关、电流互感器）	550	697	857	5021-GP3（1 隔离开关、电流互感器）	271	283	461
5012-GP4（套管）	148	118	172	5021-GP4（套管）	168	157	172
5011-GP4（套管）	106	118	150	5032-GP4（套管）	184	168	178
5011-GP2（2 隔离开关、电流互感器）	247	560	551	5032-GP2（2 隔离开关、电流互感器）	832	628	936
5011-GP1（断路器）	6	12	42	5032-GP1（断路器）	8	53	27
5011-GP3（1 隔离开关、电流互感器）	339	545	601	5032-GP3（1 隔离开关、电流互感器）	891	469	678
5031-GP4（套管）	179	182	172	5032-GP5（套管）	165	174	175
5031-GP2（2 隔离开关、电流互感器）	466	419	325	5031-GP3（1 隔离开关、电流互感器）	697	363	322
5031-GP1（断路器）	8	35	45				

　　共发现 22 个气室 SF_6 气体湿度超标（不小于 $500\mu L/L$），均为电流互感器隔离开关（GP2、GP3）气室。

　　针对 GP2 气室 SF_6 气体湿度异常现象，厂家人员将连接两气室的导气管断开后，分别检测各相隔离开关、电流互感器气室微水值后，确定 SF_6 气体湿度异常气室为电流互感器气室。按照厂家 500kV HGIS 水分处理工艺卡片对 SF_6 气体湿度异常气室进行处理后，超标和异常气室湿度检测都合格。

5.5.3.3　缺陷原因分析

　　根据厂家出厂试验报告和现场安装前检测微水都合格排除设备出厂缺陷。现场安装时（包括现场电流互感器试验时）均需打开电流互感器气室和套管气室，气室中的零部件可能吸入潮气，尤其电流互感器中绕组线圈绝缘介质多，潮气容易吸附且不好处理。由于现场安装时间为9～11月，该变电站地处河床上，谷底部分河水经常流动导致站内湿度大、水汽多，气候湿润，现场安装时吸入零部件内的潮气未能充分释放出来，随着运行时间的延长，且现场测试时接近夏季，吸入零部件内的潮气随着温度的升高释放出来，造成了SF$_6$气体湿度超标。由于电流互感器气室与-2、-27隔离开关气室气管连接共用一块SF$_6$密度继电器表GP2，所以导致GP2气室SF$_6$气体湿度超标现象。

5.5.4 40.5kV 断路器气室 SF$_6$ 气体湿度缺陷

检测人员对某35kV变电站的SF$_6$断路器进行湿度带电检测，发现某台40.5kV断路器SF$_6$气体湿度检测结果为642μL/L（20℃），超过运行断路器SF$_6$气体湿度注意值300μL/L，随后检修人员对该台断路器进行停电处理。

对该断路器SF$_6$气体湿度进行了3次带电检测，湿度值均大于600μL/L，见表5-29。

表 5-29   断路器的 SF$_6$ 气体湿度检测结果

序号	露点（℃）	湿度（μL/L）（20℃）
1	−22.8	642
2	−23.3	611
3	−23.2	615

停电后，对该断路器的SF$_6$气体进行了处理，步骤如下：

（1）首先用SF$_6$气体回收装置对断路器内的SF$_6$气体进行回收；

（2）对断路器气室抽真空至133Pa（绝对真空）并保持6h；

（3）抽真空后，对断路器充SF$_6$气体，静置24h后测量湿度，合格后，补充SF$_6$气体至额定压力。

对处理后的SF$_6$气体湿度进行了跟踪检测，检测结果见表5-30，断路器中SF$_6$气体水分超标状况得到显著改善。

表 5-30   断路器处理后的 SF$_6$ 气体湿度检测结果

序号	露点（℃）	湿度（μL/L）（20℃）	环境温度（℃）
1	−41.3	133	15
2	−41.6	129	10

5.5.5 126kV GIS 气室 SF$_6$ 气体湿度缺陷

根据相关规程要求，对新投运的某110kV变电站中126kV GIS设备进行SF$_6$气体湿度、纯度和分解产物带电检测，发现19180接地开关和19280接地开关气室的 SF$_6$ 气体湿度检测结果超标。考虑到试验时的天气因素（温度为 39℃，相对湿度为 50％）可能对测试结果可能造成影响，在其他气象条件下对两个 GIS 接地开关气室进行了多次试验，以确定其数据可靠，检测结果见表 5-31。

表 5-31　　　　126kV GIS 接地开关气室 SF$_6$ 气体湿度检测结果　　　　（μL/L）

GIS 接地开关气室编号	试验日期	湿度
19180	2013/7/26	669
	2013/8/2	651
	2013/8/2	676
	2013/8/19	728
19280	2013/7/26	653
	2013/8/2	638
	2013/8/2	667
	2013/8/19	772

图 5-21　GIS 接地开关端盖未安装吸附剂

对于新投运的 126kV GIS 的 19180、19280 接地开关气室的 SF$_6$ 气体湿度检测不合格，初步判断是安装时抽真空不彻底或时间不够，或吸附剂缺陷。

对 19180 接地开关气室进行解体检查，发现该气室端盖未安装吸附剂，如图 5-21 所示。重新安装吸附剂，抽真空补气处理后，检测结果正常。

随后对 19280 接地开关气室也进行了解体检查处理，检查结果与 19180 接地开关相同。重新安装吸附剂，抽真空补气处理后，检测结果正常。

5.5.6　1100kV GIS 内 SF$_6$ 气体纯度缺陷检测

2009 年 11 月，特高压交流试验示范工程投运后，对特高压长治、南阳和荆门变电站的 1100kV GIS/HGIS 进行了 SF$_6$ 气体纯度带电检测，发现荆门变电站 T0221 隔离开关/接地开关 B 相气室的 SF$_6$ 气体纯度为 90.6％，其余被检气室均大于 99％。

采用不同仪器对该疑似缺陷气室的 SF$_6$ 气体纯度进行了多次复测，检测结果为 90.2％～90.8％，诊断为设备充气时抽真空不彻底，使得的 SF$_6$ 气体纯度达不到相关标准要求。现场对 T0221 隔离开关/接地开关 B 相气室的 SF$_6$ 气体进行回收处理后，抽真空重新充入 SF$_6$ 气体，检测处理后的 SF$_6$ 纯度为 99.9％。

5.5.7　363kV GIS 内 SF₆ 气体纯度缺陷检测

2012 年 7 月迎峰度夏期间，对柴达木换流变电站的 363kV GIS 进行 SF₆ 气体纯度和分解产物带电检测，除 33402 隔离开关和 33412 隔离开关气室检测到的 SF₆ 气体纯度低于 95％外，其余气室的 SF₆ 气体纯度均满足相关标准要求。

为消除仪器、环境等外界条件对检测结果的影响，对 33402 隔离开关和 33412 隔离开关气室的 SF₆ 气体进行了复测，检测结果见表 5-32。可见，两个疑似缺陷气室的两次检测结果基本一致，验证了设备中的 SF₆ 气体纯度检测结果的有效性。

表 5-32　　　　　　　隔离开关气室 SF₆ 气体纯度检测结果　　　　　　（％，体积比）

气室名称	序号	纯度
33402 隔离开关	1	94.3
	2	94.2
33412 隔离开关	1	93.3
	2	93.3

根据表 5-13 提出的要求，运维单位加强了这两个隔离开关气室的监护；1 个月后复测两个气室的 SF₆ 气体纯度，检测结果无劣化发展趋势。考虑到青藏联网工程及其运行设备的重要性，在停电检修期间，运维单位对两个气室的 SF₆ 气体进行了换气处理。

5.5.8　750kV 避雷器气室 SF₆ 气体分解产物缺陷

5.5.8.1　案例经过

某 750kV 变电站 Ⅱ 母带电后，运维人员巡视时发现 750kV Ⅱ 母避雷器 B、C 相有异常声响。经开展 SF₆ 气体分解产物测试，SO_2 组分含量超过相关规程注意值。

5.5.8.2　检测分析方法

2018 年 11 月 13 日，采用 SF₆ 气体分解产物检测仪对 750kV Ⅱ 母避雷器进行测试，SF₆ 气体分解产物检测结果见表 5-33。

表 5-33　　　　　　　　　SF₆ 气体分解产物检测结果　　　　　　　　（μL/L）

测试相别	Ⅱ母 A 相	Ⅱ母 B 相	Ⅱ母 C 相
SO_2	0	3.5	3.5
H_2S	0	0	0
CO	0	0	0

通过测试发现 750kV Ⅱ 母避雷器 B、C 相 SF₆ 气体分解产物中 SO_2 气体含量均超过规程注意值（不大于 1），分析该相避雷器内部存在局部放电现象。

2018 年 11 月 20 日，现场停电后对该避雷器进行解体分析，在拆除盆式绝缘子后，发现避雷器内部与盆式绝缘子屏蔽球连接导体出现开焊现象，触头与均压环完全脱离，均压环上表面有灰白色粉末（主要成分为 CF_4），触头内部存在放电点，直到均压环表面处，均压环表面也存在多处放电点。触头与均压环接触面开焊如图 5-22 所示。

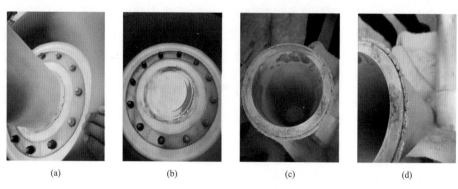

(a)　　　　　　(b)　　　　　　(c)　　　　　　(d)

图 5-22　触头与均压环接触面开焊

（a）触头与均压环接触面焊接；（b）均压环放电位置及焊接表面；

（c）触头焊接表面；（d）触头焊接面局部放大

绝缘端子内小弹簧固定铜包带磨损，圆柱形表面镀铜元件表面存在金属粉末，不平整。现场分析是外侧大压簧与镀铜件接触振动磨损产生的。绝缘端子内部如图 5-23 所示。

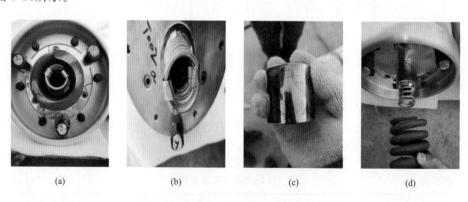

(a)　　　　　　(b)　　　　　　(c)　　　　　　(d)

图 5-23　绝缘端子内部

（a）绝缘端子整体图；（b）小弹簧固定铜包带磨损；

（c）圆柱形表面镀铜元件；（d）镀铜元件与压簧装配分解图

绝缘筒内壁存在明显划痕，有白色粉末，据了解是安装工艺问题，安装氧化锌阀片芯体推入绝缘筒内时无工装，会有划痕，对设备运行无影响。绝缘筒内壁如图 5-24 所示。

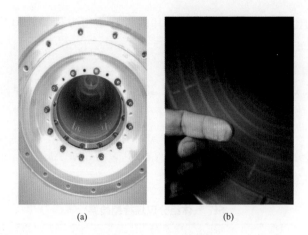

图 5-24　绝缘筒内壁

（a）绝缘筒整体图；（b）划痕粉末放大图

避雷器结构如图 5-25 所示。

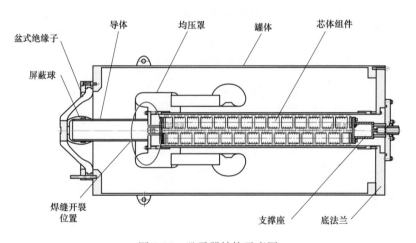

图 5-25　避雷器结构示意图

5.5.8.3　缺陷原因分析

此次利用带电检测手段发现 750kV Ⅱ 母避雷器 B、C 相气室内部的严重放电缺陷，是由于避雷器盆式绝缘子屏蔽球连接导体出现开焊，触头与均压环完全脱离导致接触不良所致。导致该缺陷的根本原因避雷器制造工艺不良。

5.5.9　330kV GIS SF₆ 分解产物缺陷

5.5.9.1　案例经过

技术人员在对某 330kV 变电站 110kV PASS MO 型开关设备进行检测时，发现 SF₆ 分解产物含量异常，复测后推断其内部有金属零件异常发热。通过解体检查证明诊断结果正确。

5.5.9.2　检测分析方法

2016 年 4 月 23 日，技术人员在对某 330kV 变电站 110kV PASS MO 型开关设备进行检测时，发现 1147 间隔 SF₆ 分解产物含量异常，随后对该设备进行了复测，检测结果如下。

（1）气体组分现场检测。现场检测结果见表 5-34，A 相气室 SO_2 含量异常，而 B 相和 C 相气室 SO_2 含量未见异常。

表 5-34　　　　　　　　　SF₆ 气体组分现场检测结果　　　　　　　　　（μL/L）

气室名称	SO_2	H_2S	CO
1147 间隔 A 相	472	0	13.5
1147 间隔 B 相	0.2	0	28.6
1147 间隔 C 相	0	0	26.9

（2）实验室检测。实验室检测结果见表 5-35。

表 5-35　　　　　　　　　　　实 验 室 检 测 结 果　　　　　　　　　　　（μL/L）

组分/样气信息	组分浓度		
	1147 间隔 A 相	1147 间隔 B 相	1147 间隔 C 相
CO	14.2	27.6	27.3
CO_2	6.7	8.2	6.2
CF_4	227.6	169.9	172.2
C_2F_6	162.1	119.2	121.7
C_3F_8	31.8	20.2	19.5
H_2S	0	0	0
SO_2	252.7	0	0
SOF_2	244.5	0	0
SO_2F_2	3.9	0	0

5.5.9.3　缺陷原因分析

结合各项检测结果，综合判定 1147 间隔 PASS 设备 A 相存在严重异常，推断其内部有金属零件异常发热，并伴随有机材料分解。由于该设备部分金属零件外涂覆绝缘漆，不能排除其他有机绝缘材料受损，建议该设备立即停运，安排检修。

2016 年 4 月 28 日，对该间隔设备进行了初步解体检查，发现 A 相Ⅱ母隔离开关的动触头处存在局部过热引起的发黑现象，动触头解体情况如图 5-26 所示，与诊断分析结果吻合。

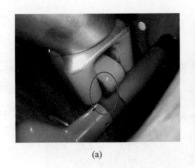 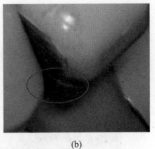

图 5-26　动触头解体情况

(a) 动触头表面局部发黑；(b) 放大图

5.5.10　110kV GIS SF₆ 气体分解产物缺陷

5.5.10.1　案例经过

运维人员巡视设备时，发现某 220kV 变电站 110kV 西母运行声音异常，对 110kV 西母 9 号气室进行了 SF₆ 气体分解产物组分检测，检测结果 SO_2 值超标。初步分析原因是 9 号气室内部存在低能量放电，产生 SO_2 成分。对 110kV 西母气室进行解体处理，发现气室内导电杆与铸件导体及电连接确实存在严重烧伤，经过更换新的导电杆与铸件导体及电连接，设备安全投运。

5.5.10.2　检测分析方法

2015 年 4 月 29 日，对 110kV 西母 9 号气室进行 SF₆ 气体分解产物组分检测，检测结果 SO_2 值为 1.9μL/L，超过注意值（1μL/L），H_2S 及 HF 全为 0。

4 月 30 日，对 110kV 西母 9 号气室进行了 SF₆ 组分复测，检测结果 SO_2 值为 12.1μL/L，严重超过注意值（1μL/L），H_2S 及 HF 全为 0。

同时为了排除仪器问题，又对相邻的 7、8、10 号三个气室进行了气体组分检测。其中，7、10 号气室 SF₆ 组分检测正常，8 号气室检测有 SO_2 成分，检测结果 SO_2 值为 7.9μL/L，严重超过注意值（1μL/L），H_2S 及 HF 全为 0。8 号气室 SO_2 成分检测结果比 9 号气室小。西母气室排列顺序从北到南依次为 10~7 号，8 号气室和 9 号气室的具体位置如图 5-27 所示。

从检测过程看，4 月 29、30 日两天的 SF₆ 气体组分检测中，9 号气室均检测出 SO_2 气体组分，根据检测结果说明气室内部有低能量放电，且 30 日检测结果比 29 日有明显增大，说明有持续性放电。从 8 号气室 SF₆ 气体组分检测看，除了可能是由于 9 号气室内部机械振动导致 8、9 号气室之间的盆式绝缘子有轴向贯通气隙，从而导致 9 号气室分解的 SO_2 成分扩散到 8 号气室，更有一种可能为 8 号气室内部也存在放电现象。

图 5-27　气室具体位置

首先将 9 号气室 SF$_6$ 气体排出，并对 8 号气室压力表表压进行记录，标注压力指示。静置 12h 后，检查 8 号气室压力表，发现 8 号气室压力表指示位置未变化，证明 8、9 号气室之间密闭盆式绝缘子未损坏。

随后打开 9 号气室检查孔，用内窥镜对母线筒内部进行检查。经检查，9 号气室 102-西隔离开关与母线连接三通处 C 相触头上有大量灰尘，且母线筒体底部也有大量粉尘，有放电痕迹，与 SF$_6$ 气体分解产物组分检测分析的结果相吻合。在确定放电位置后，对 9 号气室母线筒进行拆解，拆开后，发现 C 相母线动、静触头有明显放电粉尘与痕迹，分别如图 5-28 和图 5-29 所示。对粉尘进行处理，更换导电杆与电连接，处理后进行复装。

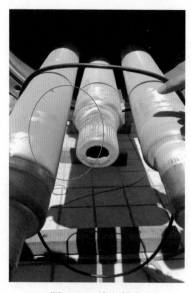

图 5-28　放电粉尘

图 5-29　放电烧伤痕迹

随后将 8 号气室 SF₆ 气体排出，对 8 号气室母线筒进行拆解。拆解后，发现内部导电杆表面有黑色附着物，B 相导电杆黑色颗粒尤其明显，B 相导电杆连接的电连结（静触头）内部有熔渣。将 B 相导电杆从 139-西隔离开关下方的铸件导体电连结（静触头）内抽出，发现导体与电连结连接部位有大量熔渣，打开屏蔽罩后，熔渣更为明显，如图 5-30～图 5-32 所示。随即更换新的导电杆与铸件导体及电连结，处理后进行复装。

图 5-30　8 号气室内的导电杆

图 5-31　电连结内部有熔渣

图 5-32　打开屏蔽罩后发现的熔渣

5.5.10.3　经验体会

经过此次试验和运行经验表明，通过检测 GIS 设备中 SF₆ 气体分解产物的组分，从而对设备内部绝缘进行故障诊断和状态评估，具有抗干扰能力强、灵敏度高等特点，可广泛用于设备现场检测分析。当然，SF₆ 气体分解产物组分检测也存在一定的不足，对于 GIS 气室内放电较小的情况，由于放电产生的 SF₆ 气体分解产物量级不大，同时 GIS 设备气体容积较大且装有吸附剂对 SF₆ 分解产物有很强的吸附作用，因此 SF₆ 分解产物浓度很小，这时通过 SF₆ 气体分解产物组分检测来发现隐患就存在一定的局限性，而且对检测仪器的灵敏度要求也较高。

5.5.11　126kV 断路器的润滑脂涂覆过量缺陷

5.5.11.1　案例经过

运行设备的 SF_6 气体分解产物现场普测中，根据分解产物异常发现了 126kV LW25-126 型瓷柱式断路器的多起绝缘润滑脂涂覆过量缺陷，属于该类型断路器的某批次共有缺陷。

5.5.11.2　检测分析方法

对 3 台断路器的 SF_6 气体分解产物进行了现场检测，均含有 SO_2 和 CO，且 CO 含量较大。断路器绝缘润滑脂涂覆过量的分解产物检测结果见表 5-36。

表 5-36　　　　　断路器绝缘润滑脂涂覆过量的分解产物检测结果　　　　　（μL/L）

序号	SO_2	H_2S	CO	HF
断路器 1	16.5	0	105.8	0
断路器 2	1.3	0	369.4	0
断路器 3	1.7	0	546.4	0

对其中 1 台断路器进行解体后，发现故障相绝缘子内存在大量 SF_6 固态分解产物、动触头、压气缸金属表面与拉杆上均附着一层炭黑类物质（有机物），聚四氟乙烯喷口上被烧蚀严重，如图 5-33 所示，内部表面有严重的起皮现象，有炭黑类附着物，静引弧触头上有大量炭黑类附着物，动端触头相压气缸底座上有大量炭黑类胶体。

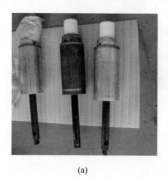 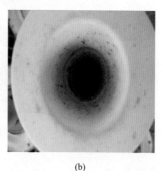

(a)　　　　　　　　　　　　　　(b)

图 5-33　故障断路器的动触头和喷口

（a）动触头；（b）喷口

经现场解体检查，压气缸底部的金属拉杆连接处涂敷有 MoS_2 锂基润滑脂，在断路器分合操作中起润滑作用。LW25-126 型断路器现场解体情况表明，在金属拉杆连接处 MoS_2 锂基润滑脂的涂敷均存在严重超量现象。

5.5.11.3　缺陷原因分析

断路器操作时，若压气缸底部金属拉杆连接处 MoS_2 锂基润滑脂用量过多，会在压气缸形成堆积，随着电弧加热蒸发到 SF$_6$ 气体中，并伴随高压 SF$_6$ 气体经喷口吹向电弧。电弧熄灭后，MoS$_2$ 蒸发物与 SF$_6$ 气体混合，产生 SF$_6$ 气体分解产物；与 SF$_6$ 纯气相比，混合气体会使断口间弧后恢复绝缘下降。如果大电流开断，有可能造成开断失败，甚至直接造成断路器爆炸。断路器瓷套内壁上生成的灰色粉末，表明断路器瓷套内部的绝缘性能已受到严重影响。

5.5.12 252kV HGIS 隔离开关操动机构缺陷

5.5.12.1 案例经过

某 220kV 变电站 1 号主变压器连接的 252kV HGIS 为山东某公司 2011 年制造的 ZF16-252 型产品，2011 年 10 月 25 日投运。2013 年对该变电站设备进行 SF$_6$ 气体分解产物检测，发现 HGIS 母线 A 相隔离开关气室的 SO$_2$ 含量达到 200μL/L，对照表 5-32 中的检测指标，该设备的 SF$_6$ 气体分解产物含量严重超标；其余气室未发现异常。

5.5.12.2 检测分析方法

对该 HGIS 主回路进行直流电阻测试，检测出 A 相回路电阻偏大。为确保输电设备安全稳定运行，停电对该设备进行解体检查，发现母线隔离开关 A 相操动机构传动拉杆调整不到位，导致动静、触头插入深度不足，长期运行流通负载电流产生过热，使得触头逐渐烧损。

经拆解异常位置，该处角型隔离开关静触头与动触头接触位置均有烧蚀痕迹，且较均匀，如图 5-34 所示。同时，气室内部弥漫粉尘，壳体内表面未发现烧蚀痕迹，绝缘子无异常，屏蔽罩无异常。

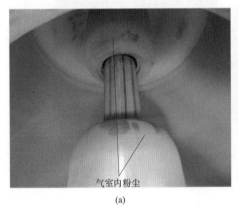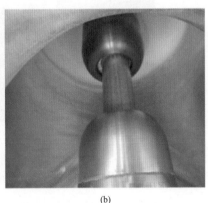

气室内粉尘

(a)   (b)

图 5-34 隔离开关动、静触头情况对比

(a) 故障相；(b) 正常相

对隔离开关进行分合操作，发现合闸到位时，A 相动、静触头插入深度与 B、C 相比存在明显差异。隔离开关合闸位置触头插入深度对比如图 5-35 所示，其中

B相为22mm、C相为21mm、A相刚接触（制造厂标准为21mm±1mm），可见A相触头关合位置不符合工艺标准要求。

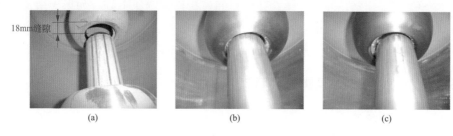

18mm缝隙

(a)　　　　　　　　　　(b)　　　　　　　　　　(c)

图5-35　隔离开关合闸位置触头插入深度对比

(a) A相；(b) B相；(c) C相

对A相隔离开关动、静触头拆下检查，触头、触指均烧蚀漏洞，与正常触头的外观对比如图5-36所示。

动触头
烧蚀情况

静触头
烧蚀情况

(a)

(b)

图5-36　隔离开关触头外观对比

（a）烧蚀的A相触头；（b）正常触头外观

5.5.12.3　缺陷原因分析

对A相隔离开关操动机构进行全面检查，发现机构连杆在合闸后拐臂行程不到位。更换烧蚀的动、静触头，清理气室，重新调整A相机构连杆，测量合闸到位后动、静触头插入深度为合格，恢复安装，异常消除。该设备缺陷是由制造厂装配工艺不良、出厂检验不细致造成的。

5.5.13　断路器悬浮电位放电缺陷

某电厂运行人员发现 252kV 断路器（250-SFM-40）B、C 相存在间歇性异常响声，检测该气室的 SF_6 气体分解产物含量，采用电化学传感器法检测到的 SO_2 和 H_2S 含量均大于 $200\mu L/L$。用气体检测管分析得到：SO_2 含量为 $550\mu L/L$，H_2S 含量为 0，HF 含量为 $15\mu L/L$，CF_4 含量为 0.019%，SO_2 含量较高，初步判断设备存在悬浮电位放电缺陷。

将设备返厂解体检查发现，断路器的动触头与绝缘拉杆连接的销钉与销孔的配合间隙较大，出现悬浮电位放电，使得杆销处放电烧损，如图 5-37 所示；当放电严重时，就出现较大的异常响声。

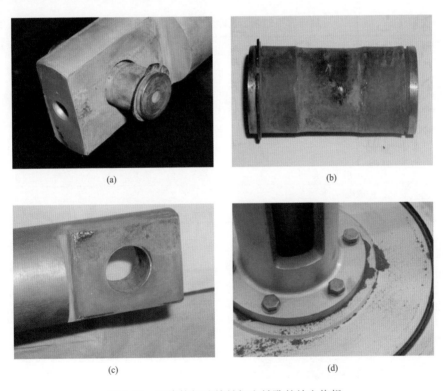

(a)　(b)

(c)　(d)

图 5-37　绝缘拉杆连接销钉和销孔的放电烧损

（a）销钉与销孔的间隙较大；（b）销钉中间出现凹槽；

（c）销孔的间隙已成椭圆形；（d）产生的固体分解产物

5.5.14　GIS 绝缘沿面放电缺陷

对投运前的 GIS 设备进行现场耐压试验，可及时发现运输、安装过程中造成的设备缺陷。GIS设备耐压试验的交流电压源多采用串联谐振装置，设备击穿放电能量较小，产生的SF_6气体分解产物含量较小。同时，因部分GIS设备气室容积较大，且新吸附剂对SF_6分解产物的吸附作用很强，因此气室中可检测到的SF_6分解产物含量较小。可见，应采用灵敏度较高的SF_6气体分解产物检测仪器，从而实现设备潜伏性缺陷的成功定位。

2010年3~4月，在±800kV向家坝—上海特高压直流输电示范工程系统调试期间，复龙换流站进行550kV GIS设备消缺时，通过检测设备耐压试验前后的SF_6气体分解产物含量变化，相继定位了隔离开关和电流互感器等3处盆式绝缘子放电故障。放电气室的SF_6气体分解产物检测结果见表5-37，故障隔离开关气室解体后的盆式绝缘子典型放电痕迹如图5-38所示。

表5-37　　　　　　　放电气室的SF_6气体分解产物检测结果　　　　　　（μL/L）

气室名称	测试时间	SO_2	H_2S	CO	HF
51431 A 相 隔离开关	放电后 2.5h	0.5	0.2	0	0
	放电后 3h	0.9	0.2	0	0
	放电后 3.5h	1.0	0.2	0	0
51132 A 相 电流互感器	放电后 12h	10.2	1.1	1.0	0
	放电后 12.5h	10.1	1.3	0.8	0
	放电后 13h	9.5	1.4	1.0	0
52132 A 相 隔离开关	放电后 15min	1	0.2	0	0
	放电后 1h	1	0.2	0	0
	放电后 20h	0.6	0.2	0	0

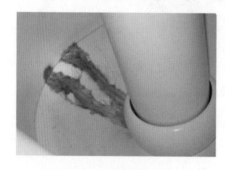

图5-38　故障隔离开关气室的
盆式绝缘子放电痕迹

由表5-37可以看出，2个隔离开关气室都与母线气室相连，气室容积较大，检测到的SF_6气体分解产物含量较小；电流互感器气室容积较小，检测时的气体已充分扩散，分解产物含量较大。400kV耐压1min时，51132 A相电流互感器气室出现放电，随后500kV耐压1min试验顺利通过，按照现有交接验收规程，设备可投入正常运行。在设备停电后，检测到该气室有较大含量的SO_2组分，推断该气室存在放电，开盖检查验证了检测推断。

5.5.15　GIS固体绝缘异常发热缺陷

2011年某110kV变电站由于线路故障造成110kV Ⅱ母失压，Ⅱ母受到短时短路电流冲击。该变电站 GIS ZF7-126 型 GIS 生产日期为 1996 年 10 月，是早期投运的国产 110kV GIS 变电站。

现场检测时，对 110kV Ⅱ母气室、1102 母线隔离开关气室、新枣隔离开关气室进行了 SF$_6$ 气体分解产物检测，发现上述气室均有气体分解产物，其中Ⅱ母气室出现过故障，新枣开关气室开断过短路电流，1102 母线隔离开关气室的检测结果为：SO$_2$ 为 29μL/L，H$_2$S 为 4μL/L，CO 为 36μL/L，HF 为 0，检测到了 SO$_2$ 和 H$_2$S 组分，初步判断为绝缘受热缺陷。

对 1102 母线隔离开关气室进行解体检查，Ⅱ母隔离开关气室盆式绝缘子（靠近隔离开关侧）、盆式绝缘子连接导体梅花触指有局部异常受热现象，如图 5-39 所示。设备返厂，进行了局部放电和耐压试验，试验后盆式绝缘子出现了明显树枝状放电痕迹，绝缘性能有劣化迹象，如图 5-40 所示。

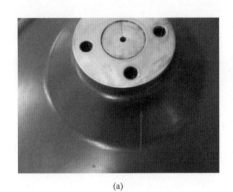 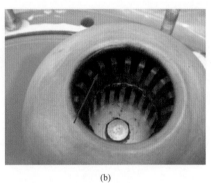

(a)　　　　　　　　　　　　　　　(b)

图 5-39　盆式绝缘子、触指有异常受热现象

(a) 盆式绝缘子；(b) 触指

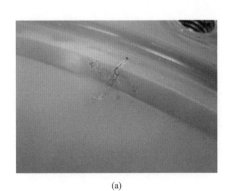 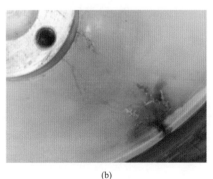

(a)　　　　　　　　　　　　　　　(b)

图 5-40　耐压和局部放电试验后有树枝状放电迹象

(a) 树枝状放电点 1；(b) 树枝状放电点 2

　　现场解体发现，早期生产的 GIS 采用二氧化硅盆式绝缘子（现已改进为三氧化二铝盆式绝缘子），由于制造工艺及制作材料的欠佳，随着运行时间延长，耐热和耐压等性能均有不同程度的劣化，其承受短时故障冲击的能力明显下降，进而影响到整个 GIS 使用寿命。

6 X射线检测技术及典型案例分析

6.1 X射线检测技术概述

6.1.1 X射线的产生

X射线与无线电波、红外线、可见光、紫外线、γ射线、宇宙射线一样，也是一种电磁波或电磁辐射，具有波动性和粒子性的双重特征，即波粒二相性，是一种波长介于紫外线和γ射线间的电磁辐射。X射线是由X射线管产生的，X射线管是一个具有阴阳两极的真空管，阴极是钨丝，阳极是金属制成的靶。在阴阳两极之间加有几十千伏至几百千伏的直流电压（管电压），当阴极加热到白炽状态时，释放出大量电子，这些电子在高压场中被加速，从阴极飞向阳极（管电流），最终以很大的速度撞击在金属靶上，失去所具有的动能，这些动能绝大部分转换为热能，仅有极少部分转换为X射线向四周辐射。受电子撞击的地方，即产生X射线的地方称为焦点。电子是从阴极移向阳极，而电流则相反，是从阳极向阴极流动，这个电流称为管电流；要调节管电流只要调节灯丝加热电流即可，管电压的调节是靠调整X射线装置主变压器的初级电压来实现。

6.1.2 X射线的特点

对X射线管发出的X射线做光谱测定，可以发现X射线谱由两部分组成：①波长连续变化的部分称为连续谱，它的最短波长只与外加电压有关；②具有分立波长的谱线，这部分谱线要么不出现，一旦出现其谱峰所对应的波长位置完全取决于靶材料本身，这部分谱线称为标识谱（又称特征谱），标识谱重叠在连续谱之上，如同山丘上的宝塔，如图6-1所示。

6.1.2.1 连续谱的产生和特点

经典电动力学指出，带电粒子在加速或减速时必然伴随着电磁辐射，当带电粒子与原子相碰撞发生骤然减速时，由此伴随产生的辐射称为韧致辐射。大量电子与

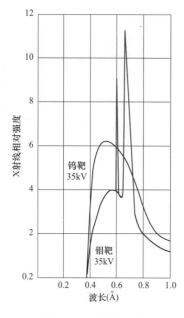

图 6-1 X射线标识谱

靶相撞，相撞前电子的初速度各不相同，相撞时减速过程也各不相同。少量电子经一次撞击就失去全部动能，而大部分电子经过多次制动逐步丧失动能，这就使得能量转换过程中所发出的电磁辐射可以具有各种波长，因此，X射线的波谱呈连续分布。

连续谱存在着一个最短波长，其数值只依赖于外加电压而与靶材料无关，连续谱中最大强度对应的波长 λ_{IM} 与最短波长 λ_{min} 的关系大致为：

$$\lambda_{IM} = 1.5\lambda_{min} \tag{6-1}$$

在实际检测中，以最大强度波长 λ_{IM} 为中心的邻近波段的射线起主要作用。连续 X 射线的总强度 I_T 可用连续谱曲线下所包含的面积表示，即：

$$I_T = \int_{\lambda_{min}}^{\infty} I(\lambda)\mathrm{d}\lambda \tag{6-2}$$

式中　I——X 射线的相对强度；

　　　　λ——波长。

管电流越大，表明单位时间撞击靶的电子数越多，产生的射线强度也越大；管电压增加时，虽然电子数目未变，但每个电子所获得的能量增大，因而短波成分射线增加，且碰撞发生的能量转换过程增加，因此射线强度同时增加；靶材料的原子序数越高，核库仑场越强，韧致辐射作用越强，射线强度也会增加，所以靶一般采用高原子序数的钨制作。射线强度与波长的关系如图 6-2 所示。

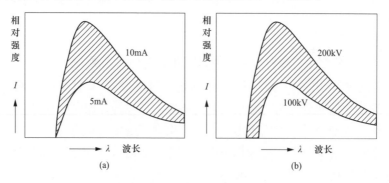

图 6-2 X射线强度与波长的关系示意图

(a) 不同管电流；(b) 不同管电压

X 射线的产生效率 η 等于连续射线的总强度 I_T 与管电压 U 和管电流 i 的乘积

之比，即：

$$\eta = \frac{I_T}{U_i} = \frac{K_i iZU^2}{U_i} = K_i ZU \tag{6-3}$$

式中 K_i、Z——比例常数。

可见，X射线的产生效率与管电压和靶材料原子序数成正比。在其他条件相同的情况下，管电压越高，X射线产生效率越高；管电压的高压波形越接近恒压，X射线产生效率也越高。当电压为100kV时，X射线的转换效率为1‰，而产生4MeV高能X射线的加速器，其转换效率约为36%。

由于输入的能量绝大部分转换为热能，所以X射线管必须有良好的冷却装置，以保证阳极不会被烧坏。

6.1.2.2 标识谱的产生和特点

当X射线管两端所加的电压超过某个临界值U_k时，波谱曲线上除连续谱外，还将在特定波长位置上出现强度很大的线状谱线，这种线谱的波长只依赖于阳极靶面的材料，而与管电压和管电流无关，因此把这种标识靶材料特征的波谱称为标识谱，U_k称为激发电压，不同靶材的激发电压各不相同。

标识谱的产生机理是：如果X射线管的管电压超过U_k，阴极发射的电子可以获得足够的能量，当与阳极靶相撞时，可以将靶原子的内层电子逐至壳层之外，使该原子处于激发态。此时外层电子将向内层跃迁，同时放出1个光子，光子的能量等于发生跃迁的两能级能值之差。

标识X射线强度只占X射线总强度的极少一部分，能量也很低，所以在工业射线检测中，标识谱不起作用。

6.1.2.3 X射线具有的性质

（1）在真空中以光速直线传播。

（2）本身不带电，不受电场和磁场的影响。

（3）在媒质界面上只能发生漫反射，而不能像可见光那样产生镜面反射。

（4）可以发生干涉和衍射现象，但只能在非常小的光阑中才会发生。

（5）不可见，能够穿透可见光不能穿透的物质。

（6）在穿透物质时，会与物质发生复杂的物理化学作用。

（7）具有辐射生物效应，能够杀伤生物细胞、破坏生物组织。

6.1.3 X射线检测的原理

X射线在穿透物体时，会与物体的材料发生相互作用，因吸收和散射能力不同，使透射后射线强度减弱的强度不同，强度衰减程度取决于穿透物体的衰减系数和射线的穿透厚度。如果被透照物体的局部存在厚度差，该局部区域的透过射线强度就会与周围产生差异，感光胶片就会反映出这种差异，因而可以检测出 X 射线穿透物体有无缺陷以及缺陷的尺寸、形状，结合工作经验能够判断出缺陷的性质。如穿透物体内部有裂纹，感光后胶片接受的穿透 X 射线就多，曝光量就大，该处的胶片就呈现黑色的裂纹影像，无裂纹处则呈白色。X 射线透照如图 6-3 所示。

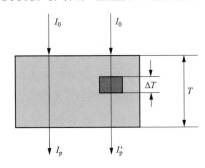

图 6-3　X 射线透照示意图

图 6-3 中试件存在一厚度差异部位，试件厚度为 T，线衰减系数为 μ，厚度差异部位在射线透过方向的尺寸为 ΔT，线衰减系数为 μ'，入射射线强度为 I_0，一次透射射线强度分别为 I_p（完好部位）和 I'_p（厚度差异部位），散射比为 n，透射射线总强度为 I，e 为自然对数的度（e≈2.718281828459），则有：

$$I = (1+n)I_0 e^{-\mu T} \tag{6-4}$$

$$I_p = I_0 e^{-\mu T} \tag{6-5}$$

$$I'_p = I_0 e^{-\mu(T-\Delta T)-\mu'\Delta T} \tag{6-6}$$

$$\Delta I = I'_p - I_p = I_0 e^{-\mu T}\left[e^{(\mu-\mu')\Delta T} - 1\right] \tag{6-7}$$

ΔI 为厚度减少部位与其附近的射线强度差值，I 为背景辐射强度，取两者之比得：

$$\frac{\Delta I}{I} = \frac{e^{(\mu-\mu')\Delta T} - 1}{1+n} \tag{6-8}$$

而 $e^{(\mu-\mu')\Delta T}$ 可展开为级数：

$$e^{(\mu-\mu')\Delta T} = 1 + (\mu-\mu')\Delta T + \frac{[(\mu-\mu')\Delta T]^2}{2!} + \cdots + \frac{[(\mu-\mu')\Delta T]^n}{n!} \tag{6-9}$$

近似去级数前两项带入式（6-8）得到：

$$\frac{\Delta I}{I} = \frac{(\mu-\mu')\Delta T}{1+n} \tag{6-10}$$

如果缺陷介质的 μ' 值与 μ 相比极小，则 μ' 可以忽略（例如 μ 为钢的衰减系数，μ' 为空气的衰减系数），式（6-10）可以写作：

$$\frac{\Delta I}{I} = \frac{\mu\Delta T}{1+n} \tag{6-11}$$

因为射线强度差异是底片产生对比度的根本原因，所以把 $\Delta I/I$ 称为主因对比度。由公式可以看出，影响主因对比度的因素是透照厚度、线衰减系数和散射比。

6.1.4　X 射线检测的特点

X 射线检测在锅炉、压力容器的制造检验和在用检验中得到广泛应用，它的传统检测对象是各种熔化焊接方法的对接头。X射线检测的影像可以作为记录介质，可得到缺陷的直观图像，且可以长期保存。通过对影像的观察，能够比较准确地判断出缺陷的性质、数量、尺寸和位置。

在常规检测中，X射线容易检测出那些形成局部厚度差的缺陷，尤其对气孔和夹渣之类的缺陷有很高的检出率，对裂纹类缺陷的检出率则受到透照角度的影响；但它不能检出垂直照射方向的薄层缺陷，例如钢板的分层。

X射线检测薄工件没有困难，几乎不存在检测厚度下限，但检测厚度上限受射线穿透能力的限制，而穿透能力取决于射线光子能量。420kV的X射线机能穿透的钢板厚度约80mm，Co60伽马射线能穿透的钢板厚度约150mm，更大厚度的试件则需要使用特殊的设备——加速器，其最大穿透厚度可达到400mm以上。射线照相法技术适用所有材料，该方法对试件的形状、表面粗糙度没有严格要求，材料晶粒度对其不产生影响。

利用X射线对物体内部结构成像的检测原理，可以将此技术应用到密闭电气设备内部结构的诊断中来；通过对密闭电气设备内部结构的X射线照射，得到内部结构影像，从而直观地判断内部缺陷及异常。

6.2   X 射 线 机

X射线机是高电压精密仪器，为了正确使用和充分发挥仪器的功能，顺利完成射线数字成像检测工作，应了解和掌握它的分类原理及结构性能。

6.2.1   X射线机的分类原理

工业检测用的X射线机按照其结构、使用功能、工作频率及绝缘介质种类可以分为以下几种。

6.2.1.1   按结构划分

（1）携带式X射线机。这是一种体积小、质量轻、便于携带、适用于高空和野外作业的X射线机。它采用结构简单的半波自整流线路，X射线管和高压发生部分共同装在射线机头内，控制箱通过一根多芯的低压电缆将其连接在一起。

（2）移动式X射线机。这是一种体积和质量都比较大，安装在移动小车上，用于固定或半固定场合的X射线机。它的高压发生部分和X射线管是分开的，其间用高压电缆连接，为了提高工作效率，一般采用强迫油循环冷却。

6.2.1.2   按使用性能划分

（1）定向X射线机。这是一种普及型、使用最多的X射线机，其机头产生的X射线辐射方向为40°左右的圆锥角，一般用于定向单张照相。

（2）周向 X 射线机。这种 X 射线机产生的 X 射线束向 $360°$ 方向辐射，主要用于大口径管道和容器环焊缝照相。

（3）管道爬行器。这是为了解决很长的管道环焊缝照相而设计生产的一种装在爬行装置上的 X 射线机。该机在管道内爬行时，用一根长电缆提供电力和传输控制信号，利用焊缝外放置的一个小同位素 γ 射源确定位置，使 X 射线机在管道内爬行到预定位置进行照相。

6.2.1.3 按工作频率划分

按供给 X 射线管高压部分交流电的频率划分，可分为工频（$50\sim60\text{Hz}$）X 射线机、变频（$300\sim800\text{Hz}$）X 射线机及恒频（约 200Hz）X 射线机。在同样电流、电压条件下，恒频机穿透能力最强、功耗最小、效率最高，变频机次之，工频机较差。

6.2.1.4 按绝缘介质种类划分

按绝缘介质种类划分，可分为绝缘介质为变压器油的油绝缘 X 射线机和绝缘介质为 SF_6 的气体绝缘 X 射线机。

6.2.2 X 射线机的结构性能

X 射线机由四部分组成，即高压部分、冷却部分、保护部分和控制部分。

6.2.2.1 高压部分

X 射线机的高压部分包括 X 射线管、高压发生器及高压电缆等。

1. X 射线管

X 射线管是 X 射线机的核心部件，熟悉它的内部结构和技术性能，有助于检测人员正确使用和操作 X 射线检测设备，延长其使用寿命。图 6-4 为定向辐射的 X 射线管结构示意图，这种射线管可适用于绝大多数常规的射线检测。图 6-5 为周向辐射的 X 射线管结构示意图，这种 X 射线管可以通过一次曝光完成大直径筒体环焊缝整个圆周的曝光，从而大大提高了工作效率，它的阳极靶有平面阳极和锥面阳极两种，如图 6-6 所示。

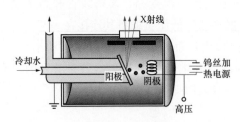
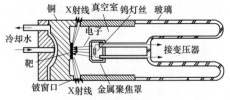

图 6-4　定向辐射的 X 射线管结构示意图　　图 6-5　周向辐射的 X 射线管结构示意图

（1）阴极。X射线管的阴极是发射电子和聚集电子的部件，由发射电子的灯丝和聚集电子的凹面阴极头组成。阴极形状可分为圆焦点和线焦点两大类。阴极的工作过程是当阴极通电后，灯丝被加热、发射电子，阴极头上的电场将电子聚集成一束。在X射线管两端高压所建立的强电场下，电子飞向阳极，轰击靶面，产生X射线。

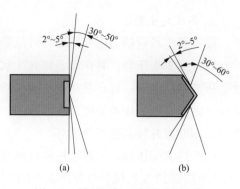

图6-6　周向辐射X射线管阳极靶

(a) 平面阳极；(b) 锥面阳极

（2）阳极。X射线管的阳极是产生X射线的部分，由阳极靶、阳极体和阳极罩三部分构成。由于高速运动的电子撞击阳极靶时只有约1%的动能转换为X射线，其他部分均转化为热能，使靶面温度升高，同时X射线的强度与阳极靶材的原子序数有关。因此，X射线管的阳极靶常选用原子序数大、耐高温的钨来制造。在阳极罩正对靶面的窗口上装有几毫米厚的铍。

（3）X射线管的散热冷却方式。X射线管的散热冷却方式主要有辐射散热冷却、冲油冷却、旋转阳极自然冷却三种，如图6-7～图6-9所示。X射线管采用金属陶瓷管制成，抗振性强、不易破碎、真空度高、性能好。管电压寿命是X射线管的重要技术指标，管电压越高，发射的X射线波长越短，穿透能力就越强；在一定范围内，管电压与穿透能力有近似直线关系。X射线管焦点是重要技术指标之一，焦点大，有利于散热，可承受较大的管电流；焦点小，底片清晰度高，照相灵敏度高。X射线管的寿命与灯丝发射能力及累积工作时间有关，金属陶瓷管寿命不少于500h。

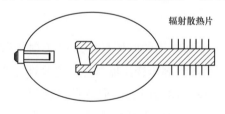

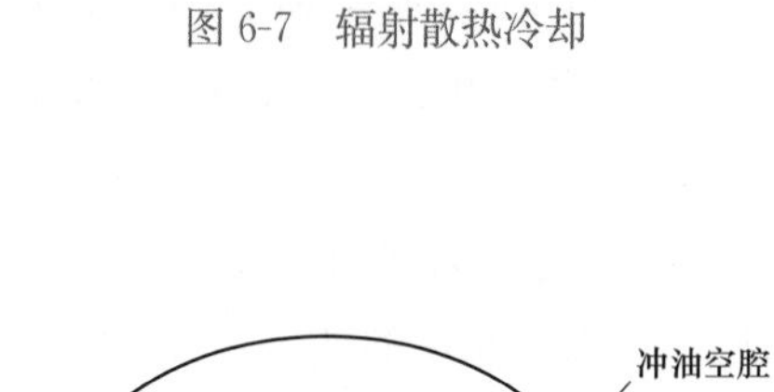

图6-7　辐射散热冷却

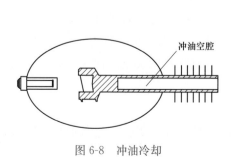

图6-8　冲油冷却

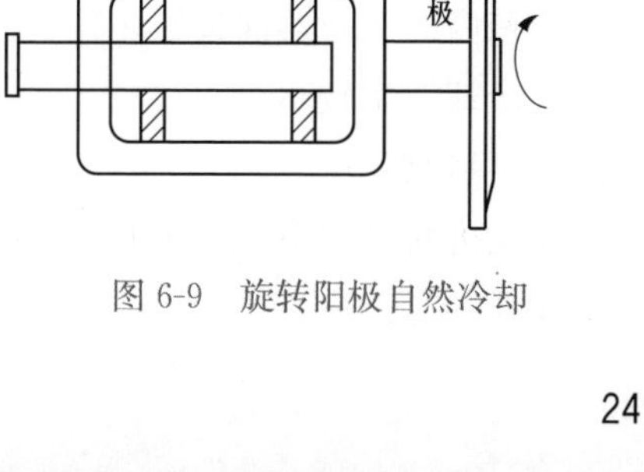

图6-9　旋转阳极自然冷却

2. 高压发生器

高压发生器包括高压变压器、灯丝变压器、高压整流管及高压电容。

(1) 高压变压器。其作用是将几十伏到几百伏的低电压通过变压器升到 X 射线管所需的高电压。特点是功率不大（约几千伏安），但输出电压却很高，达几百千伏，因此高压变压器绕组二次匝数多、线径细。这就要求高压变压器的绝缘性能要好，即使温升较高也不会损坏。

(2) 灯丝变压器。X 射线机的灯丝变压器是一个降压变压器，其作用是使工频 220V 电压降到 X 射线管灯丝所需的十几伏电压，并提供较大的加热电流（约为十几安）。

(3) 高压整流管。常用的高压整流管有玻璃外壳二极整流管和高压硅堆两种，其中使用高压硅堆可节省灯丝加热变压器，使高压发生器的质量和尺寸减小。

(4) 高压电容。这是一种具有金属外壳、耐高压、容量较大的纸介电容。

便携式 X 射线机没有高压整流管和高压电容，所有高压部件均在射线机头内。移动式 X 射线机有单独的高压发生器，内有高压变压器、灯丝变压器、高压整流管和高压电容等。

3. 高压电缆

高压电缆是移动式 X 射线机用来连接高压发生器和 X 射线机机头的电缆。高压电缆的构造可分为保护层、金属网层、导体层、主绝缘层、芯线、薄绝缘层等部分。

6.2.2.2　冷却部分

冷却是保证 X 射线机能长期使用的关键，冷却效果的好坏直接影响 X 射线管的寿命和连续使用时间。若冷却效果较差，则会导致高压变压器过热、绝缘性能变坏、耐压强度降低而被击穿，所以 X 射线机在设计制造时会采取各种措施保证冷却效率。油绝缘携带式 X 射线机常采用自冷方式，它的冷却是靠机头内部温差和搅拌油泵使油产生对流带走热量，再通过壳体把热量散发出去。气体冷却 X 射线机用 SF_6 气体作绝缘介质，由于采用了阳极接地电路，X 射线管阳极尾部可伸到壳体外，其上装散热片，并用风扇进行强制风冷。移动式 X 射线机多采用循环油外冷方式。X 射线管的冷却有单独用油箱，以循环水冷却油箱内的变压器油，再用一油泵将油箱内的变压器油按照一定流量注入 X 射线管阳极空腔内冷却靶子，将热量带走，冷却效率较高。

6.2.2.3　保护部分

X 射线机的保护系统主要由短路过电流保护、冷却保护、过载保护、零位保护、接地保护等组成。

6.2.2.4 控制部分

X射线机的控制部分包括电源开关、高压开关、电压调节旋钮、电流调节旋钮、电流指示器、电压指示器、计时器、各种指示灯等。

6.2.3 典型便携式X射线机介绍

6.2.3.1 便携脉冲式X射线机

便携脉冲式X射线机如图6-10所示，它主要包括射线管腔、冷阴极射线管、放电器、高电压电容器和变压器，射线管端部射线发射的视野范围一般为40°。其特点为体型轻便、灵巧，便于架设，采用电池供电方式，适用于复杂环境的射线检测。其缺点是射线发射为脉冲形式，有效穿透厚度较小，适用于一些薄壁管道等的检测，一般配合DR成像系统使用。

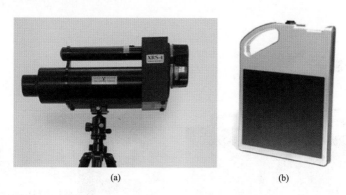

(a)   (b)

图6-10 便携脉冲式X射线机

（a）X射线机；（b）DR成像板

6.2.3.2 便携轻巧型X射线机

便携轻巧型X射线机如图6-11所示。其射线机最大工作电压分为200kV和250kV两种，体积轻巧，质量不到10kg，能够连续照射，现场架设方便，适用于高空操作及透照厚度较小的部件。

6.2.3.3 便携移动式X射线机

300kV便携移动式X射线机及其CR成像系统如图6-12所示，射线机采用全波整流，射线能量高，有效穿透厚度大，连续透照时间长，能够穿透约60mm的钢板，能满足目前750kV及以下电压等级GIS内部结构成像检测能力要求。其缺点是体积和质量大，给现场架设带来不便。

电网X射线的带电检测使用的便携式X射线机，推荐选择焦点尺寸不应大于3mm×3mm。对于电网设备的X射线检测，要根据被检部件的结构、材质、厚度及检测空间等选择不同的射线机。

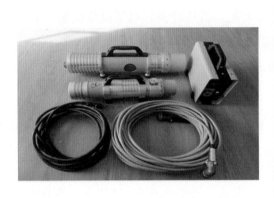

(a)　　　　　　　　　　　　　　　(b)

图 6-11　便携轻巧型 X 射线机

（a）带连接线 X 射线机；（b）带支架 X 射线机

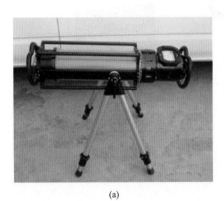

(a)　　　　　　　　　　　　　　　(b)

图 6-12　300kV 便携移动式 X 射线机及其 CR 成像系统

（a）X 射线机；（b）CR 成像系统

6.3　CR 检 测 技 术

6.3.1　CR 系统组成

CR 技术是指将 X 射线透过工件后的信息记录在成像板上，经激光扫描装置读取，再由计算机产生数字化图像的技术。CR 系统由 X 射线机、成像板、激光扫描仪、数字图像处理软件和计算机组成，如图 6-13 所示。

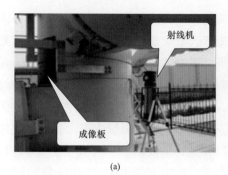
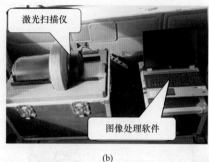

(a)　　　　　　　　　　　　　　　　(b)

图 6-13　CR 系统

（a）X 射线机和成像板；（b）激光扫描仪和图像处理软件

6.3.2　工作原理

用 X 射线机对工件进行透照，并使暗盒内的成像板感光，射线穿过工件到达成像板，成像板上的荧光发射物质具有保留潜在影像信息的能力，即形成潜影。用激光扫描仪逐点逐行扫描，将存储在成像板上的射线影像转换为可见光信号，通过具有光电倍增和 A/D 转换功能的激光扫描仪将其转换为数字信号存入计算机中。激光扫描读出图像的速度：对于 $100\text{mm}\times420\text{mm}$ 的成像板，完成扫描读出过程不超过 1min。X 射线数字成像系统原理如图 6-14。

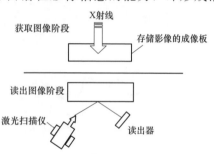

图 6-14　X 射线数字成像系统原理图

数字信号被计算机处理为可视影像在显示器上显示，根据需要对图像进行数字处理。在完成对影像的读取后，可对成像板上的残留信号进行消影处理，为下次检测做好准备。

6.3.3　成像板

6.3.3.1　成像板原理

成像板又称为无胶片暗盒、拉德成像板（radview imaging plates），简称 IP板，可以与普通胶片一样分成各种不同大小规格以满足实际应用需要，如图 6-15所示。

成像板是基于某些荧光发射物质（可受光刺激的感光聚合物涂层）具有保留潜在图像信息的能力，当对它进行 X 射线曝光时，这些荧光物质内部晶体中的电子被投影到成像板上的射线所激励，并被俘获到一个较高能带（半稳定的高能状态），

图 6-15 成像板

形成潜影（光激发射荧光中心）；再将该成像板置入激光扫描仪内进行扫描，在激光激发下（激光能量释放被俘获的电子），光激发射荧光中心的电子将返回它们的初始能级，并产生可见光发射，这种光发射的强度与原来接收的射线能量成正比关系（成像板发射荧光的量依赖于一次激发的 X 射线量，可在 1∶1000 的范围内具有良好的线性）；光电接收器接收可见光并转换为数字信号送入计算机进行处理，从而可以得到数字化的射线照相图像。X 射线数字成像系统利用的成像板可重复使用数千次（成像板经过强光照射即可抹消潜影，因此可以重复使用）。成像板的基本原理如图 6-16 所示。

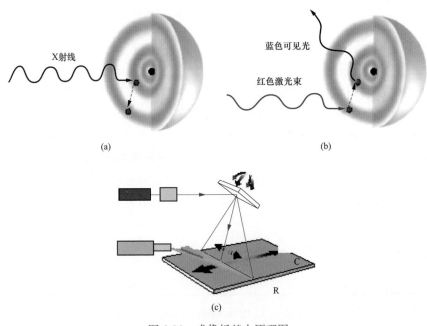

图 6-16 成像板基本原理图
(a) 曝光过程；(b) CR 读出过程；(c) 影像读取过程

6.3.3.2 成像板的组成

成像板一般由表面保护层、辉尽性荧光物质层、基板和背面保护层四层组成。成像板可在普通室内进行操作，不需要在暗室内处理，处理速度快。成像板可装入

246

标准的 X 射线胶片盒中与铅或其他适当的增感屏一起使用。曝光后，可手工将其从胶片盒中取出，插入阅读器进行成像处理；在重新用于曝光之前，需要使用专门的擦除器处理。

1. 表面保护层

多采用聚酯树脂类纤维制成高密度聚合物硬涂层，可防止荧光物质层受损伤，保障成像板能够耐受机械磨损和免于多种化学清洗液的腐蚀，从而具有较高的耐用性和较长的使用寿命。

2. 辉尽性荧光物质层

辉尽性荧光物质层通常厚 $300\mu m$，它在受到 X 射线照射时会产生辉尽性荧光形成潜影。这些辉尽性荧光物质层与多聚体溶液混匀，均匀涂布在基板上，表面覆以保护层。这种感光聚合物具有非常宽的动态范围，对于不同的曝光条件有很高的宽容度，在选择曝光量时将有更多的自由度，从而可以使一次拍照成功率大大提高，一般只需要一次曝光就可以得到全部可视判断信息；而且相对于传统的胶片法来说，其 X 射线转换率高，需要的曝光量负荷也大大减少，为传统胶片法的 $1/20\sim 1/5$。成像板的制作材料要求具有高的吸收效率、极好的均质性及短的响应时间，从而保证高的锐度；采用先进的表面涂层技术提供平滑板面及减少粒度噪声，从而保证良好的成像质量。目前，成像板的空间分辨率已能达到 $4.0\sim 5.0 LP/mm$，扫描像素 $10Pixel/mm$，已接近 X 射线胶片的清晰度。成像板的类型也由初始的刚性板发展到柔性板。成像板的 X 射线转换率也在不断提高，以进一步降低获取图像所需的 X 射线辐射剂量。

3. 基板

基板（支持体）相当于 X 射线的片基，它既是辉尽性荧光物质的载体，又是保护层。多采用聚酯树脂做成纤维板，厚度为 $200\sim 300\mu m$。基板通常为黑色，背面常加一层吸光层。

4. 背面保护层

背面保护层的材料和作用与表面保护层相同。

6.3.4 激光扫描仪

经 X 射线曝光后保留有潜在图像信息的成像板置入 CR 激光扫描仪内，用激光束以 2510×2510 的像素矩阵（像素约 $0.1mm$ 大小）对匀速运动的成像板整体进行精确和均匀的扫描，激发出的蓝色可见光被自动跟踪的集光器（光电接收器）收集，再经光电转换器转换成电信号，放大后经模/数转换器（A/D 转换器）转换成数字化影像信息，送入计算机进行处理，最终形成射线照相的数字图像，并通过监视器荧光屏显示出人眼可见的灰阶图像供观察分析。激光扫描仪的原理如图 6-17 所示。

图 6-17 激光扫描仪原理图

激光扫描仪分为多槽自动排列读出处理式和单槽读出处理式，前者可在相同时间内处理更多成像板。激光扫描仪输出的图像格式符合国际通用影像传输标准 DICOM3.0，因此可以经过网络传输、归档及打印。CR 激光扫描仪的分辨率可达 50、100、150、200、$250\mu m$，扫描速度可达每秒 50 行，能提供快速的线性输出；成像板的读出通量（throughout）随不同的 CR 设备有所不同，一般为 $100\sim150$ 幅/h。扫描高分辨率的成像板，必须采用相应的高分辨率扫描仪；为了提高效率，还要提高扫描成像板的速度，因此必须采用高速、高分辨率的激光扫描和放大系统，以及高速且性能良好的机械传送系统，从而得到高质量的影像图片。

6.4 DR 检 测 技 术

6.4.1 DR 系统组成

DR 检测技术是近几年发展起来的全新数字化成像技术，在两次照相之间不需更换成像板，数据的采集仅仅需要几秒就可以观察到图像，但数字平板不能进行分割和弯曲。DR 系统由 X 射线机、数字平板、数字图像处理软件和计算机组成，如图 6-18 所示。DR 技术一般包括非晶硅（a-Si）、非晶硒（a-Se）和 CMOS 三种。现在日常应用中最常用的是非晶硅平板技术。

图 6-18 DR 系统构成示意图

6.4.2 非晶硅数字平板技术原理

非晶硅数字平板结构是由玻璃衬底的非结晶硅阵列板，表面涂有闪烁体——碘化铯（CsI）或硫氧化钆（GOS），其下方按阵列方式排列薄膜晶体管电路（TFT）所组成。TFT 像素单元的大小直接影响图像的空间分辨率，每一个单元具有电荷接收电极信号存储电容器与信号传输器，通过数据网线与扫描电路连接。非晶硅数字平板的内部结构如图 6-19 所示。

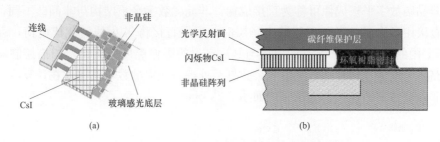

连线　非晶硅
光学反射面　碳纤维保护层
闪烁物CsI　环氧树脂密封
非晶硅阵列
CsI　玻璃感光底层
(a)　(b)

图 6-19　非晶硅数字平板的内部结构示意图

(a) 内部结构平面图；(b) 内部结构剖面图

封装好的平板如图 6-20 所示，与主板连接在一起，装上外壳就可以使用。

非晶硅数字平板成像可称为间接成像，其原理为：X 射线首先撞击其板上的闪烁层，该闪烁层以与所撞击的射线能量成正比的关系发出光电子，这些光电子被下层的硅光电二极管采集到，并且将它们转化成电荷，存储于 TFT 内的电容器中，所存的电容与其后产生的影像黑度成正比。非晶硅数字平板技术成像原理如图 6-21所示。扫描控制器读取电路将光电信号转换为数字信号，数据经处理后获得的数字化图像在计算机上显示。在上述过程完成后，扫描控制器自动对平板内的感应介质进行恢复，曝光和获取图像整个过程需要几秒至几十秒。

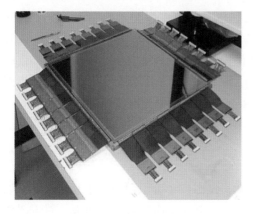

X射线光子

| CsI(或GOS)转换屏 |
| 可见光 |
| 非晶硅平板 |
| 电荷 |
| 读出电荷 |

数字图像

图 6-20　封装好的平板　　　图 6-21　非晶硅数字平板技术成像原理图

目前，非晶硅的转换屏主要有两种，即碘化铯和硫氧化钆。硫氧化钆是"粉"状物，覆盖在非晶硅表面，碘化铯的结构如图 6-22 所示。

这两种转换屏各有优缺点，碘化铯转换屏的分辨率较好些，但不能承受高电压；硫氧化钆转换屏的分辨率稍差，但可以使用放射源和加速器。

6.4.3 非晶硒数字平板技术原理

非晶硒数字平板成像可称为直接成像。非晶硒数字平板结构与非晶硅不同，其表面直接用硒涂层，当 X 射线撞击硒层时，硒层直接将 X 射线转化成电荷，存储于 TFT 内的电容器中，所存的电容与其后产生的影像黑度成正比。扫描控制器读取电路将光电信号转换为数字信号，数据经处理后获得的数字化图像在计算机上显示。非晶硒数字平板技术成像原理如图 6-23 所示。

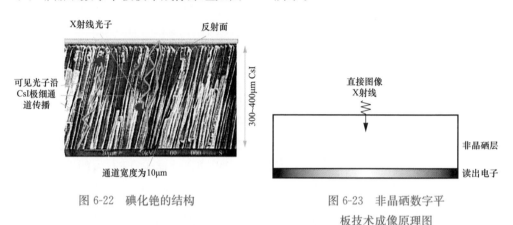

图 6-22　碘化铯的结构　　　　图 6-23　非晶硒数字平板技术成像原理图

6.4.4 CMOS 数字平板技术原理

CMOS 数字平板是扫描式图像接收板，也是直接成像技术的一种，由集成的 CMOS 记忆芯片构成，是互补金属氧化物硅半导体。CMOS 数字平板技术是把所有的电子控制和放大电路放置在每一个图像探头上，其内部有一个类似于扫描仪的移动系统，采用精确的螺纹螺杆技术转动。虽然 CMOS 技术取得了很大进步，现在它的像素最小可以做到 $70\mu m$ 左右，但是其图像质量并没有非晶硅的好。

6.4.5 DR 检测术语

6.4.5.1 像素

像素是构成数字图像的最小组成单元和显示图像中可识别的最小几何尺寸。如果把数字图像放大许多倍，会发现这些连续图像其实是由许多小点组成，对于图像来说，像素越多，单个像素的尺寸越小，图像的分辨率就越高。

6.4.5.2 图像灵敏度

图像灵敏度是检测系统发现被检工件图像中最小细节的能力。

6.4.5.3 分辨率

分辨率是在单位长度上分辨两个相邻细节间最小距离的能力，单位用线对/mm

(LP/mm) 表示。对于电网 X 射线数字成像检测，分辨率要求不应低于 2.0LP/mm。

6.4.5.4 分辨力

分辨力是两个相邻细节间最小的分辨能力。

6.4.5.5 系统分辨率

系统分辨率是在无被检工件的情况下，当透照几何放大倍数接近于 1 时，检测系统分辨单位长度上两个相邻细节间最小距离的能力。系统分辨率反映了检测系统本身的特性，也称为系统基本空间分辨率。

6.4.5.6 图像分辨率

图像分辨率是检测系统分辨被检工件图像中单位长度上两个相邻细节间最小距离的能力，也称为图像空间分辨率。图像分辨率可采用线对测试卡测定，在显示屏上观察射线检测图像分辨率测试计的影像，观察到栅条刚好分离的一组线对，则该线对所对应的值即为图像分辨率。线对值越大图像分辨率越高。

6.4.5.7 数字探测器

数字探测器是把 X 射线光子转换成数字信号的电子装置。

6.4.5.8 灰度等级

灰度等级是对 X 射线数字成像系统获得的黑白像明暗程度的定量描述，它由系统 A/D 转换器的位数决定。A/D 转换器的位数越高，灰度等级越高。例如，A/D 转换器为 12bit 时，采集的灰度等级为 $2^{12}=4096$。现在 CR 系统灰度能达到 16 位，DR 系统灰度能达到 14 位，对于 DR 系统，相关标准要求 A/D 转换位数不小于 12bit。随着技术的不断发展，灰度范围会越来越大。

6.4.5.9 动态范围

动态范围是在线性输出范围内，X 射线数字成像系统最大灰度值与暗场图像标准差的比值。

6.4.5.10 计算机系统

计算机系统是对 X 射线数字成像检测的计算机系统，其基本配置依据 X 射线数字成像部件对性能和速度的要求而确定；需配备不低于 512MB 容量的内存，不低于 40GB 的硬盘，高亮度、高分辨率显示器以及刻录机、网卡等。

显示器应满足如下最低要求：

(1) 亮度不低于 $250cd/m^2$；

(2) 灰度等级不小于 8bit；

(3) 图像显示分辨率不低于 1024×768；

(4) 显示器像素点距离不高于 0.3mm。

6.4.5.11 系统软件

系统软件是 X 射线数字成像系统的核心单元，它可以完成图像采集、图像处理、缺陷几何尺寸测量、缺陷标注、图像存储、辅助评定和检测报告打印及其他辅助功能，是保证检测准确性和安全性的重要因素。

6.5 X射线检测工艺

电网X射线数字成像检测主要是利用CR、DR技术，进行设备内部异物碎屑、触头烧损、螺钉松动、结合不到位、结构变形、绝缘老化、焊接接头、材质材料等部件的检测和诊断等。CR、DR成像技术的宽容度范围远远超过胶片的性能，细微结构表现出色，成像质量更高，还具有较高的曝光宽容度及利用专用软件以改善图像质量等优点，但这些都还需要在拍摄出合格的图像基础上才能进行。对检测透照工艺的研究就是为达到一定要求，而对射线透照相关规程规定的方法、程序、技术参数和技术措施等的研究，包括电压、曝光量、滤板厚度、焦距、透照方向等方面，其主要工艺选择遵循以下原则。

6.5.1 电压的选择

对X射线来说，穿透力取决于管电压，管电压越高则射线的质越硬，在试件中的衰减系数越小，穿透厚度越大。从灵敏度角度考虑X射线选择的原则是，在保证穿透力的前提下，选择能量较低的X射线，从而获得较高的对比度。不同材料、不同透照厚度允许采用的最高X射线管电压曲线如图6-24所示。

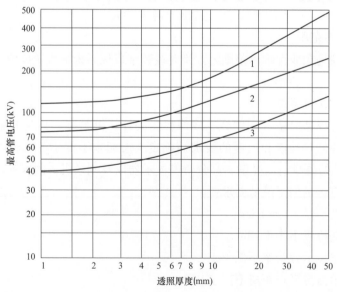

图6-24　不同材料、不同透照厚度允许采用的最高X射线管电压曲线

1—钢；2—钛和钛合金；3—铝和铝合金

6.5.2　曝光量的选择

曝光量是射线透照的一个重要参数，是指管电流与照射时间的乘积。曝光量不只影响影像的灰度，也影响影像的对比度以及信噪比，从而影响影像可记录的最小细节尺寸。为保证射线照相质量，曝光量应不低于某一最小值。

在进行电网带电设备检测时，一般设备的体积都较大，内部结构复杂，并且内部各部件所用的材质不一样，这样造成部件的厚度比增加（厚度比是指一次透照范围内部件的最大厚度与最小厚度的比值）。厚度差较大会导致影像灰度差较大，从而影响射线照相的灵敏度，并且会导致散射比增大，产生边蚀效应。因此，在对电网带电设备进行检测时，可以在曝光量不变的前提下适当提高管电压的值，从而减少厚度大部位的散射比、降低边蚀效应，还可以在规定的黑度范围内获得更大的透照厚度的宽容度，但管电压也不能任意提高。

6.5.3　焦距的选择

焦距对射线照相灵敏度的影响主要表现在几何不清晰度上，焦距越大，几何不清晰度越小，成像板上的影像越清晰；在保证影像质量的前提下，应尽量选择较大焦距，但也不能太大，否则会造成曝光量加大，增加不必要的辐射。330kV GIS设备隔离开关透照影像如图 6-25 所示，焦距小时，影像放大明显，几何不清晰度大，成像板上容纳的信息少；焦距大时，成像板上容纳的信息多，影像清晰。

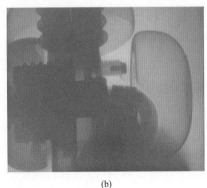

(a)　　　　　　　　　　　　　　　　(b)

图 6-25　330kV GIS 设备隔离开关透照影像

（a）焦距为 380mm 时的影像；（b）焦距为 1150mm 时的影像

6.5.4　透照方向的选择

射线透照时，射线束中心应垂直指向透照区域中心。但在进行电网带电设备射线检测时，由于现场工作场所的限制，很多时候现场架设 X 射线机非常困难，使射线束中心不能垂直指向透照区域中心，造成随透照方向的不同，内部部件透照的影像有不同的变形，在对影像进行分析时应注意判断。图 6-26 所示为同一部位、不同方向透照 330kV GIS 母线的影像图，图（a）是射线束中心垂直指向透照区域中心照射，图（b）是射线束中心与透照区域中心有一定角度，因此影像图内部部件影像有变形，螺栓的相对位置也有所改变。

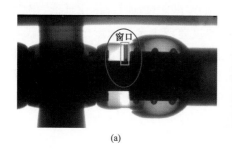 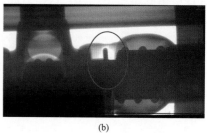

(a)　　　　　　　　　　　　　　　　　　(b)

图 6-26　GIS 母线影像图

（a）射线束中心垂直指向透照区域中心；（b）射线束中心与透照区域中心有一定角度

　　在 GIS 设备 X 射线数字成像检测中，首先，电压在能穿透内部结构的前提下应尽量选择低电压、长时间，从而增加对比度；其次，焦距在射线能量与现场条件允许的情况下应尽量拉大。在射线机的窗口一般装设中心指示器，中心指示器上装有可拉伸、收缩的对焦拉杆，对焦时可将拉杆拨向前方，透照时则拨向侧面。利用中心指示器可方便地指示射线方向，使射线束中心对准透照区域中心。

6.6　图 像 处 理 系 统

　　X 射线数字成像技术的图像处理系统功能很强大，它可以提高 X 射线数字图像的对比度、分辨率和细节识别能力。目前，数字化图像的灰阶已能由成像板的256 级提升至显示屏的 4096 级；灰阶代表了由最暗到最亮之间不同亮度的层次级别，这中间层级越多，图像的层次就会越丰富，图像的细节表现力会更加细腻，图像变得更加清晰，即进一步提高了图像分辨率。此外，通过专用软件实现图像滤波降噪、边缘增强锐化、窗宽窗位调节、灰阶对比度调整、影像放大、黑白翻转、图像平滑、图像拼接，以及距离、面积、密度测量，数字减影、伪彩色处理等各种功能，改善影像的细节，将未经处理的影像中所看不到的特征信息在荧屏上显示，从而使图像更为清晰。获得分辨率高、清晰、细腻的图像，可从中提取出丰富可靠的判断信息，为影像判断中的细节观察、前后对比和定量分析提供支持。下面以 CR 系统的图像处理软件为例介绍图像处理系统的各项功能。

6.6.1　窗宽、窗位

窗宽、窗位即灰度、对比度，是观察影像常用的一个功能，如图 6-27 所示。操作方法有两种：①直接在右上角的窗宽、窗位中输入定量的数值；②将光标放在影像上，按住右键上下拖动改变影像灰度，按住右键左右拖动改变影像的对比度。

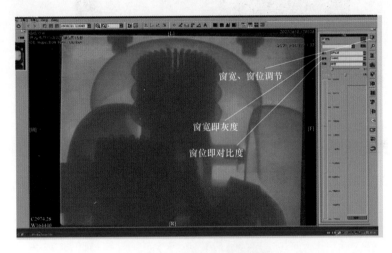

图 6-27　窗宽、窗位功能

6.6.2　过滤器

过滤器功能具体包括将图像平滑、锐化、阴影化及增强边缘、探测边缘功能。图 6-28 所示为使用过滤器平滑、锐化、阴影化功能后的图像，在观察图像的不同部位时进行调节改善影像的细节，使图像更为清晰。

6.6.3　放大

可以拖动方框进行局部区域观察，一般局部最高可放大 6 倍。放大功能可对影像中

图 6-28　过滤器功能

的一些细节进行观察，如配合间隙、精确尺寸测量等。图 6-29 所示为使用局部放

大功能后的螺钉紧固情况，通过局部放大可清晰地看到螺钉的齿及拧紧状态。

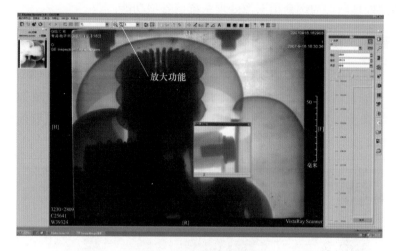

图 6-29　局部放大功能

6.6.4　文本注释

在影像上可以进行文字注解，对影像的不同部位进行文字说明，如图 6-30 所示。

图 6-30　文本注释功能

6.6.5　角度测量

可以对影像中需要测量角度的部位进行角度测量，以确定部件装配是否到位，如图 6-31 所示。

6.6.6　校准

　　校准是为了准确测量影像中部件的实际尺寸，步骤是先用已知零部件的标准尺寸（例如螺母的直径）进行校准，再进行其他部件长度的测量。图 6-32 所示为使用校准键功能的图像，图 6-33 所示为校准完成后使用实际测量功能的图像。在校准过程中，应注意校准对象的选择，要求选择与被测量部件距射线源距离相同平面

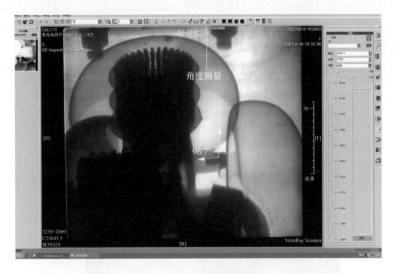

图 6-31　角度测量功能

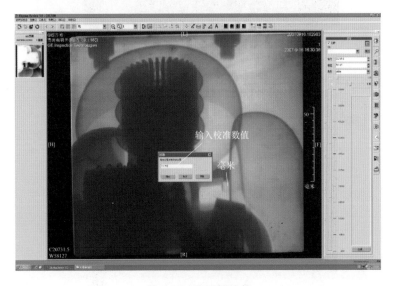

图 6-32　校准键功能

上的物体进行校准；如果不在同一平面上，选择校准的对象与被测量部件经过 X
射线成像后，其放大比例不同，因此校准后测量数值也不准确。

6.6.7 灰度值测量

在影像中可对任意部位的灰度值进行测量，灰度值的大小和电压、曝光量成正
比。通过灰度值的大小，可分析不同部位的影像曝光量是否恰当：若灰度值过低，
如几千数量级，说明此部位实现穿透能力弱，底片曝光不足，有些细节无法观察；
如果灰度值过大，在五六万以上，说明此部位检测时，选择的射线能量过高，一些
对射线衰减较弱的结构件及细微部位会无法观察到，因此需要调整检测工艺，降低
曝光量。图 6-34 所示为使用灰度值测量功能的图像。

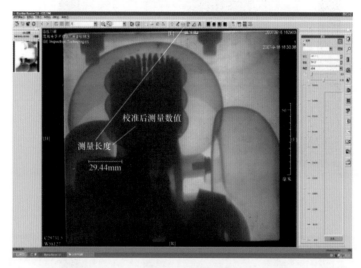

图 6-33　实际测量功能

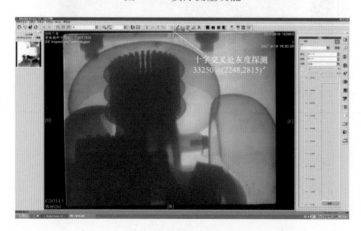

图 6-34　灰度值测量功能

6.6.8　图像旋转

为了便于观察，可将影像顺时针或逆时针进行旋转，以便与现有的内部结构图对应观察，如图 6-35 所示。

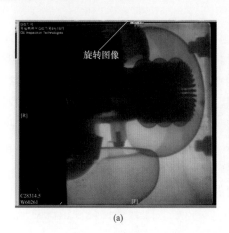
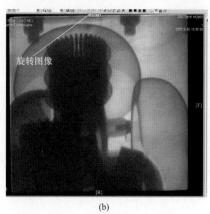

(a)　　　　　　　　　　　　　　　(b)

图 6-35　图像旋转功能

（a）图像旋转前；（b）图像旋转后

6.6.9　正、负片观察

采用图像正、负片观察功能，可实现图像正、负片转化，便于不同部位图像的观察，增加图像的立体感和直观感；检测人员可根据个人习惯，选择不同的模式进行观察。图 6-36 所示为使用正、负片观察功能所得的同一图片的正、负片图像。

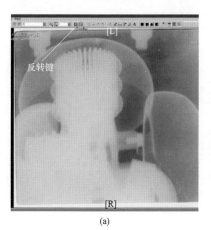
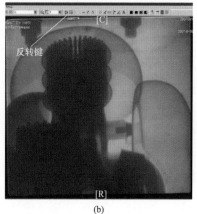

(a)　　　　　　　　　　　　　　　(b)

图 6-36　正、负片观察功能

（a）正片图像；（b）负片图像

6.7　典型案例分析

6.7.1　330kV 母线导电杆脱落故障

6.7.1.1　案例经过

2013 年 10 月，某变电站发生 330kV GIS 母线对地放电导致跳闸事故。经过对故障母线解体检查，发现故障气室壳体内壁附着大量白色粉尘，该气室东侧盆式绝缘子与 C 相母线导体连接处错位脱开，盆式绝缘子表面存在烧蚀现象。解体后盆式绝缘子处放电痕迹如图 6-37 所示，故障气室盆式绝缘子表面烧蚀，未发现树枝状爬电痕迹，烧蚀的盆式绝缘子如图 6-38 所示；盆式绝缘子与导体连接的 C 相动、静触头烧损严重（A、B 相完好），其中静触头梅花触指烧蚀 8 片，梅花触头箍紧弹簧已烧断 2 根（共 3 根），C 相烧损的静触头与完好的 B 相静触头对比图片如图 6-39所示；导电杆端部插入触头烧蚀近 1/4，触头配合部位烧蚀情况对应一致，

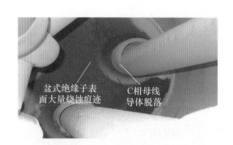

图 6-37　解体后盆式绝缘子处放电痕迹　　　图 6-38　烧蚀的盆式绝缘子

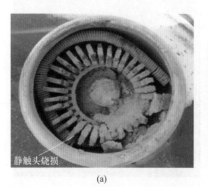

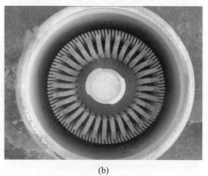

(a)　　　　　　　　　　　　　　　(b)

图 6-39　C 相烧损静触头与 B 相完好静触头

(a) C 相烧损静触头；(b) B 相完好静触头

烧蚀的 C 相动触头与完好的 A 相动触头如图 6-40 所示；检查发现 C 相导杆与导杆连接部分无限位止钉（A、B 相均有），C 相限位止钉缺失如图 6-41 所示；故障气室盆式绝缘子背面完好，无放电痕迹，如图 6-42 所示。

6.7.1.2　检测分析方法

GIS 设备母线内部盆式绝缘子与导体连接结构如图 6-43 所示，母线内部绝缘支持台与导体另一端连接结构如图 6-44 所示。

图 6-40　烧蚀 C 相动触头与完好 A 相动触头

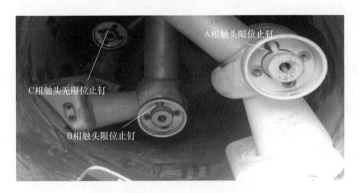

图 6-41　C 相触头限位止钉缺失

图 6-42　故障气室盆式绝缘子背面

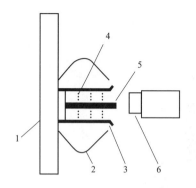

图 6-43　母线内部盆式绝缘子
与导体连接结构示意图

1—盆式绝缘子；2—屏蔽罩；3—触指；
4—弹簧；5—导向杆；6—导杆

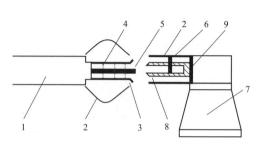

图 6-44　母线内部绝缘支持台与
导体另一端连接结构示意图

1—导体；2—屏蔽罩；3—触指；4—弹簧；5—导向
杆；6—限位止钉；7—绝缘支持台；8—静触头；
9—铜质垫片

　　GIS 设备母线内部绝缘支持台与母线筒通过螺栓连接，母线筒的温度随环境温度的变化而变化，同时受到机械振动、电动力、母线筒热胀冷缩等因素的作用。C

图 6-45　C 相烧损梅花触指

相母线导体由于未安装限位止钉而发生窜动，造成相对位移，导体触头脱离正常接触位置（接触面集中在梅花触指下半周，C 相烧损梅花触指见图 6-45），导致盆式绝缘子静触头触指与导体动触头接触面变小，在运行电流的长期作用下持续发热，从而使动、静触头烧蚀严重。触头烧蚀部位产生的金属碎屑掉落至 B 相附近，引起 GIS 设备内部电场畸变，从而造成 B 相单相接地故障并迅速发展为三相接地故障，短路电流加剧了 C 相动、静触头的烧蚀程度。

6.7.1.3　经验体会

　　经过对事故原因的详细分析，得知造成此次母线导体位移脱落的原因是限位止钉未安装。为防止同类事故的再次发生，采用 X 射线数字成像检测技术对同类型的 GIS 母线限位止钉的安装情况进行排查，检查是否还存在安装过程中遗漏限位止钉的情况。

　　通过 X 射线数字成像检测，在影像上能够清晰地显示每相母线导体在间隔分支处左右两侧的限位止钉，如图 6-46 所示，其中限位止钉、触头、抱紧弹簧等机构十分清晰。

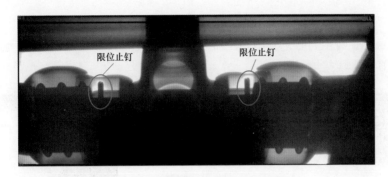

图 6-46 母线导体限位止钉 X 射线影像

6.7.2 500kV 隔离开关故障

6.7.2.1 案例经过

2020 年 5 月,某 1000kV 变电站因 500kV 50311 隔离开关传动机构故障导致 500kV Ⅰ 段母线故障跳闸,结合现场检查及保护动作信息,判断故障点为 50311 隔离开关 B 相气室。隔离开关实际布置如图 6-47 所示。

6.7.2.2 检测分析方法

采用 X 射线数字成像检测技术对 GIS 设备 500kV 50311 隔离开关三相动、静触头进行检测,成像板贴近筒壁,并与透照方向垂直以减少影像畸变。X 射线机和成像板摆放位置如图 6-48 所示。

图 6-47 隔离开关实际布置

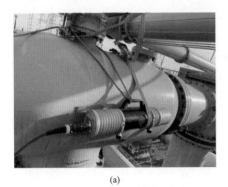

(a)

(b)

图 6-48 X 射线机和成像板摆放位置

(a)X 射线机摆放位置;(b)成像板摆放位置

分闸状态开关气室的内部影像分别如图 6-49 所示。从影像图分析,A、B 相在分闸时，动、静触头未完全分开，仍处于半连接状态；C相动、触头处于正常分闸位置。从A、B两相同时未分闸到位而C相正常分闸的情况分析，合接地开关时，导致A、B相母线接地。

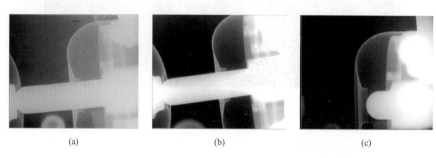

(a)　　　　　　　　　　(b)　　　　　　　　　　(c)

图 6-49　分闸状态开关气室内部影像

(a) A相；(b) B相；(c) C相

对50311隔离开关传动轴套开盖检查，解体后传动机构内部结构如图6-50所示，发现A、B相连接机构传动鼓形齿轮与尼龙齿套已松脱，无法完全啮合，导致操作时A、B两相同时未分闸到位。实际解体检查结果与影响分析结果完全吻合。

6.7.2.3　经验体会

X射线检测技术对隔离开关分合闸状态判别行之有效，通过影像特征可准确诊断隔离开关分合闸状态。

6.7.3　GIS 吸附剂罩材质问题及吸附剂漏装带电检测

6.7.3.1　案例经过

部分GIS厂家在GIS内部采用塑料吸附剂罩，替代以往的金属吸附剂罩，产品运行一年多后相继出现了多个省份塑料吸附剂罩脱落引发的事故。针对此问题，需对GIS塑料吸附剂罩进行全部更换处理，消除事故隐患。由于吸附剂罩在安装期间各部位材质记录不详，因而无法确定GIS那些部位的吸附剂罩是塑料制品需更换，只能结合停电对GIS进行全部开盖检查。由于GIS结构复杂，且内部充有SF_6气体，对其进行逐个解体排查、检修工作技术含量高、耗时长，需花费大量的人力、物力和财力，并且需长时停电检修。针对此问题，在不停电的情况下，采用X射线数字成像检测技术对变电站的部分吸附剂罩进行了检测，准确判断出GIS内部吸附剂罩的材质及脱落情况，排除了电网设备安全隐患。

6.7.3.2　检测分析方法

利用X射线数字成像检测技术，在不停电的情况下对GIS内部吸附剂罩进行检测。塑料吸附剂罩多采用聚乙烯材料，其密度相对金属材料的密度较低，对射线的衰减弱，可以在吸附剂罩中看出吸附剂颗粒；金属吸附剂罩材料对射线的衰减强，吸附剂罩将呈现出高密度影轮廓。典型的检测工位布置如图 6-51 所示。

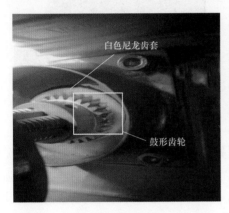

图 6-50　解体后传动机构内部结构

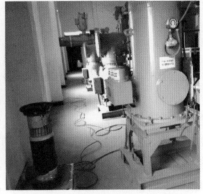

图 6-51　典型的检测工位布置

图 6-52 所示为母线气室分段侧密封盖吸附剂罩影像，母线气室分段侧吸附剂罩与密封盖的一端连接点已脱开，造成吸附剂罩挂点脱落，须更换为金属罩。图 6-53 所示为母线手孔处密封盖影像，吸附剂罩可见轮廓且可见吸附剂颗粒状影像，可以判断为塑料吸附剂罩，建议更换为金属罩。图 6-54 所示为某分支套管处吸附剂罩，吸附剂罩高密度影为金属罩，但未见任何颗粒影，判断其罩内未装吸附剂，须加装吸附剂。图 6-55 所示为某 C 相断路器吸附剂罩检测图像，未见吸附剂罩的轮廓，故判定未安装吸附剂罩，应加装吸附剂及金属罩。

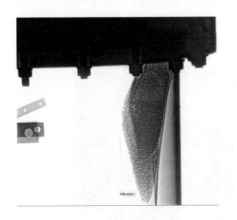

图 6-52　母线气室分段侧密封盖吸附剂罩脱落

图 6-53　母线手孔处密封盖吸附剂罩完好

图 6-54　分支套管处吸附剂罩

图 6-55　断路器处吸附剂罩

6.7.3.3　经验体会

在对吸附剂罩 X 射线的检测中，首先应做好检测位置的定位工作；其次要了解塑料吸附剂罩与金属吸附剂罩的结构，以及利用塑料和金属对射线的衰减强度不同，通过影像特征进行准确诊断；再者，应根据密度影的情况判断罩内是否装有吸附剂，检出漏装吸附剂的缺陷。对于拍摄未见吸附剂罩的影像，应核对图纸及拍摄工位，检验漏装吸附剂罩缺陷。

6.7.4　750kV 母线跨接气室异响

6.7.4.1　案例经过

2020 年 6 月，在某±800kV 特高压换流站交流系统及配套 750kV 接入系统相关输变电工程启动调试期间，通过 750kV××Ⅰ线 7531 断路器对 750kV Ⅰ母充电时，750kV GIS 75711 隔离开关 C 相与 750kV Ⅰ母间跨接气室存在异常声响及振动；起初声响呈间歇性，即相隔 6～10min 出现一次最大声响，带电约 4h 后，最大声响出现间隔时间缩短至约 2min/次；约 1h 后，异常声响逐渐趋于稳定，形成持续性的较大声响。750kV GIS 75711 隔离开关与 750kV Ⅰ母间跨接气室如图 6-56 所示。

异响部位

图 6-56　750kV GIS 75711 隔离开关与 750kV Ⅰ母间跨接气室

6.7.4.2　检测分析方法

750kV GIS 75711 隔离开关与 750kV Ⅰ母间跨接气室，断路器对 750kV Ⅰ母充电时，C 相存在异常声响，C 相气室内部结构如图 6-57 所示。

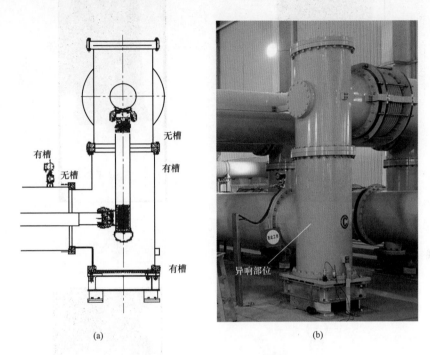

图 6-57　C 相气室内部结构

(a) 结构示意图；(b) 实物图

对 C 相跨接气室从北向南进行 X 射线透射检测，75711 隔离开关与 750kV Ⅰ母间 C 相 X 射线影像如图 6-58 所示；通过影像分析，C 相跨接气室竖直段的底部屏蔽罩与导体连接处存在间隙。750kV GIS 75711 隔离开关与 750kV Ⅰ母间 B 相跨接气室与 C 相跨接气室内部结构相同，为确定 B 相跨接气室竖直段的底部屏蔽罩与导体连接处是否存在间隙，按照 C 相跨接气室相同的透照方式对 B 相跨接气室进行 X 射线检测，X 射线影像如图 6-59 所示；通过影像分析，B 相跨接气室竖直段的底部屏蔽罩与导体连接紧密，无间隙存在，与 C 相跨接气室存在明显差异。

同时对 750kV GIS 75711 隔离开关与 750kV Ⅰ母间 A 相跨接气室进行 X 射线检测，A 相跨接气室内部结构与 B、C 相跨接气室不同，其内部结构如图 6-60 所示，X 射线影像如图 6-61 所示；通过影像分析，A 相跨接气室内部结构无异常。

图 6-58　75711 隔离开关与 750kV
Ⅰ母间 C 相 X 射线影像

图 6-59　75711 隔离开关与 750kV
Ⅰ母间 B 相 X 射线影像

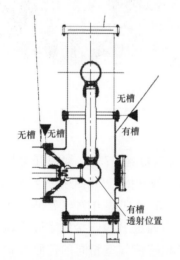

图 6-60　75711 隔离开关与 750kV
Ⅰ母间 A 相内部结构示意图

图 6-61　75711 隔离开关与 750kV
Ⅰ母间 A 相 X 射线影像

6.7.4.3　经验体会

通过 750kV GIS 75711 隔离开关与 750kV Ⅰ母间三相跨接气室内部结构影像分析，A、B 相跨接气室内部结构未发现异常，C 相跨接气室竖直段的底部屏蔽罩与导体连接处存在间隙，分析故障原因为安装工艺不良引起。

6.7.5 110kV GIS 支撑绝缘子内部裂纹

6.7.5.1 案例经过

某供电公司进行例行带电检测工作时发现 110kV Ⅱ母母线筒内部存在异常超声波与特高频局部放电信号，判断柱式绝缘子存在局部放电缺陷。对缺陷进行定位，确认 110kV Ⅱ母××线 102 间隔处 B 相支撑绝缘子存在绝缘缺陷。

6.7.5.2 检测分析

对 110kV GISⅡ母 B 相支撑绝缘子进行外观检查，发现绝缘子内部有深灰色颜色变化，如图 6-62 所示。

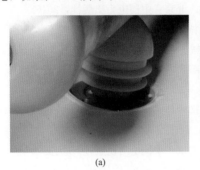

绝缘子伞裙内有明显颜色变化

(a)　　　　　　　　　　　　　　　(b)

图 6-62　现场解体检查

（a）在母线筒内的支撑绝缘子；（b）解体后的支撑绝缘子

为进一步分析绝缘子内部状况，对 B 相支撑绝缘子进行 X 射线成像检测。检测发现支撑绝缘子低压端存在不规则裂纹，B 相支撑绝缘子 X 射线影像如图 6-63 所示。

图 6-63　B 相支撑绝缘子 X 射线影像

6.7.5.3 经验体会

采用 X 射线检测技术能够清晰地判断 110kV 支撑绝缘子内部缺陷。

参 考 文 献

[1] 刘泽洪，高理迎，郭贤珊. 气体绝缘金属封闭开关设（GIS）质量管理与控制［M］. 北京：中国电力出版社，2011.

[2] 国家电网运维检修部. GIS设备带电检测异常判断手册［M］. 北京：中国电力出版社，2017.

[3] 国家电网公司运维检修部. 电网设备带电检测技术［M］. 北京：中国电力出版社，2014.

[4] 崔景春. 气体绝缘金属封闭开关设备［M］. 北京：中国电力出版社，2016.

[5] 林莘. 现代高压电器技术［M］. 北京：机械工业出版社，2002.

[6] 黎斌. SF_6 高压电器设计［M］. 北京：机械工业出版社，2019.

[7] 唐矩，张晓星，曾福平. 组合电器设备局部放电特高频检测与故障诊断［M］. 北京：科学出版社，2016.

[8] 国家电网公司运维检修部. 电网设备状态检测技术应用典型案例［M］. 北京：中国电力出版社，2015.

[9] 牛林. 电气设备状态监测诊断技术［M］. 北京：中国电力出版社，2013.

[10] 代荡荡，刘芬，余铮，等. GIS局部放电诊断技术与应用［M］. 北京：科学技术文献出版社，2021.

[11] 卢启付，李端娇，唐志国，等. 局部放电特高频检测技术［M］. 北京：中国电力出版社，2017.

[12] 王科，彭晶，陈宇民，等. 电力设备局部放电检测技术及应用［M］. 北京：机械工业出版社，2017.

[13] 强天鹏. 射线检测［M］. 北京：中国劳动社会保障出版社，2012.

[14] 闫斌，王志惠，何喜梅. 电气设备X射线数字成像检测与诊断［M］. 北京：中国电力出版社，2015.

[15] 国网河南省电力公司检修公司. 气体绝缘金属封闭开关设备带电检测方法与诊断技术［M］. 北京：中国电力出版社，2016.